低渗–超低渗油藏有效开发关键技术丛书

低渗–超低渗油藏提高储量动用程度关键工艺技术

——以鄂尔多斯盆地为例

Key Process Technology for Increasing the Degree of Reserve Utilization in Low-Permeability to Ultra-Low-Permeability Oil Reservoirs：Taking the Ordos Basin as an Example

周志平 杨海恩 姚 斌 齐 银 唐 凡 等 编著

科学出版社

北 京

内 容 简 介

本书围绕"十二五"期间长庆油田低渗-超低渗油藏堵水调剖工艺有效期短、深部剩余油动用能力不足，分注井井下密封工具易失效、测调工作量大、成本高，常规压裂技术不能满足低产井改造需要，套损井治理工艺手段有限等主要技术难题，介绍"十三五"集中攻关形成的低渗-超低渗油藏深部调驱、精细分层注水、低产井体积压裂、连续管侧钻及套损井长效开采等工艺技术。系统分析提高低渗-超低渗油藏储量动用的工艺技术方法，为油田稳产和提高采收率提供技术支撑。

本书可供石油院校相关专业师生及从事油田开发相关专业工程师阅读，也可供科研机构从事相关研究的科研人员参考。

图书在版编目（CIP）数据

低渗-超低渗油藏提高储量动用程度关键工艺技术：以鄂尔多斯盆地为例 / 周志平等编著. —北京：科学出版社，2024.4

ISBN 978-7-03-077975-5

Ⅰ. ①低… Ⅱ. ①周… Ⅲ. ①鄂尔多斯盆地–低渗透油气藏–油气储量–研究 Ⅳ. ①P618.13

中国国家版本馆 CIP 数据核字（2024）第 010908 号

责任编辑：万群霞　崔元春 / 责任校对：王萌萌
责任印制：师艳茹 / 封面设计：无极书装

科 学 出 版 社 出版
北京东黄城根北街 16 号
邮政编码：100717
http://www.sciencep.com
北京中科印刷有限公司印刷
科学出版社发行　各地新华书店经销
*
2024 年 4 月第 一 版　开本：787×1092　1/16
2024 年 4 月第一次印刷　印张：15 1/2
字数：368 000

定价：240.00 元
（如有印装质量问题，我社负责调换）

本书编委会

主　编：周志平

副主编：杨海恩　姚　斌　齐　银　唐　凡

编　委：令永刚　翁定为　马　波　薛芳芳　于九政　达引朋
　　　　王勇茗　毕福伟　梁万银　师永民　冯国庆　梁宏波
　　　　葛云华　王尚卫　卜向前　吕　伟　何治武　高云文
　　　　徐自强　周广卿　姬振宁　崔争攀　庄　建　阳　波
　　　　易　萍　胡改星　杨玲智　张　涛　张　荣　张洪军
　　　　蒋天昊　朱洪征　陈　军　刘延青　张东旭　赵　巍

前　　言

低渗-超低渗油藏是长庆油田的主力开发油藏，对油田长期稳产起着决定性作用。随着油田开发的不断深入，油藏逐步进入中高含水期，储量动用及稳产难度进一步加大。超低渗油藏难以建立有效的驱替系统，水驱储量动用程度低，裂缝相对发育，油井见水严重。同时，低产油井占比大，储量有效动用程度低；套损井数逐年增加，造成局部储量失控。通过"十二五"的攻关与试验，长庆油田在井网加密、堵水调剖、精细分层注水、重复压裂、套损井治理等方面取得了明显的技术进展。"十三五"围绕堵水调剖工艺有效期短、深部剩余油动用能力不足，分注井井下密封工具易失效、测调工作量大、成本高、超低渗油藏动态应力场变化规律复杂、常规压裂技术不能满足低产井改造需要、套损井治理工艺手段有限、常规隔采技术有效期短、造成单井点储量失控等难题开展技术攻关。

本书以提高低渗-超低渗油藏储量动用程度关键工艺技术为重点，介绍通过"十三五"集中攻关形成的低渗-超低渗油藏深部调驱、精细分层注水、低产井体积压裂、连续管侧钻及套损井长效开采等工艺技术。详细介绍提高储量动用的关键材料、工具、工艺及工艺技术决策与优化方法。通过现场试验及效果评价，系统分析了低渗-超低渗油藏提高储量动用程度的关键工艺技术，为低渗-超低渗油藏长期稳产和提高采收率提供工艺技术支撑。

全书共分为六章。第 1 章由周志平、姚斌、姬振宁、毕福伟、刘延青等撰写；第 2 章由齐银、周志平、杨海恩、姚斌、唐凡等撰写；第 3 章由杨海恩、唐凡、马波、薛芳芳、冯国庆、张东旭等撰写；第 4 章由姚斌、于九政、毕福伟、杨玲智、胡改星等撰写；第 5 章由齐银、翁定为、达引朋、梁宏波、卜向前等撰写；第 6 章由王勇茗、梁万银、师永民、葛云华、赵巍等撰写。

本书依托"十三五"国家科技重大专项"大型油气田及煤层气开发"项目（2017ZX05013-005），由中国石油天然气股份有限公司长庆油田分公司牵头，联合中国石油集团科学技术研究院有限公司、中国石油集团工程技术研究院有限公司、北京大学、西南石油大学等单位共一百余位科技工作者和研究生共同完成。

本书在撰写过程中引用和参考了大量文献资料，在此特向资料数据提供者和文献作者表示感谢。由于作者水平有限，书中内容难免会存在不足之处，衷心希望各位读者提出宝贵意见和建议。

作　者

2024 年 1 月

目　　录

第1章　低渗-超低渗油藏特征及开发概况

自 21 世纪以来，世界油气开发迅速进入低渗-超低渗领域，低渗-超低渗油藏资源丰富，但是存在着效益建产难度大、低压油藏驱替系统难以建立等世界级难题，通过不断的技术攻关和现场开发实践，低渗油藏成功实现了规模有效开发，经历了实践—认识—再实践的科学发展历程，从低渗、特低渗到超低渗油藏，油田开发的思路、技术、模式都在发生着深刻的变革，推动了低渗-超低渗油藏开发水平的不断提高。

1.1　概念与分类

低渗油藏的概念最早是在 1997 年由我国学者李道品等[1]提出，2011 年石油天然气行业标准《油气储层评价方法》(SY/T 6285—2011)根据渗透率(K)的大小将碎屑岩储层正式划分为以下六类。

(1)特高渗：$K \geq 2000mD$[①]。

(2)高渗：$500mD \leq K < 2000mD$。

(3)中渗：$50mD \leq K < 500mD$。

(4)低渗：$10mD \leq K < 50mD$。

(5)特低渗：$1mD \leq K < 10mD$。

(6)超低渗：$K < 1mD$。

根据低渗油藏分类，把渗透率 $K < 50mD$ 的油藏统称为低渗油藏。根据实际生产特征，按照油层平均渗透率可以进一步把低渗油藏分为以下三类。

第一类为一般低渗油藏，其油层平均渗透率为 $10 \sim 50mD$。这类油藏接近正常油藏，油井能够达到工业油流标准，但产量低，需采取压裂措施提高生产能力，才能取得较好的开发效果和经济效益。

第二类为特低渗油藏，其油层平均渗透率 K 为 $1 \sim 10mD$。这类油藏与正常油藏差别比较明显，一般束缚水饱和度增高，测井电阻率降低，正常测试达不到工业油流标准，必须采取较大型的压裂改造和其他相应措施，才能有效地投入工业开发，如安塞油田。

第三类为超低渗油藏，其油层平均渗透率 $K < 1mD$。这类油藏非常致密，束缚水饱和度很高，基本没有自然产能，不具备工业开发价值。但如果其他方面条件有利，如油层较厚，埋藏较浅，原油性质比较好等，同时采取既能提高油井产能，又能减少投资、降低成本的有力措施，也可以进行工业开发，并取得一定的经济效益，如华庆油田。

① 1D=0.986923×10⁻¹²m²。

1.2 资源与分布

我国低渗油气资源分布具有含油气多、油气藏类型多、分布区域广及"上气下油、海相含气为主、陆相油气兼有"的特点，在已探明的储量中，低渗油藏储量所占的比例很高，占全国储量的 2/3 以上，开发潜力巨大。仅 2008 年，低渗原油产量就占全国原油总产量的 37.6%，低渗天然气产量则占全国天然气总产量的 42.1%。

地处我国中部的鄂尔多斯盆地石油资源丰富，而且其因低渗、特低渗、超低渗闻名于世，号称"磨刀石"型油藏，曾被戏称为"井井有油、井井不流"。百年来，为了实现低渗油藏的有效开发，广大石油科技工作者不屈不挠地开展着"磨刀石"革命，史诗般地进行了低渗"长征"。

1995 年，中国第一个特低渗油田安塞油田成功开发，随后，低渗油田开发呈现加速推进之势，靖安油田、西峰油田、姬塬油田相继实现了高效开发。特别是 2008 年以来，被称为低渗新极限的超低渗油藏被大规模有效开发，低渗油田的神秘面纱被徐徐揭开，低渗油田原油产量以每年 200 万 t 的速度快速增长，在低渗油藏上建设大油田的梦想正在变成现实。

截至 2018 年底，鄂尔多斯盆地中生界石油资源量 146.5 亿 t，累积动用探明储量 52.05 亿 t。特低渗、超低渗油藏可动用地质储量占 76.6%，产量占 68.4%，低渗油藏产量占 22.8%，分层系看，三叠系油藏产量占 72.0%（图 1.1～图 1.3）。

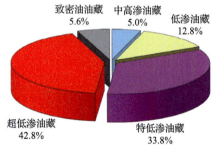

图 1.1　分类型可动用地质储量构成图

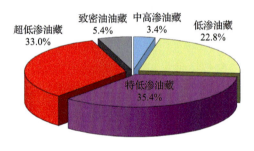

图 1.2　分类型产量构成图

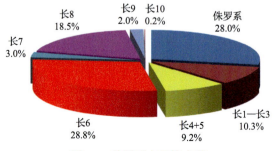

图 1.3　分层系产量构成图

长庆油田低渗油藏整体处于高含水开发阶段，共有 257 个区块，其中"双高"油藏 67 个，地质储量占 41.0%，产量仅占 26.0%。目前剩余可采储量采油速度较高(11.4%)，部分油藏受采液强度大、边底水推进等影响，含水率上升快，产量递减大。特低渗油藏目前已进入高含水开发阶段，综合含水率 60% 以上油藏 93 个，地质储量占 57.0%，产量占 50.9%。整体上，含水率达到 50% 以后，受优势渗流通道及裂缝等影响，注采比上升，存水率下降、水驱指数大幅上升，采油速度下降，水驱效果变差，稳产难度加剧。

超低渗油藏多处于中含水开发阶段，受储层物性差、裂缝发育、有效驱替难建立等影响，采油速度低，低产低效井比例高，其中"双低"油藏 56 个，地质储量占 69.3%，产量仅占 46.1%。

1.3　油　藏　特　征

1.3.1　构造特征

古生代至中生代早期，鄂尔多斯盆地属于大华北盆地的一部分。到了晚三叠世，受印支运动影响，华北盆地解体，逐渐形成鄂尔多斯盆地，特别是在上三叠统延长组第一段(T_3y_1)沉积之后，盆地地形出现明显分异，南部以明显的斜坡向盆地内部倾没，北自马家滩，南至旬邑、铜川，东起延安、黄陵，西达环县、镇原，面积约 4 万 km^2 的范围为深湖盆地区，形成了厚度达 300～400m 的深湖相沉积，这套深湖相地层是盆地中生界主要的烃源岩。之后，盆地继续抬升，湖盆开始萎缩。在盆地的东北、西南方向发育两大沉积体系，形成了巨大的(长 6 段沉积期)三角洲沉积体。这是自晚三叠世以来湖盆发生的第一次大规模沉积建造，形成了巨型三角洲沉积体，是鄂尔多斯盆地延长组最重要的储层之一。随后盆地下沉，湖盆又经历了一次短暂的扩张时期，沉积了一套以粉细砂岩与粉砂质泥岩薄互层为主的沉积(长 4+5 段沉积期)。而后，随着地壳再次抬升，湖盆又一次进入萎缩期，湖盆北部抬升速度增大，湖水逐步向南退缩，沉积了一套以厚层、块状砂岩夹泥岩为主的沉积物(长 2+3 段沉积期)。湖盆进一步缩小，局部出现沼泽环境，沉积了一套砂、泥岩夹薄煤层，直至湖盆消亡。

鄂尔多斯盆地是我国内陆第二大沉积盆地，横跨陕、甘、宁、蒙、晋五省(自治区)，面积约 28 万 km^2。盆地西缘是中国东部环太平洋构造域与西部古特提斯构造域的结合部；盆地南缘位于华北、华南两大地质单元的交接线附近；西南缘以深大断裂为界与祁连褶皱系和秦岭褶皱系紧密相连；盆地西北缘与阿拉善地块相邻，北部与内蒙古地轴呈岛弧状相接；盆地本部在地史过程中位于华北地台西部，也是中朝准地台的组成部分，虽然历经多次构造运动但均以整体升降发育为主，因此缺乏内部构造，在现今构造上表现为一个倾角不足 1° 的西倾大单斜。现今的鄂尔多斯盆地可以划分为五大构造单元，即位于盆地主体的陕北斜坡、盆地东缘的晋西挠褶带、盆地西部的天环拗陷、盆地北部的伊盟隆起及盆地南部的渭北隆起(图 1.4)。

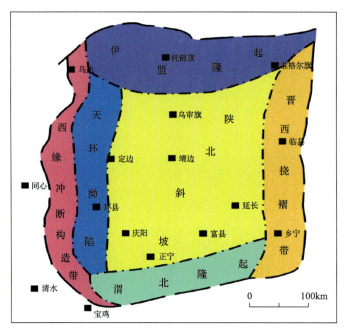

图 1.4　鄂尔多斯盆地构造区划图

陕北斜坡由于简单表现为一个倾角不足 1° 的西倾大单斜，油气藏类型单一，是全盆地勘探程度最高和油气成果最丰富的地区，现今所发现的上、下古生界整装气田和安塞、靖安等地中生界亿吨级油田均发育在陕北斜坡范围内，成为盆地内部的勘探开发主体，所以，油气藏类型以岩性圈闭为主。

1.3.2　储层特征

1. 储层孔隙类型和孔隙结构特征

1) 孔隙类型

孔隙按成因可划分为原生孔隙、次生孔隙和微裂隙三大类。原生孔隙主要指碎屑颗粒的粒间孔，也包括层间孔和气孔。次生孔隙是指在沉积岩形成后，因淋滤、溶蚀、交代、溶解及重结晶等作用在岩石中形成的孔隙和缝洞。

(1) 原生孔隙主要包括残余粒间孔、杂基微孔等。

①残余粒间孔。盆地长 6 段—长 8 段主要表现为以残余原生粒间孔的形式存在。此类型为机械压实和多种胶结作用之后剩余的原生粒间孔，是最重要的孔隙类型之一，包括早期绿泥石薄膜胶结之后的残余粒间孔、石英和长石次生加大之后的残余粒间孔、浊沸石或黏土矿物充填胶结之后的残余粒间孔(图 1.5)。

②杂基微孔。部分储层含有 1%～7% 的黏土杂基，在黏土晶片间有原生的晶间微孔分布(图 1.6)。

(a) 陇东长8段残余粒间孔

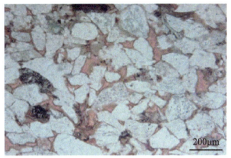
(b) 陕北长6段极发育的残余粒间孔

图 1.5　残余粒间孔

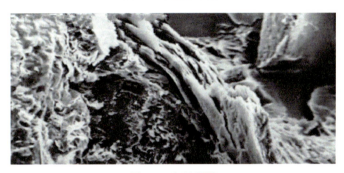

图 1.6　杂基微孔
ZJ54 井长 6 段，大片状的杂基伊利石，发育杂基粒内微孔

　　(2)次生孔隙。主要为溶蚀作用产生的溶蚀孔，还有少量自生矿物之间的晶间孔等。

　　①溶蚀孔。碎屑粒内溶蚀孔主要是长石粒内溶蚀孔，可以是沿长石解理面发育的微小溶蚀孔或溶缝，也可以是碎屑主体甚至整体被溶蚀形成的较大的粒内溶蚀孔或铸模孔。沿黑云母碎屑、炭屑或绿泥石解理溶蚀形成的粒内微小溶蚀孔也较为常见。此外少量岩屑和石英也发育微小的粒内溶蚀孔和溶缝(图 1.7)。

图 1.7　长石粒内溶蚀孔

　　②胶结物溶蚀孔。主要是浊沸石的晶内溶蚀孔，发育在陕北地区。多沿解理及其与薄膜绿泥石或碎屑接触的边缘缝隙分布，呈不规则的小孔缝状。溶蚀作用强烈时，也可形成较大的不规则溶蚀孔，甚至仅剩浊沸石小残晶。此外，方解石的晶体边缘亦常发育有锯齿状或港湾状溶蚀孔，而晶内溶蚀孔很少见。自生石英和自生黏土晶体中偶见微小

的晶内溶蚀孔(图1.8)。

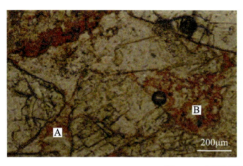

图1.8　浊沸石的晶内溶蚀孔

A、B表示晶内溶蚀孔

③粒间溶蚀孔。此类型为长6—长8储层最重要的孔隙类型之一。其成因与溶液在砂岩碎屑间流动时溶蚀部分碎屑边缘有关,也与部分填隙杂基和胶结物有关,可形成各种不规则状的,但相连通的溶扩粒间孔、贴粒孔和粒间溶蚀孔(图1.9)。

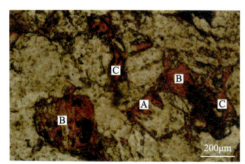

图1.9　粒间溶蚀孔

A、B、C表示粒间溶蚀孔

④晶间孔。多指发育在自生矿物晶体之间的孔,故多为晶间微孔,如伊/蒙混层蜂窝状微孔、绿泥石叶片状晶间微孔、不规则片状及丝缕状伊利石之间的网状微孔(图1.10)。

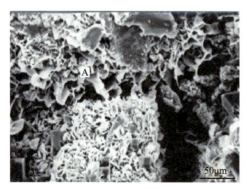

图1.10　晶间孔

A表示晶间孔

2) 孔隙结构特征

(1) 孔隙结构分类。盆地三叠系延长组低渗储层孔喉结构主要是细喉道、微细喉道、微喉道。细喉道占 7%、微细喉道占 26%、微喉道占 67%。而陕北地区延长组喉道最粗，相对于陇东地区较好 (表 1.1)。

表 1.1　三叠系延长组长 6—长 8 储层孔隙结构参数

岩心号	渗透率/$10^{-3}\mu m^2$	平均喉道半径/μm	主流喉道半径/μm	均质系数	相对分选系数
沿 23	0.17	0.46	0.51	0.37	0.6
塞 248	0.17	0.4	0.46	0.27	0.81
西 147	0.25	0.52	0.69	0.12	0.53
董 75-54	0.38	0.6	0.77	0.53	0.32
西 17-1	0.5	0.72	1.14	0.31	0.54
西 31-31	0.94	0.98	1.8	0.09	0.71
西 25-29	1.72	2.53	3.58	0.22	0.68
西 32-9	3.14	2.7	3.54	0.35	0.5
西 26-25	4.47	2.81	3.71	0.3	0.59
西 17-2	6.4	2.75	3.72	0.31	0.64
西 40-31	8.08	3.29	4.33	0.36	0.55
西 32-16	13.25	3.56	4.51	0.35	0.61

根据研究成果，将延长组储层划分为五类孔喉组合 (表 1.2)。

表 1.2　鄂尔多斯盆地延长组孔隙、喉道分级标准

孔隙分级	平均孔隙半径/μm	喉道分级	平均喉道半径/μm
大孔隙	>100	粗喉道	>3.0
中孔隙	50~100	中细喉道	1.0~3.0
小孔隙	10~50	细喉道	0.5~1.0
细孔隙	0.5~10	微细喉道	0.2~0.5
微孔隙	<0.5	微喉道	<0.2

Ⅰ类，大孔隙粗喉道型；Ⅱ类，中孔隙中细喉道型；Ⅲ类，小孔隙细喉道型；Ⅳ类，细孔隙微细喉道型；Ⅴ类，微孔隙微喉道型。

(2) 孔隙结构特征。鄂尔多斯盆地三叠系延长组低渗透储层常用压汞曲线、铸体薄片图像等资料来分析孔喉结构特征。

① 陕北地区长 6 储层。延长组长 6 储层根据压汞实验资料，排驱压力为 1.0~1.2MPa，

平均值为 1.11MPa。中值压力为 4.0～8.35MPa，平均值为 6.24MPa。排驱压力越小，储层物性越好。孔喉中值半径为 0.17～0.231μm，平均值为 0.193μm。

②陇东地区长 8 储层。长 8 储层排驱压力为 0.1157～4.5737MPa，平均值为 0.8883MPa。中值压力为 1.1618～63.991MPa，平均值为 8.35MPa。孔喉中值半径为 0.0115～0.6326μm，平均值为 0.1411μm。

从以上两个地区的孔喉结构参数对比来看，陇东地区长 8 储层排驱压力要低于陕北地区长 6 储层，即长 8 储层最大喉道半径要大于长 6 储层；但长 8 储层中值压力要明显高于长 6 储层，即长 8 储层孔喉中值半径小于长 6 储层。这主要是两大沉积体系的沉积背景的差异所造成的。

2. 储层流体性质

1) 原油性质

低渗油田产出原油性质较好，地面原油相对密度 0.8364～0.8949，地下原油黏度为 2.2～69.0mPa·s，地面原油黏度为 4.3～82.7mPa·s。低渗油田产出原油含蜡量 6.6%～20.5%（质量分数，下同），含硫量 0.03%～0.23%，凝固点为 -6.3～23℃，饱和压力为 1.0～5.95MPa，气油比为 12.0～107m^3/t，具有低相对密度、低黏度、低含硫、较高含蜡和较高凝固点的特点。

长 6 储层原油黏度 1.96～2.8mPa·s，凝固点 22℃，含蜡 11%～20%。长 8 储层地面原油相对密度 0.8579，黏度 6.84mPa·s，凝固点 20℃，含蜡 10.1%～12.7%，含硫 0.13%～0.24%，原始地层压力 16.6MPa。长 8 储层油层温度高，平均为 71.2℃，饱和压力较高，平均为 12.35MPa，气油比、压缩系数、体积系数较高，地层原油黏度 1.14mPa·s，地层原油密度 0.734g/cm^3。由于气油比较高，从单次和多次脱气的气组分上看，主要是 C_3 以前的组分，达到 83.2% 以上。

2) 地层水性质

长 4+5、长 6、长 8 储层地层水以高 Cl^-、Ca^{2+}、Ba^{2+}、$K^+ + Na^+$ 和低 HCO_3^- 为主，不含或含少量 CO_3^{2-} 和 SO_4^{2-}，矿化度高达 70.70～132.33g/L，为典型 $CaCl_2$ 型高矿化度原始地层水。由于具体沉积环境及埋藏深度的不同，不同区块相同层位地层水化学特征变化剧烈（表 1.3）。

表 1.3 地层水化学特征数据表

层位	$c(K^+ + Na^+)$ /(mg/L)	$c(Ca^{2+})$ /(mg/L)	$c(Mg^{2+})$ /(mg/L)	$c(Ba^{2+})$ /(mg/L)	$c(Cl^-)$ /(mg/L)	$c(SO_4^{2-})$ /(mg/L)	$c(CO_3^{2-})$ /(mg/L)	$c(HCO_3^-)$ /(mg/L)	总矿化度 /(g/L)	水型
长 4+5	39439	8849	1266	1693	80907	0	0	173	132.33	$CaCl_2$
长 6	6985	19002	18	120	44380	0	0	200	70.70	$CaCl_2$
长 8	16914	6712	347	672	39228	0	24	461	64.36	$CaCl_2$

3) 原油伴生气性质

鄂尔多斯盆地三叠系油田油层伴生气的非烃组分具有低 CO_2、较高 N_2 含量的特点。

烃类组分中，侏罗系伴生气甲烷含量较低，达到 45%(体积分数)左右，Y5、Y6、Y7 甲烷含量明显偏高，具有有机母质高演化所生成的凝析气的组成特征。分布于盆地内部的庆阳长 8、陕北长 6、长 4+5 储层伴生气的甲烷含量相对较高，重烃含量也相对较高，在 30%～60%(表 1.4)。

表 1.4　油田原油伴生气组分组成特征　　　(单位：%，体积分数)

层位	CH_4	C_2H_6	C_3H_8	$i\text{-}C_4H_{10}$	$n\text{-}C_4H_{10}$	$i\text{-}C_5H_{12}$	$n\text{-}C_5H_{12}$
长 4+5	71.27	10.92	10.45	1.11	2.29	0.32	0.52
长 6	57.16	13.25	16.39	1.92	5.89	0.87	1.61
长 8	53.15	13.42	20.28	3.01	6.51	0.80	1.19
长 8	76.41	8.93	7.06	0.64	1.15	0.11	0.16
层位	$i\text{-}C_6H_{14}$	$n\text{-}C_6H_{14}$	CO_2	N_2	含空气	含烃	
长 4+5	0.16	0.17	0.50	2.29	0.33	97.21	
长 6	0.42	0.52	0.10	1.86	1.34	98.03	
长 8	0.33	0.16	0.12	0.96	5.98	98.85	
长 8	0.04	0.04	0.16	5.27	0.31	94.54	

3. 裂缝特征

我国现已发现和投入开发的低渗砂岩储层大部分都伴生有裂缝。一般而言，在地层条件下，低渗储层中发育的裂缝大都为隐裂缝(或无效裂缝)，储层不压裂就不具工业产能。经人工压裂改造后，在现今区域应力场影响下，与现今主应力方向近于平行或小角度相交的隐裂缝优先转变为"张性"显裂缝，可改善储层有效渗流面积和渗流能力。但当压裂或注水压力过高时，隐裂缝变为显裂缝时便会引起水窜。因此，低渗油藏裂缝在油藏注水开发中也具有明显的"双重"作用：一方面可以提高注水井吸水能力，弥补渗透率天然不足；另一方面容易形成水窜，使采油井过早见水和水淹。所以，低渗储层裂缝发育特征、分布规律及裂缝有效性是不容忽视的地质因素。

1) 野外露头裂缝描述

就整个延长组而言，不同地点裂缝的几何学特征略有差别，构造裂缝近于垂直地层层面分布，其走向主要为 NEE—近 EW 向、NNW—近 SN 向，其次为 NE 和 NW 向，这与前人在延河剖面的研究成果——裂缝走向近 EW 向，其次为近 SN 向与 NE 向较为一致。

2) 岩心裂缝描述

据盆地三叠系延长组长 6—长 8 储层 31 口井岩心观察统计：不同程度发育裂缝(图 1.11)，但裂缝的分布及特征有明显差异。构造裂缝开度为 0～0.3mm 者占 70%～73%，0.5～1mm 者占 12%，开度大于 5mm 者不到 2%，开度最大可达 6mm。裂缝切深变化范围比较大，约 95% 的裂缝集中分布在 0～20cm，其中 0～5cm 者约占 50%，切深大于 50cm 者所占比例不到 2%。岩心裂缝间距呈非正态分布，大多分布在 0～3cm，约占 86%，裂缝间距大于 7cm 者比较少见，仅占 3% 左右。

(a) Y12井长6储层,高角度天然裂缝　　　(b) Z59-20井长8储层,"之"字形长石微
　　　　　　　　　　　　　　　　　　　　　　裂缝被沥青质全充填

图1.11　岩心观察裂缝照片

3) 微裂缝

微裂缝仅发育在部分砂岩中,主要有层间缝,裂缝沿着黑云母或植物碎片富集的层面发育,也有少量的斜交层理的张裂缝。微裂缝大多呈张性,甚少有充填物,有的裂缝两侧伴有较发育的溶蚀孔(图1.12)。

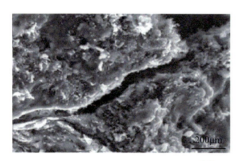 

图1.12　微裂缝

4. 储层非均质性

储层非均质性包括储层宏观非均质性和储层微观非均质性。

1) 储层宏观非均质性

储层宏观非均质性主要描述岩性、物性、含油性及砂体连通程度在纵横方向上的变化,宏观非均质性主要表现在三个方面,即层内非均质性、层间非均质性和平面非均质性。

(1) 层内非均质性。

层内非均质性指的是在一个单砂层规模内部,垂向上控制和影响储层内流动、分布的地质因素总和。主要研究粒度韵律特征、层理构造、渗透率韵律、垂直渗透率和水平渗透率的比值、渗透率非均质程度、泥质夹层的分布频率和分布密度。

由于沉积环境的不同,颗粒在沉积过程中显示出了不同的韵律性,而不同的韵律性直接影响着储层物性纵向上的差异。鄂尔多斯盆地一般情况下有四种粒度分布的韵律类型:正韵律、反韵律、复合韵律、无韵律,对储层渗透率的垂向分布规律有很大的影响,在成岩变化较弱的层中,粒度分布的韵律性直接决定储层的渗透率韵律性,进而影响水驱油特征。

在盆地三叠系长 4+5—长 8 储层中，大都具有不同类型的原生沉积构造，其中以层理为主，通常见到的有平行层理、板状交错层理、槽状交错层理、小型沙纹交错层理、递变层理、冲洗层理、块状层理及水平层理等。实验结果表明，不同的层理类型其渗透率和最终采收率差异较大。斜层理砂岩的渗透率高，水淹快，采收率低；交错层理砂岩的渗透率低，水淹均匀，采收率高；平行层理砂岩的渗透率虽高，但水淹均匀，采收率较高。对于斜层理砂岩，平行于纹层走向注水，其采收率最高。对于河道砂岩来讲，斜层理的倾向指向下游，一般采取河道中央注水，两侧采油效果最佳。

(2) 层间非均质性。

层间非均质性是指储层或砂体之间控制流体储集和流动的地质因素的差异，是对一个油藏或一套砂泥岩间含油层系的总体研究，属于层系规模的储层描述。它是引起注水开发过程中层间干扰、水驱差异和中层突进的内在原因。因此，层间非均质性是选择开发层系、分层开采工艺技术的依据。

在区域沉积背景和特定沉积环境及其沉积方式的控制下，油气分布呈现各级旋回的特点，不同级别的旋回性成为划分层系、油组、小层及单砂体的基本原则，包括各种沉积环境的砂体在旋回上交互出现的规律性或旋回性，以及作为隔层的泥质岩类的发育和分布规律，即砂体的层间差异，如砂体间渗透率非均质程度的差异。在Ⅱ类油层中，层间非均质性十分突出，其原因是低渗油层层数多、厚度小、横向变化快及连通性差。

层间非均质性主要反映了垂向上各小层之间的隔夹层分布、渗透率变化特征及砂体发育的旋回性。因此，层间非均质性是垂向上层间油气分布不均、水淹状况及剩余油分布状况不同的根本原因。

(3) 平面非均质性。

平面非均质性是指油层控制及影响流体储集和流动的地质因素在平面上的变化，主要包括砂体几何形态、砂体规模与连续性、砂体的连通性、油层微型构造、砂体内孔隙度、渗透率的平面变化及方向性、砂岩厚度和有效厚度的平面变化。

砂体的几何形态常用小层平面图来表示，按形态可将砂体分为四类：席状砂体、带状砂体、土豆状砂体、树枝状砂体。鄂尔多斯盆地砂体分布也呈现四种形态，主要为带状砂体。

砂体的连通状况是储层宏观非均质研究的主要内容，不仅关系到开发井网的密度及注水开发方式，同时还影响到油气最终的开采效率。通过纵横向单井网格砂体连通剖面分析，盆地三叠系延长组长 6—长 8 储层各种成因的砂体连通形式主要有 3 种。

①多边式连通。多个不同成因类型的砂体侧向上呈指状交互连通，三角洲水下分流河道砂体、河口坝砂体常呈指状交互连通。

②多层式连通。多个成因类型的砂体垂向上以互相连通为主，河流改道作用使得河道砂体相互叠置连通。

③孤立式不连通。指砂体周围为泥岩或非渗透性砂体所包围或与其他砂体为非渗透层所隔。

2) 储层微观非均质性

储层微观非均质性是指储层孔隙规模内砂粒骨架、孔隙喉道、黏土基质等分布及组构的不均一性,这些因素直接影响注入流体驱替原油的效率,微观非均质性可分为孔间非均质性、孔道非均质性及表面非均质性三方面。

(1) 孔间非均质性。

盆地中部储层以中细砂岩为主,岩石矿物成分主要由长石、石英组成,胶结类型多为孔隙式和接触-孔隙式。

(2) 孔道非均质性。

盆地中部储层孔隙主要有原生孔隙、次生孔隙和微裂隙三大类。盆地三叠系延长组低渗储层孔喉结构以细喉道、微细喉道、微喉道为主,其中细喉道占 7%、微细喉道占26%、微喉道占 67%。而陕北地区延长组喉道最粗,相对于陇东地区较好。

(3) 表面非均质性主要原因如下。

① 黏土矿物。

盆地中部长 6—长 8 储层中黏土矿物种类较多,比较常见的有伊/蒙混层黏土、高岭石、绿泥石、伊利石,呈孔隙衬垫、孔隙充填和矿物交代等形式产出。伊/蒙混层黏土在延长组储层各个油组中均可见,呈蜂窝状分布于颗粒表面,包绕颗粒;高岭石主要分布于长 2 储层,盆地北部安五地区长 6 储层也有分布;绿泥石多呈薄膜环边附着在成岩矿物碎屑的周围,呈片状晶体生长进入孔隙空间并封闭了微观孔隙,起粒间填隙或交代岩屑的作用;盆地中部延长组储层中伊利石主要分布在吴起地区、安五地区以及志靖地区长 6 储层以上的延长组储层。

② 储层酸敏性较强,水敏、速敏较弱。

储层岩石的敏感性包括水敏、酸敏、盐敏、碱敏、速敏及应力敏感。长庆油田均为低渗储层,储层黏土矿物含量一般不高,但孔隙度、渗透率较低,孔隙喉道小,孔隙喉道分选差,孔隙结构复杂,也含有铁方解石、黄铁矿等敏感性矿物,注入水进入油层后,发生强烈的水岩反应,导致黏土矿物运移、膨胀、剥落、堵塞喉道、降低油层渗流能力,很容易引起敏感性伤害,而且实验结果表明存在不同程度的水敏、酸敏等伤害形式。

储层岩石敏感性评价结果表明:三叠系延长组表现出弱速敏、弱水敏、弱盐敏特征;三叠系延长组由于绿泥石含量高,一般都表现出中等偏弱酸敏伤害,但也存在部分区块试验评价为无酸敏伤害、15%盐酸溶液可明显改善储层渗透率的现象。

③ 储层岩石润湿性。

长庆油田三叠系延长组长 8—长 4+5 低渗储层 226 块岩心分析表明:长 4+5 储层润湿性属中性偏亲水;长 6 储层润湿性以中性为主;长 8 储层润湿性整体上以中性为主,仅在西峰油田白马区呈中性—弱亲油,镇北区表现为中性偏弱亲油。

5. 可动流体饱和度

鄂尔多斯盆地三叠系延长组孔喉细微、分布特征复杂,很大一部分流体在渗流过程中被毛细管力和黏滞力等束缚而不能参与流动。另外，低渗储层裂缝、微裂缝发育，导致流体在地层中的渗流过程的复杂性。对油田开发而言，不仅关心储层地质特征、流体渗流规律，更重要的是要知道地层中可流动流体的多少。而核磁共振技术的发展使精确、定量评价油层可动流体饱和度成为现实。

根据国内外可动流体饱和度划分标准：一类储层可动流体饱和度大于50%，二类储层可动流体饱和度介于30%～50%，三类储层可动流体饱和度介于20%～30%，四类储层可动流体饱和度小于20%。根据此标准：一类储层样品39块，占33.6%；二类储层样品63块，占54.3%；三类储层样品10块，占8.6%；四类储层样品4块，占3.4%（表1.5）。总体上看，长庆油田低渗储层可动流体饱和度较高，平均达45.2%，以一类、二类储层为主，占87.9%，具有较大的开发潜力。

表 1.5 长庆低渗储层可动流体饱和度分类表

分类	样品数/块	所占百分比/%	孔隙度/%	渗透率/$10^{-3}\mu m^2$	可动流体饱和度/%
一类储层	39	33.6	12.8	6.32	58.5
二类储层	63	54.3	11.8	0.70	41.9
三类储层	10	8.6	10.2	0.19	25.9
四类储层	4	3.4	7.9	0.05	14.6
合计/加权平均	116	—	11.9	2.53	45.2

1.4 开发特征

1.4.1 油井产能特征

1. 油井产量

三叠系低渗油藏由于油层的低渗及低压条件，开发的最大特征就是油层基本无自然产能。安塞油田采用油基泥浆、泡沫负压钻井试验时进行了中途测试，油井初产仅0.3～0.5t/d。故常规钻井、试油一般无自然产能，均须经压裂改造方可获得工业油流。

经过优化压裂，单井产量可大幅提高。20世纪70年代初期，加砂规模较小，一般为5～6m³，压裂后试油，单井产量为7～8t/d。经过四十多年的工艺技术攻关，三叠系油藏压裂规模较大，一般加砂量30～40m³，试油单井产量可达到15～20t/d，投产后初期单井产量基本能达到4t/d以上。

2. 递减规律

1）投产初期地层压力下降快，产量递减快

低渗油藏以岩性控制为主，仅局部有边水，但不活跃，所以缺乏天然能量补给。加之油层具有非达西渗流特征，采用弹性及溶解气驱为主的"衰竭式"开发方式，油层供液能力不足，脱气严重，油井产能低且递减快，油田稳产能力差，在油田开发初期就容易形成低产的被动局面。例如，安塞油田塞 6 井区地层压力由 9.1MPa 降至 6.3MPa 时，采出程度仅 0.71%，采出 1%的地质储量地层压力下降 3.94MPa，安塞油田先导性开发试验区未注水的 22 口采油井，1989 年 3 月投产，截至 1989 年底单井日产油量由 3.2t 降为 2.58t，年递减达 25.8%，截至 1990 年底井日产油量降为 1.75t，年递减 32.2%；工业化开发试验区 55 口采油井，投产仅一年单井日产油量由 4.23t 降为 2.85t，年递减达 32.6%。

因此，低渗油田开发的关键技术是提高单井产量和稳产时间，从而有效改善低渗油田开发经济效益。围绕改善低渗油田开发经济效益这一主题，长庆油田的石油工作者做了大量的工作并取得了显著的成就，初步形成了以油层改造投产为主体，有效实施注水开发方式并配套低渗油藏注水新技术，提高了油井初期单井产量，降低了递减率。

2）不同含水阶段，产量递减规律不同

通过对安塞油田王窑区、坪桥区、侯市区、杏河区，靖安油田五里湾一区、盘古梁区、大路沟二区以及华池油田华 152 区等三叠系注水开发油藏历年递减规律分析，有两类主要特征：一是油田含水率在 20%前处于见效稳产或产量上升阶段，开发效果良好，保持见效增产或稳产。二是油田含水率达到 20%即进入中含水期后，产量开始进入递减期，且递减率普遍较大。

1.4.2 非达西渗流特征

1. 室内研究

国内外实验和研究表明，流体在低渗油层孔隙中流动时，存在启动压力梯度。当驱动压力达到能够克服启动压力时，流体才开始流动，其渗流规律呈现出如图 1.13 所示的非达西渗流特征，a 点为液体开始流动的初始启动压力梯度，ad 线段为液体渗流速度随启动压力梯度凹形增加的实测曲线，de 线段为实测的直线，d 点为由曲线变为直线的转折点。c 点为 de 直线延伸与启动压力梯度坐标的交点。de 直线延长线（即 dc 线）不通过坐标原点，称为拟启动压力梯度。

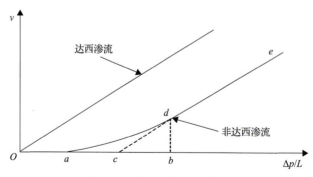

图 1.13 非达西渗流示意图

v 为渗流速度；$\Delta p/L$ 为启动压力梯度

影响单相启动压力梯度的主要是孔隙介质、流体性质。一般来说，渗透率越低、孔喉比越大，则孔隙介质的启动压力梯度也越大；流体的黏度越大，拟启动压力梯度也越大。

理论分析和实验研究结果表明，原油在低渗油层中渗流时，存在某种启动压力梯度，渗透率对启动压力有明显影响，随着渗透率的降低，启动压力梯度急剧增大，特别是在低渗透率范围内，该规律更加突出。由于启动压力梯度的存在，单井产量会受影响，且渗透率越低，油井产量降低的幅度越大。

2. 矿场试验

长庆油田靖安、安塞油田长 6 储层室内试验、矿场测试资料均表明，此类储层在驱动压差较低时，液体不能流动，只有当驱动压差达到一定的临界值(即启动压差)后，液体才开始流动。根据注水井吸水指示曲线计算，安塞油田长 6 储层启动压差为 1～10MPa，一般为 6MPa 左右。

根据现场生产动态及测压资料计算，即使在天然微裂缝不发育的井区，压力梯度也较大(靖安油田为 1.42MPa/100m；安塞油田为 1.74MPa/100m)；对于储层物性更差、天然微裂缝发育的井区，压力梯度可达 2.7(王窑区东部)～2.2MPa/100m(坪桥区)。而且压力梯度分布不均衡，距裂缝线越近，压力损耗越大，如坪桥区 1999 年完钻的检查井 PJ1 井静压为 9.97MPa，而距其 80m 的裂缝线上的油井静压为 19.77MPa，压力梯度达 12.25MPa/100m。

1.4.3 储层吸水特征

1. 储层吸水能力

长庆低渗油层裂缝渗透率远远大于砂岩基质渗透率，一般可以达到几百毫达西甚至几千毫达西，因而其吸水能力很强，注水压力很低。注水井注入压力平稳，其中长 6 油藏初期平均注水压力 5～6MPa，单井日注 30m³ 左右，目前平均注水压力 7～8MPa，单井日注 23m³。

吸水指数的变化反映注水井底附近渗流阻力的变化。随着注入水量的增加，油层含水饱和度增大，油相渗透率迅速下降，水相渗透率上升缓慢，由油水相对渗透率曲线计算，油层吸水指数随含水率的增加而下降，含水率到 85%后吸水指数开始回升。王窑区投注初期平均吸水指数 9.4m³/(d·MPa)，含水率 15.6%时，吸水指数 4.45m³/(d·MPa)，下降了 52.7%。

由吸水指数与含水关系曲线可知，含水率在 60%～80%时，最小吸水指数 2.1m³/(d·MPa)，为满足油田配注要求，同时不超过注水井最大流动压力和注水压力，安塞油田的 W17-7 井拐点压力(即地层破裂或裂缝张开压力)为 8.0MPa(图 1.14)，拐点之前吸水指数为 4.0m³/(d·MPa)，拐点之后吸水指数增加到 16m³/(d·MPa)。

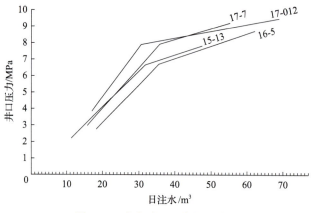

图 1.14　安塞油田吸水指示曲线

2. 注水井吸水剖面

对压裂投注井与不压裂投注井进行分析，不压裂投注井 41 口，井口压力 6.1MPa，较相邻 23 口压裂投注井仅高 0.2MPa，但吸水厚度比压裂投注井高，可见不压裂投注井既提高了注水波及程度，又降低了成本，低渗油藏水驱储量控制程度达到 91.4%，水驱储量动用程度达到 81.4%，注水开发效果较好。

三叠系油层中天然微裂缝较发育，天然裂缝加剧了剖面矛盾，油层经压裂改造、注水开发后，局部井区注水压力超过裂缝开启压力后，易沿砂体轴向形成裂缝水窜，造成平面矛盾及纵向上注采剖面的不均衡。在这类油层井区，注水井吸水指示曲线一般出现拐点，吸水指数剧增，或吸水指示曲线为一平缓的直线，吸水指数很大，个别井吸水剖面上反映出尖峰状吸水。同时，一方面，裂缝线上的采油井表现为见效快、见水快，水线推进速度 0.43~4.35m/d，个别井两个月就暴性水淹，而裂缝不发育的层段，水驱动用程度差；另一方面，裂缝侧向的油井则见效缓慢，甚至长期不见效，加剧了注水开发的平面矛盾。

1.4.4　油井注水见效特征

1. 见效特征

长庆低渗油藏注水开发，在注水 3~6 个月后即可见到注水效果，已注水开发的三叠系低渗长 8、长 6、长 4+5、长 3 油藏注水见效程度 54.3%~86%，但油井受效不均衡，部分井见效缓慢。低渗油藏注水开发特征表现为四升一稳一下降，即单井日产油能力、动液面、泵效、地层压力上升，含水稳定，生产气油比下降。例如，安塞油田王窑区自 1989 年 12 月开始注水，平均注水开发时间 8 年以上，虽见效程度达 76.3%，但受效极不均衡，中西部目前见效程度 86%以上，油井见效后产量增加 2t/d 左右，而东部见效程度仅 43%，见效井日增油不到 0.5t/d，部分油井仍处于低压、低产状态。

2. 见水特征

油井见水特征主要为孔隙型、孔隙-裂缝型、裂缝型。油井见水特征的这种差异主要受油水运动规律影响,而油水运动规律受油藏地质特征控制,不同沉积相带油水运动特征表现如下。

1)水下分流河道

注入水沿主体带快速舌进,平均见水时间 354d,水线推进速度 1.83m/d,为其他沉积相带的 2 倍,含水上升率达 21.4%,由于分流河道废弃充填时间不同,侧向连通性差,油井见效程度低,见效后井均日产油量 2.9t,注水效果较差。

2)分流河道与河口坝复合体

随着三角洲向前加积推移,分流河道加积于河口坝之上,呈顺直形,形成薄而窄的砂体,注入水仍沿分流河道最先推进,但水线推进速度明显减缓,见水周期为 634d,水线推进速度为 0.65m/d,含水上升率 8.16%,油井见效后井均日产油量为 3.62t,采油速度为 1.8%,开发效果提高。

3)河口坝

该区砂体、油层分布广泛且稳定,厚度大、物性好、水驱均匀,油井见效程度高,含水上升缓慢,见效后井均日产油量 4.3t,采油速度达到 2.03%,采出程度 8.07%,是油田高产稳产的主力区块。

1.4.5　水驱效率特征

根据室内吸入法等润湿性测试资料计算的无因次净吸水量为 0.29~5.42,表明油层润湿性以弱亲水—中性为主。

上述储层润湿性特点,使水湿不流动相占据了微孔,油湿相占据了大中孔喉,加之低黏易流动的原油性质,为油气渗流创造了较好的条件,在一定程度上弥补了小孔、微细喉道物性差的不足,水驱油效率较高。据室内水驱油试验结果统计(表 1.6),无水期驱油效率为 17.9%~28.5%,最终期驱油效率为 44.9%~59.5%。

表 1.6　水驱油试验结果统计表

油田	样品数/块	束缚水饱和度/%	残余油饱和度/%	两相流饱和度/%	驱油效率/%			
					无水期	含水率为95%	含水率为98%	最终期
安塞	148	38.1	32.1	29.8	20.0	36.8	41.0	47.7
靖安	30	34.1	32.0	33.9	24.8	35.3	41.2	48.9
大路沟	5	34.1	26.3	39.6	28.5	44.9	50.2	59.5
白于山	11	32.88	35.33	31.79	21.77	34.67	38.32	46.16
西峰	22	32.5	35.6	31.9	17.9	31.9	36.5	44.9
华池	16	38.8	29.5	31.7	26.3	36.3	42.8	56.4

1.4.6　采液、采油指数变化特征

低渗油层弱亲水—中性的润湿性,加之水驱过程中局部地区出现水敏、水锁、速敏

等问题，以及注水滞后、地层压力下降，使油层产生不可逆转的渗透率下降，因而油水相对渗透率曲线呈现出随含水饱和度增加，油相渗透率急剧下降，水相渗透率缓慢上升，水相的相对渗透率最大不到0.6；最终导致了随含水率上升，采液、采油指数下降。

对鄂尔多斯盆地安塞、靖安、华池三个油田九个注水开发区块的采液、采油指数规律进行分析，含水率相同的不同区块，采液、采油指数位于相同的区间，而处于不同含水率阶段的不同区块，其采液、采油指数对应不同的区间，且含水率高的区块采液、采油指数低，这与低渗油藏理论采液、采油指数变化规律相一致；进一步分析还可以发现，这些不同含水率阶段的不同区块，采液、采油指数随含水率的关系具有较好的连续性(图 1.15)。

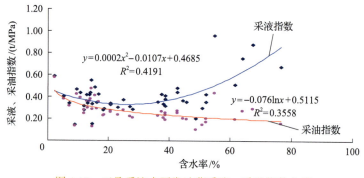

图 1.15   三叠系注水开发油藏采液、采油指数曲线

因此，长庆油田三叠系低渗油藏注水开发过程中，采液、采油指数变化遵循同一规律，其主要特征是采液、采油指数普遍较低，且随着含水率上升，采液、采油指数下降；当含水率在 40%左右时，采液指数上升，而采油指数继续下降。

第 2 章

影响储量动用程度的关键因素

中国石油天然气集团有限公司(简称中国石油)低渗可动用地质储量规模逐年增加，从 2000 年的 1.26 亿 t 增加到 2014 年的 4.2 亿 t，其中超低渗可动用地质储量规模增幅较大，从 2000 年的 1144 万 t 增加到 2014 年的 36860 万 t。长庆油田属于典型的低渗油田，目前主要开发对象为特低渗和超低渗油藏，可动用地质储量占比 76.6%，年产量占比 68.4%。

随着开发时间的延长和开发对象的日趋复杂，不同类型油藏表现出来的开发矛盾各不相同。以安塞油田为代表的特低渗油藏整体处于中高含水开发阶段，含水率 60% 以上的油藏个数占特低渗油藏的 56.1%，可动用地质储量地质储量占 57.4%，年产量占 50.9%，受储层非均质性影响水驱指数大幅上升，存水率下降，采油速度下降，水驱效果变差；此外，生产时间长，套管服役时间大于 15 年，部分井出现套损的情况，造成局部井网残缺、储量失控。以华庆油田为代表的超低渗油藏多处于中含水、低采出阶段(综合含水率 50.2%，地质储量采出程度 4.32%)，储层物性差、裂缝发育、有效驱替难建立，整体开发矛盾为油井裂缝型水淹，低产井多，采出程度低。攻关研究低渗-超低渗油藏提高储量动用关键工艺技术对于类似油田开发后期提高剩余储量动用程度和最终采收率具有重要意义。

2.1 储层非均质性的影响

鄂尔多斯盆地低渗-超低渗油藏由于岩性致密、渗透率低、渗流阻力大、天然能量不足，大量的理论研究和生产实践表明，注水是此类油藏经济有效的开发方式，形成了超前注水、温和注水、精细注采调整等系列配套技术，实现了提高初期单井产量，减缓了油藏的递减，使以安塞油田为代表的特低渗油藏得到了规模有效开发。然而受储层非均质性强的影响，在注水开发中后期表现出主向油井见水、水淹，侧向油井见效程度低，油层纵向水洗差异等突出矛盾。

2.1.1 平面非均质性对水驱效果的影响

1. 油层单砂体的分布

第 1 章对鄂尔多斯盆地主力油藏平面非均质性进行了概述，整体上鄂尔多斯盆地三叠系延长组长 6、长 8 储层砂体连通形式有多边式、多层式、孤立式 3 种。以安塞油田为例，通过野外露头的观察、井网加密、水平井单砂体解剖等，进一步认识到河道砂体宽度普遍小于 200m(图 2.1)。

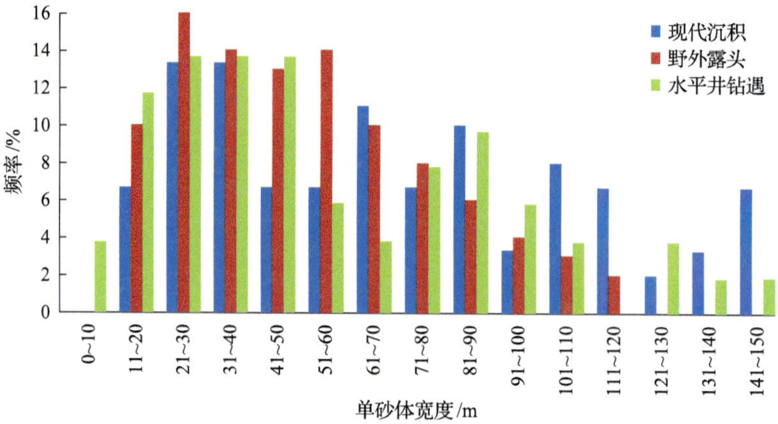

图 2.1 安塞油田单砂体宽度分布频率图

以安塞油田王窑老区为例，该区主力层位长 6_1^{1-2} 储层动用含油面积 76km²，动用地质储量 5212 万 t，储层渗透率 3～5mD，孔隙度 13%～15%。1983 年投入开发，1992 年建成 40 万 t 产能，后期通过井网调整、精细注水、加密调整，连续 30 年产能保持在 25 万 t 以上。目前表现突出的开发矛盾是进入"双高"开发阶段，平面上注水沿最大主应力方向延伸沟通，侧向油井水驱效果变差。区块综合含水率为 69.1%，采出程度为 16.26%，含水上升率 4.5%，自然递减达到 15%，因此，如何提升水驱效果、降低自然递减、精准挖潜剩余油是这类油藏改善开发效果、提高采收率的核心问题所在。

2009～2012 年在该区部署加密检查井组，该井组所在区域地质储量采出程度 20.4%，综合含水率为 70%，距离水线 0～200m 共完成 9 口检查井密闭取心，进行特殊测井，分析水驱及剩余油分布情况。通过精细解剖分析，顺物源方向，分流河道砂体多呈超覆式叠置，砂体连通性相对较好；垂直物源方向，分流河道砂体以孤立式或多期叠加透镜体分布，通过加密可以提高井网的储量控制程度，但平面上水驱不均的矛盾依然存在。

统计该区注水开发油井见效情况，发现见效油井方向与油井所处的位置有关，整体见效油井主要分布于油藏中部，不同区域反映出不同的特征。东北部区域主要是主向油井见效快，见效方向为 NE—SW 向，与砂体走向一致；油藏中部整体见效程度高，长期注水开发后，见水方向主要是 NE 向，局部 WN 向见水。从平面上来看，水驱方向受沉积环境控制，水驱状况受沉积相和储层物性的控制更加严重。

平面上距水线垂直距离越远，强水洗厚度越小、驱油效率越低。水线上强水洗油层厚度占 34.8%，距离水线 70m 油层强水洗油层厚度占 22.3%，距离水线 110m 油层强水洗油层厚度占 19%，距离水线 150m 油层强水洗油层厚度占 13.5%，从这些实际的研究结果可以看出，受沉积相及储层物性的控制，平面水驱不均，注水水线侧向的水驱距离短，主向油井局部强水洗造成油井水淹，仍有大量的剩余储量未动用。这类进入中高含水开发阶段的特低渗油藏，面临着精细注水、调剖调驱、剩余油精准挖潜的工艺技术难题。

对于以华庆油田为代表的超低渗油藏，储层渗透率 0.37mD，孔隙度 12%，物性更差。2008 年投入开发，采用菱形反九点井网超前注水开发，2008～2018 年开发期间，整体水驱特征有三类：有效驱替井占 39%、水淹井占 28%、见效差或不见效井占 33%，评价动态采收率低，仅为 15%，呈低采油速度（0.3%～0.4%）、低效开发状态。

该区为砂质碎屑流沉积，油层厚度大于 20m，但平面连通性差，所示垂直物源方向，舌体间覆盖薄泥岩层。据 7 口精细描述取心井估算，砂质碎屑流舌体宽度在 30～200m，宽厚比为 30∶1～50∶1，长 6_3^1 储层舌体规模略大于长 6_3^2 储层。

华庆长 6 油藏成藏条件复杂，平面上非均质性更强，各开发单元差异性大，突出表现是注水受效程度低，初期单井产量 2t/d，目前油井单井产量只有 0.8～1.2t/d，近 1/3 的井水淹关停，区块地质储量采出程度 5% 左右。如何在一次井网条件下提高老井单井产量、实施精细分层注水是改善此类油藏开发效果的关键。

2. 微裂缝发育的影响

第 1 章谈到鄂尔多斯盆地三叠系油藏微裂缝发育的特征，从长期开发动态来看，天然微裂缝在低渗-超低渗储层中普遍发育，既是原油的储存空间也是渗流通道，直接影响着油田的开发效果。表征储层裂缝分布的基本参数包括裂缝的产状、大小、间距、密度、宽度、有效性及溶蚀改造情况[2-4]。

1）裂缝的产状

裂缝的产状是指裂缝的走向、倾向和倾角。裂缝的产状在油藏开采过程中对流体流动有很大的影响，因此要开发好裂缝型储层需要准确地预测裂缝的产状。

根据裂缝的倾角可将裂缝分为三类：倾角小于 20° 的水平裂缝，倾角为 20°～70° 的斜交裂缝和倾角大于 70° 的高角度裂缝。华庆（长 6）（36 口井）高角度裂缝所占比例最大，为 64%，由此可见研究区域超低渗储层裂缝以高角度裂缝为主。裂缝走向以 NEE 向和 NWW 向为主，其次是近 EW 向。吴起地区（7 口井）裂缝走向以近 NE 向为主，其次是近 EW 向和近 NW 向。裂缝的优势方位为 NE 向，NW 向和近 EW 向裂缝次之；华庆地区岩心古地磁定向裂缝方位见图 2.2，安塞长 6 储层岩心古地磁定向裂缝方位见图 2.3。

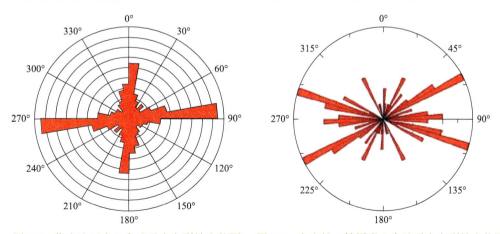

图 2.2　华庆地区岩心古地磁定向裂缝方位图　　图 2.3　安塞长 6 储层岩心古地磁定向裂缝方位图

王窑加密区长 6 储层天然裂缝产状以高角度构造缝为主，主要发育近 EW 向、近 SN

向两组正交裂缝。规模小，且裂缝密度不大，裂缝长度为 30～60m，主要在单层内发育。在原始储层条件下多处于闭合状态，为潜在缝。

2) 裂缝的大小

裂缝的大小包括裂缝的长度与切深，它们之间具有较好的正相关性，并与岩层的分布密切相关。华庆（长 6_3）区域地层切深＞20cm 的裂缝约占 80%，裂缝延伸长度小于 1.5m；切深≤20cm 的裂缝约占 20%；间距≤6cm 约占 80%。可见该层段主要发育以小切深、小间距为特点的小裂缝(图 2.4)。

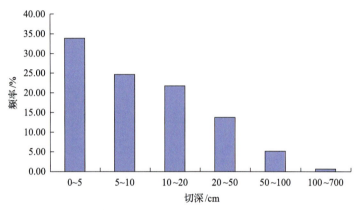

图 2.4　华庆地区长 6_3 储层岩心裂缝切深频率图

开度≤0.2mm 的裂缝约占 90%，因为所测裂缝开度要大于地下真实开度，所以应根据经验修正值 2/π 对其进行校正，即以实测缝开度值乘以修正值 2/π 就可以得到构造裂缝的地下真实开度，见图 2.5。裂缝充填情况：100%充填的有 2 口井，占总数的 6.06%；40%～60%充填的有 6 口井，占 18.18%；20%～40%充填的有 1 口井，占 3.03%；0%～20%充填的有 7 口井，占 21.21%；完全未充填的有 17 口井，占 51.52%。

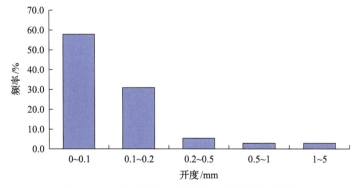

图 2.5　华庆地区长 6_3 储层岩心裂缝开度频率图

综合统计结果，储层段主要发育以"小切深、小开度、小间距"为特点的小裂缝；裂缝以完全未充填的居多(47%)，部分充填的居中(46.3%)，完全充填的占少部分(6.7%)；以高角度裂缝为主，低角度裂缝次之，然后为斜交裂缝；以扭性裂缝为主(88.05%)，张裂缝为辅(11.95%)；无效裂缝居多(81.82%)，有效裂缝占 18.18%；砂岩裂缝相对于泥岩裂缝更发育一些，粉细砂岩裂缝占 66%，泥岩裂缝占 34%；但从泥岩到粉砂岩至细砂岩裂缝密度有逐渐变小的规律。储层段裂缝密度介于 0.10～3.49 条/m，其中砂岩段裂缝视密度介于 0.02～2.93 条/m，主要分布在 0.1～0.5 条/m。

微裂缝的存在加剧了注水开发后期的开发矛盾，突出表现就是裂缝型水淹井多，以华庆超低渗油藏 Y284 为例，该区油层厚度 25m，渗透率 0.37mD，孔隙度 12%，2009 年起采用菱形反九点注水井网超前注水开发，注水井采用射孔投注，油井采用压裂投产，开发初期单井产量大于 2t，注水开发后期主要受物性差和微裂缝发育影响，多方向见水和油井注水不见效直接影响区块的开发效果。区块定向井单井产量少于 0.5t/d 的井占比 41.3%，区块地质储量采油速度仅 0.20%，采出程度 3%。从油藏开发阶段来讲尚处于开发早期，但受储层非均质性强、微裂缝发育等因素影响，注水开发效果差。

3. 注水动态缝的影响

由于天然裂缝及人工裂缝的存在，在提高单井产量的同时，进一步加剧了储层的非均质性。随着注水开发的不断深入，人们发现裂缝的作用越来越重要。裂缝不仅决定了注水效果，而且控制了层系划分和井网布置，从而直接决定了油田开发效果的好坏。因此，砂岩油田裂缝的研究日益受到人们的高度重视。据研究，我国低渗砂岩油田的裂缝孔隙度都十分小，一般小于基质孔隙度；而渗透率变化巨大，从几十毫达西到上千毫达西不等，且随着油田注水开发，渗透率呈动态变大，引起油田的水窜和水淹。我国砂岩油田裂缝主要起增加储层导流能力的作用，裂缝对注水开发效果影响十分显著，主要表现为注入水沿裂缝快速推进，裂缝方向上油井过早见水、水窜甚至水淹，而侧向上油井见效过慢。

注水诱导裂缝是指低渗油藏在长期的注水开发过程中，由于压力过高形成的以水井为中心的高渗透性开启大裂缝或水流通道。

从注水指示曲线可以看出，华庆 B153 区块长 6 超低渗油藏注水压力高于 12MPa 后，吸水能力显著增强，表现为微裂缝开启的特征，见图 2.6。

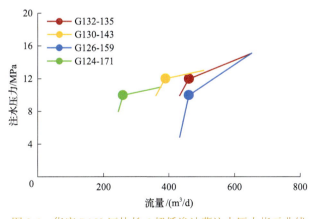

图 2.6　华庆 B153 区块长 6 超低渗油藏注水压力指示曲线

王窑区长 6 储层属于典型的特低渗油藏，储层物性相对较好，是国内外特低渗油藏注水开发的典范，在国内形成了特低渗油藏注水开发的"安塞模式"。但随着开发时间的延长、累积注水量的增加，注水压力超过裂缝的开启压力时，诱导微裂缝开启扩展和延伸，形成注水诱导裂缝和水窜通道，造成裂缝带上油井快速水淹。随着油田注水开发，诱导裂缝规模不断扩展和延伸。

4. 人工裂缝的延伸特征

裂缝系统与地应力方向之间的关系使裂缝系统在油气渗流中作用变得十分明确。对油气勘探开发而言，裂缝系统在现今应力场作用下表现得十分活跃。油气运移主渗流方向受现今应力场最大水平主应力方向控制。天然裂缝的活动性既与应力差有关，又与现今应力场最大主应力和破裂面夹角有关，即与现今应力场最大水平主应力方向近于平行或小角度相交的裂缝系统为最有效输导系统，油气渗流速度最快，在油气流动方面起主要作用。低渗油藏裂缝在油藏注水开发中也具有明显的双重作用：一方面可以提高注水井吸水能力，另一方面容易形成水窜，使采油井过早见水和水淹[5-7]。

1) 裂缝与井网的适配

开发压裂是整体压裂模式的发展，即将水力裂缝与井网优化有机结合，以压裂裂缝分布作为井网优化的直接依据，实现人工裂缝与井网系统、压力驱替系统的最佳配置，从而获得最佳的油田开发效果，见图 2.7。

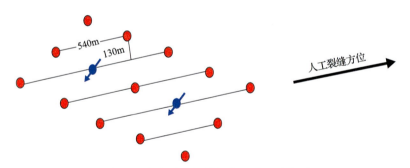

图 2.7 水力裂缝方位与井网适配示意图

1998 年在靖安油田五里湾一区 ZJ60 井区部署试验区，2000 年完成开发效果评估，2001 年以后，压裂技术全面应用于陕北、陇东地区三叠系长 6—8、长 4+5 油藏大规模的开发，以井距 480～520m、排距 130～180m 的"菱形反九点"为主要井网形式，安塞油田王窑、侯市、杏河南部长 6 等大型三叠系油藏陆续投入开发，开发压裂技术全面应用。形成了以超前注水、井网优化、开发压裂、丛式井技术为代表的技术系列，经济有效开发的储层渗透率界限不断下移，先后实现了安塞(2.0mD)、靖安(1.5mD)、西峰(1.2mD)、姬塬(0.57mD)等特低渗油田的有效开发。

随着开发的不断深入和工艺技术的不断进步，超低渗油藏得以经济有效开发，对于华庆、合水等超低渗油藏(小于 0.3mD)，常规压裂单井产量低，自 2004 年以来，长庆油田开展了低渗成因、渗流机理、压裂液微观伤害机理、人工裂缝扩展规律等基础研究，并开辟了庄 40、庄 19、沿 25、塞 392 试验区，攻关研究形成了多级压裂技术；2008 年规模开发超低渗油藏以来，受国外致密油体积压裂技术启发，逐步攻关试验形成了超低渗多缝压裂技术，实现了超低渗油藏的经济有效开发。

2）人工裂缝延伸规律

鄂尔多斯盆地低渗-超低渗油藏均需压裂改造才能有产能。影响人工裂缝延伸的因素众多，其核心是地应力大小、方向、两向应力差值及微裂缝发育程度等。

水力裂缝监测诊断是国内外公认的难点，目前国内应用较多的"地面微地震法"可以给出大致的裂缝方位，但由于三分量检波器埋在地面，在黄土塬地区存在干扰信号多、滤噪能力差、处理解释受人为因素影响等问题。

2003～2004 年，安塞油田应用"地面微地震法"裂缝监测方法，现场实时监测 6 口井，结果见表 2.1。

表 2.1　安塞油田重复压裂裂缝方位监测统计

区块	井号	裂缝方位	备注
侯市区	H10-31	NE38°	暂堵压裂
	H27-18	NE41°	
	H21-13	NE40°	
	H23-13	NE49°	裂缝预处理及压裂复合工艺
王窑区	W20-017	NE51°	暂堵压裂
坪桥区	P35-12	NE52.3°	

监测结果集中于 NE40°～NE50°，与原水力裂缝方位接近，尚不足以对工艺效果进行准确评价。

为了更为准确地研究重复压裂裂缝延伸特征，2004 年采用井下微地震技术，进行了重复压裂裂缝延伸方位实时监测，同时还获取了较准确的重复压裂裂缝几何尺寸。

W25-02 井为王窑区水线侧向加密井，1998 年投产，2004 年 10 月重复压裂，在邻井 W25-02 井下入 12 级三分量检波器监测压裂过程中的微地震事件。

与"地面微地震法"不同，"井下微地震"测试将 12 级三分量检波器下入邻井（监测井）井下同一目标层位，首先对压裂井进行射（补）孔，监测井内 12 级三分量检波器接收到射孔"微地震事件"并完成定向，压裂过程中检波器接收压裂井传播过来的纵横波信号，通过一定的计算程序还原到压裂井裂缝所波及位置。这样的信号连续记录，勾勒出了水力压裂裂缝的实际区域位置。由于信号采集和传输达到 0.05s 级，所以监测精度得以大幅度提高。

W25-02 井设计施工排量 2.2m³/min，根据小型测试压裂情况，现场调整为 3.0m³/min，压裂加砂 30m³，入地液量 110m³，施工顺利，达到设计要求。微地震监测共接收到 37 个有效的"微地震事件"，见图 2.8。图 2.8 中的每一个点代表一个微地震事件，现场监测获得成功。

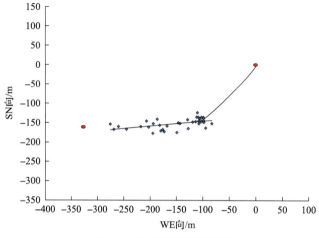

图 2.8   微地震监测结果图

采用专业软件，将采集到的微地震数据进行处理、解释，得到 W25-02 井重复压裂实时裂缝监测结果：缝方位 NE83°；裂缝半长 170m；裂缝高度 39m。

压后拟合表明，W25-02 井裂缝完全控制在产层段，达到了改造目的。

该井裂缝监测表明：

①"井下微地震"裂缝几何尺寸与目前长 6 储层压裂模拟值、经验估算值基本吻合；

②尽管施工排量达到 3.0m³/min，但裂缝高度仍然得到很好的控制；

③微地震测试结果表明，重复压裂裂缝延伸方位与初次压裂裂缝方位基本一致，说明虽经长时间的开采，但地应力场方向并未发生多大变化。

此次裂缝监测再次验证了目前对重复压裂裂缝延伸特征、裂缝规模的基本认识。通过几种测试方法得到了裂缝方位情况，可以看出，采用不同的监测方法，新井压裂和老井重复压裂裂缝方位较集中于 NE40°～NE80°，具体见表 2.2。

表 2.2   安塞油田长 6 储层不同测试方法获得的裂缝方位

内容	测试方法				
	岩心测试	声发射微地震测井	油井见效见水主要方位	"嵌入式"裂缝测试	"井下微地震"裂缝监测
裂缝方位	NE55°～NE78°	NE48°～NE81°	NE66°左右	NE40°～NE52°	NE83°
备注	新井钻井岩心	新井	生产动态	6 口重复压裂井	1 口重复压裂井

华庆长 6 储层裂缝方位主要为 NE 向，总体上人工裂缝延伸方向与最大水平主应力方向一致，但是不同区块运用不同压裂工艺所得的裂缝延伸规律存在一定的差异，见表 2.3。

表 2.3　华庆长 6 储层不同压裂方式裂缝延伸情况表

区块	层位	测试段数	人工裂缝方向	带长/m	带宽/m	带高/m	备注
元 284	长 6	8	NE75°～NE78°	202～460	75～250	60～90	水平井常规压裂
				平均 309	平均 122	平均 75	
		1	NE81°	420	110	60	老井体积压裂
白 239		4	NE82°～NE88°	230～330	100～130	40～65	水平井常规压裂
				平均 277	平均 107	平均 53	

3) 微裂缝对人工裂缝延伸的影响

尽管经典的断裂力学理论为裂纹萌生、扩展问题的研究奠定了理论基础，但迄今为止，断裂力学理论对于处理非均匀介质中的上述问题仍然是个力学难题。对于水力压裂过程中的岩石破裂而言，岩石介质中的天然裂缝恰恰是不容忽视的重要因素[8-14]。

由于理论上研究天然裂缝岩石介质中的裂纹扩展规律具有复杂性，目前有关天然裂缝储层中裂纹扩展问题的研究还不多见。天然微裂缝发育对岩石的破坏机制主要有以下两种。

(1) 天然裂缝对岩石的破坏是天然裂缝和岩石自身性质共同作用的结果。微裂缝的发育破坏了岩石的完整程度，改变了岩石的力学强度。在外力作用下，微裂缝对岩石具有明显的作用。因此，天然裂缝对岩石的破坏是在微裂缝影响下的破坏；同时，天然微裂缝的开启最终需要转嫁为岩石本体的破裂，因此，破坏过程也受岩石力学性质的控制。

(2) 微裂缝的存在引起了岩石内部的应力集中，在微裂缝的尖端，岩石的力学强度得到最大程度的削弱。根据弹性理论，裂缝尖端应力强度因子的大小取决于裂缝与周围介质的维度尺寸与所加的载荷。不同破裂形式(张开破坏、剪切破坏)引起的裂缝尖端应力强度因子大小也不同。

在天然裂缝发育的储层中进行压裂，天然微裂缝的存在会影响人工裂缝的延伸规律，主要与最大、最小水平主应力之差、人工裂缝延伸方向与天然裂缝夹角及裂缝的净压力有关系。

根据不同区块的岩心室内地应力参数测定结果，平均最大最小水平主应力之差在 1.9～10.4MPa，水平地应力各向异性较强，形成裂缝网络的难度较大，见表 2.4。

表 2.4　长庆油田长 6、长 7 和长 8 储层地应力测试结果

油田	层位	井数/口	σ_H/MPa	σ_h/MPa	$\sigma_H-\sigma_h$/MPa
安塞	长 6	4	22.4～25.2	20.1～22.7	1.9～4.9
华庆		4	34.5～39.5	32.1～34.9	2.8～5.3
吴起		5	31.9～36.4	26.1～29.8	5.2～6.7
姬塬		4	37.2～42.5	28.6～35.4	5.1～10.3
西峰	长 7	1	31.3～35.1	28.4～31.3	2.7～4.0
	长 8	6	34.1～46.8	28.1～36.4	4.1～10.4

注：σ_H 表示最大水平主应力；σ_h 表示最小水平主应力。

天然微裂缝发育程度越高，其方位与最大水平主应力方向夹角越大，形成复杂缝网

的概率越高。对于共轭型天然微裂缝，体积压裂适应性较好，见图 2.9，图中 θ 为天然裂缝与水力裂缝夹角。

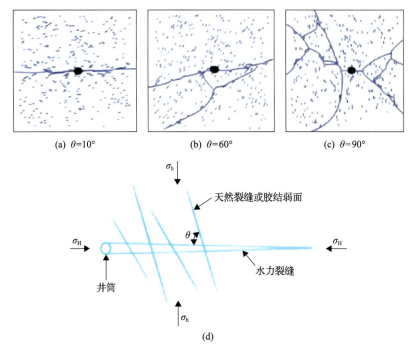

(a) $\theta=10°$　　　　　(b) $\theta=60°$　　　　　(c) $\theta=90°$

图 2.9　天然裂缝方位与水力裂缝夹角及造缝情况图

研究区最大最小水平主应力差条件下（5.22MPa），以及较小的天然裂缝逼近角条件下（0°～30°），水力裂缝遇天然裂缝以沟通开启天然裂缝为主，裂缝带宽增加。

按照华庆长 6 储层相关地应力及岩石力学参数计算，研究区天然裂缝夹角越小，越易发生张开破坏，随着天然裂缝与主裂缝夹角的增大，天然裂缝发生张开或者剪切破坏所需要的力更大，当天然裂缝与主裂缝夹角大于 60°后，天然裂缝发生剪切破坏所需净压力急剧增加，见图 2.10。

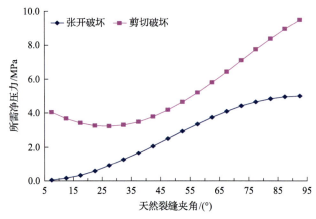

图 2.10　不同天然裂缝夹角下裂缝开启所需净压力图

综上所述，鄂尔多斯盆地的沉积特征决定了储层单砂体宽度较小，沿物源方向的砂体连通性较好，垂直物源方向的砂体连通性较差，储层微裂缝发育造成在长期注采过程中微裂缝不断开启并延伸，形成了注水动态缝，水驱主向油井见效快、侧向油井见效慢甚至长期不见效。受平面非均质性的影响，随着开发时间的延长，以及注水量的不断增加，主向油井水淹，侧向水驱范围小，动用程度低。特低渗油田进入中高含水开发阶段后，此类油藏开发矛盾更为突出。

2.1.2　剖面非均质性对水驱效果的影响

鄂尔多斯盆地三叠系长 6 油藏纵向上受多期沉积影响，小层叠合发育，各小层之间物性差异大，笼统注水或分 2～3 层分层注水，纵向上水驱动用程度依然偏低。注水过程中注入水易沿着高渗通道窜至油井，对应的油井会因一个小层见水而全井产水，造成井控储量失控。通过多年的动态验证、分层测试、精细油藏研究，石油开发工作者已经认识到鄂尔多斯盆地纵向非均质性对水驱效果的严重影响[9-13]。

1. 渗透率非均质性

层内渗透率非均质程度直接影响着纵向波及系数，一般采用渗透率级差、突进系数和变异系数来表征层内渗透率非均质状况。王窑井区长 6 储层平均级差、突进系数、变异系数分别为 3.67、1.47、0.4，属中等非均质性储层。各小层相比，主力层长 6_1^{1-2} 储层非均质性稍强，见表 2.5。王窑井区长 6 储层整体上层间非均质性弱。

表 2.5　安塞油田王窑井区长 6 储层层内渗透率非均质性系数统计表

储层	级差			突进系数			变异系数		
	最大	最小	平均	最大	最小	平均	最大	最小	平均
长 6_1^{1-1}	14.4	1	2.65	1.87	1	1.07	0.87	0	0.27
长 6_1^{1-2}	105.7	1	4.1	3.42	1	1.46	1.32	0	0.49
长 6_1^{1-3}	32.06	1	3.43	2.75	1	1.22	2.3	0	0.43
长 6_1^2	123.07	1	3.89	4.41	1	1.67	1.71	0	0.42
长 6_2	146	1	4.3	4.87	1	1.95	1.93	0	0.37
平均	84.25	1	3.67	3.46	1	1.47	1.63	0	0.4

从表 2.5 可以看出，王窑井区长 6 储层整体上属弱—中等层间非均质性。相比而言，主力层长 6_1^{1-2} 及次主力层长 6_1^{1-3} 砂体钻遇率高、垂向砂岩密度较高、单砂层平均厚度相对较大，砂体发育程度较好。

经过长期注水开发，储层岩石粒度较粗，孔隙度、渗透率好的部位水洗程度强，粒度较细，孔隙度、渗透率较差的部位水洗程度弱。强水洗段的物性好，驱油效率高，中等水洗段的物性和驱油效率次之，弱水洗段的物性和驱油效率最低(图 2.11，图 2.12)。

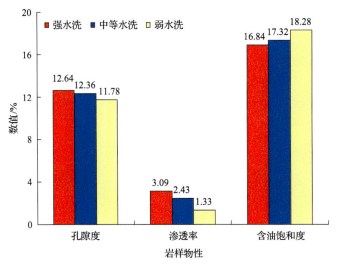

图 2.11　长 6_1^{1-2} 层不同水洗程度岩样物性对比图

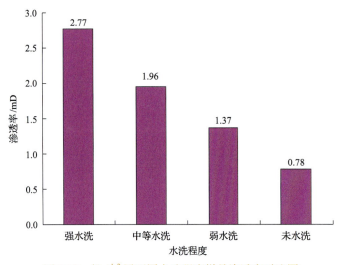

图 2.12　长 6_1^{1-2} 层不同水洗程度样品渗透率对比图

从图 2.11 和图 2.12 统计结果来看，纵向水驱动用状况受物性控制，物性相对较好的层段为主要水洗层段；物性较差的层段为弱水洗层段或未水洗层段，剩余油相对富集。纵向中-强水洗厚度占 36.9%，细分小层后，强水洗主要在长 6_1^{1-2-3} 层、长 6_1^{1-2-4} 层和长 6_1^{1-3-1} 层；长 6_1^{1-2-1} 层和长 6_1^{1-3-3} 层连通性差、物性差、水洗程度弱或未水洗。

华庆长 6 超低渗油藏，储层厚度大、渗透率低，砂层渗透率级差一般为 5.9～192.8，说明浊积水道砂的非均质性不算太强。渗透率非均质系数，也称突进系数，指油层最高渗透率与平均渗透率的比值，非均质系数越接近 1，均质性越好。

从 19 口取心井的岩心分析资料可清楚地看出，长 6_3 砂层组渗透率变异系数 K_v 一般分布在 0.6～1.1，$K_v < 0.5$ 的占 19.6%，$K_v = 0.5～0.7$ 的占 35.3%，$K_v > 0.7$ 的占 45.1%，见图 2.13。渗透率非均质系数一般分布在 2.7～7.6，见图 2.14。渗透率级差一般都分布在 50～200，见图 2.15，说明非均质程度比较高。

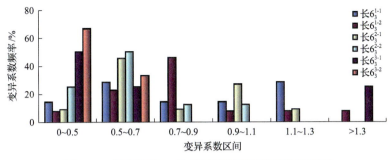

图 2.13 华庆油田 B153 井区渗透率变异系数频率图

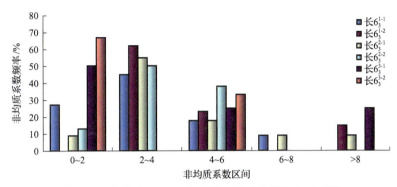

图 2.14 华庆油田 B153 井区渗透率非均质系数频率图

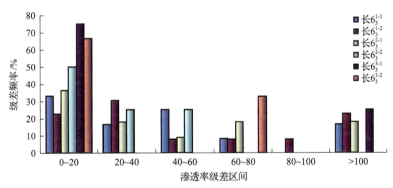

图 2.15 华庆油田 B153 井区渗透率级差频率图

相对而言,长 6_3 砂层组各小层单元中,长 6_3^{1-1}、长 6_3^{1-2} 的非均质程度较为严重,渗透率变异系数 $K_v < 0.5$ 的占 8%～17%, $K_v=0.5$～0.7 的占 23%～29%, $K_v > 0.7$ 的占 57%～70%,为不均匀型。非均质系数>2 的占 73%～99%,渗透率级差一般都分布在 50～200。

长 6_3^{2-1}、长 6_3^{2-2} 的非均质性比长 6_3^{1-1}、长 6_3^{1-2} 略弱,渗透率变异系数 $K_v=0.5$～0.7 的占 45%～50%,为较均匀型。

2. 纵向非均质性对开发效果的影响

以安塞油田为代表的特低渗油藏整体水驱效果好,预期水驱采收率大于 20%,纵向主要受物性、裂缝影响,水驱沿高渗层段突进,低渗层段水驱效果差,剩余油富集,特低渗油藏纵向水驱动用状况受非均质性影响，物性相对较好的层段为主要水洗层段，物性较差的层段为弱水洗或未水洗层段。

王窑老区加密检查井取心分析结果表明，注水开发近 20 年，地质采出程度 20.4%，因层间非均质性影响，高渗主力层段水洗程度高，低渗层未水洗比例达到 30% 以上，剩余油仍然较富集，具有深度挖潜潜力。

近年来，为加深对老区储层水驱状况和剩余油挖潜的认识，针对安塞油田老井开展了一系列的剩余油饱和度测试，为加密部署及注水调整提供依据。

统计安塞油田 2008~2013 年 110 口脉冲中子-中子(PNN)测井结果表明，剖面上整体水驱均匀，剩余油饱和度较高，仅局部层段水洗。按照不同的含水率标准将水淹程度分为强水淹、中水淹和弱水淹三个等级，统计结果表明，主力层长 6 储层已动用层段层间剩余油分布不均，各水淹级别均含有不同程度的剩余油，见表 2.6。

表 2.6　安塞油田 110 口井水淹层不同级别分类统计结果

序号	解释分类	含水率(F_w)分类标准/%	平均剩余油饱和度/%	层数/层	比例/%
1	1 级水淹(强水淹)	$F_w \geq 80$	33.1	170	24.9
2	2 级水淹(中水淹)	$40 \leq F_w < 80$	42.0	332	48.6
3	3 级水淹(弱水淹)	$10 \leq F_w < 40$	50.0	181	26.5
	合计/平均	—	41.7	683	100.0

水淹层段处于强水淹等级的有 170 层，占总统计层数的比例不到 1/3，仅为 24.9%。平均剩余油饱和度 33.1%，剩余油饱和度低，剩余油挖潜难度大。水淹层段处于中水淹等级的有 332 层，占总统计层数的比例不到 50%，为 48.6%，在统计层数中占比最大，平均剩余油饱和度 42.0%。水淹层段处于弱水淹以下的有 181 层，占总统计层数的比例为 26.5%，平均剩余油饱和度为 50.0%，剩余油富集。

结合近两年 20 口井剩余油饱和度测试结果，水淹受层间隔夹层或层内非均质性等共同影响。初期改造规模较小、部分小层未动用，造成剩余油富集，此类井占统计总数的 40%。

同时，受重力作用影响，注水井在注水驱替过程中吸水剖面逐年下移，导致油层下部水洗程度高，上部动用程度低，形成剖面上注水尖峰状吸水和水驱突进现象，对应油井出现下部过早见水，而储层上部油层无法注水驱替，厚油层上部剩余油富集。

超低渗油藏水线侧向检查井显示：除受物性影响外，区域性的天然裂缝对纵向水驱也有影响，但范围要小得多，剩余油大面积富集。长 6_2^2 储层顶部岩心出筒后碎裂，滴水半珠至慢扩散，疑似水洗，测井解释为差油层。其他层段未观察到油明显水洗特征。

2.1.3　储层微观非均质性对水驱效果的影响

采用微观仿真玻璃模型研究微观剩余油分布受控因素及赋存状态。研究表明，微观剩余油分布与储层润湿性、原油黏度、孔隙结构及非均质性有关。黏度越大，油膜越厚，相对细小的渗流通道动用越困难，剩余油越多。因此，油水黏度比越大，将在大孔喉及壁面形成油膜型剩余油，而在细小孔喉中形成细喉型剩余油。

喉道越发育，注入水突进，见水越早，微观波及程度越小，无水采出程度越低，最终采出程度越低。

1. 润湿性

亲水模型驱油效率要高于亲油模型，油藏亲水性越强，其水驱开发效果越好。反之，将在孔喉中形成油膜型剩余油。

对于长 6 储层（图 2.16、图 2.17，以姬塬油田王盘山长 6 储层为例），岩石亲油性较强时，由于毛细管阻力的作用，注入水在喉道中央向前推进，喉道壁吸附薄膜油状物，且在细喉道驱动过程中由于强界面张力作用易发生油流卡断，注入水主要呈指状-网状驱替，驱油不彻底，驱油效率较低，平均值为 34.59%；当岩石亲水性较强时，由于注入水对喉道壁油膜的挤压作用，在喉道中能彻底、均匀地将油驱走，且注入水波及范围广，波及体积大，能够均匀驱替孔喉中的原油，最终驱油效率明显提高，平均值为 50.53%；油层岩石亲水性越强，驱油效率越高，亲水性储层较亲油性储层驱油效率提高了 15.94 个百分点。

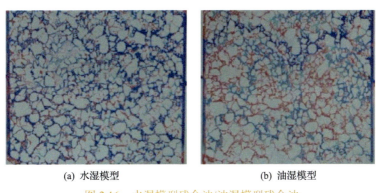

(a) 水湿模型　　　　　　　　　(b) 油湿模型

图 2.16　水湿模型残余油/油湿模型残余油

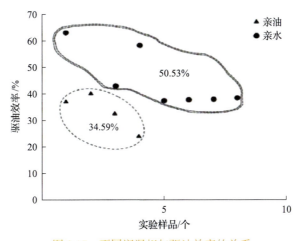

图 2.17　不同润湿相与驱油效率的关系

2. 微观孔隙结构

喉道半径与驱油效率具有良好的正相关性(图 2.18,以姬塬油田王盘山长 6 储层为例),喉道半径从小逐渐增大时,由于喉道整体较细,毛细管阻力较强,渗流阻力较大,孔喉连通性较差,相同实验条件下,注入水首先沿着高渗带路径以网状、指状-网状类型驱替前进,驱油效率拟合曲线呈指数倍数增加,喉道半径增大,渗流路径增宽,有效喉道网络的渗透性增强,波及面积扩大,实验可观察到注入水主要以均匀驱替类型驱油,驱油效率拟合曲线呈线性倍数趋势增大。随分选系数的增大,驱油效率显著降低,分选系数与驱油效率的响应关系较强。分选系数变大,表明喉道粗细不一,喉道间非均质性增强,注入水会沿着大喉道突进,形成指进渗流现象,以指状驱替为主,形成大量簇状残余油,使得与主流孔喉连通较差的孔隙网络中的原油难以驱替出来,导致最终驱油效率较低。

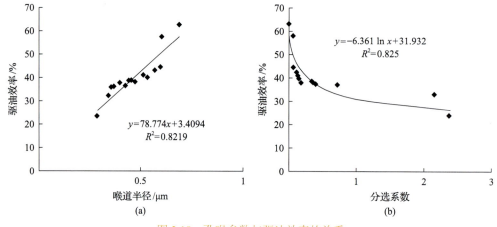

图 2.18   孔喉参数与驱油效率的关系

长 8 致密砂岩储层的孔喉特征严重影响水驱油效率。小孔喉对储层渗流特征的影响很大,会降低驱油效率,并且也会形成"卡断"现象。储层中存在较多的小孔喉,油水的渗流有一定的反作用力,会阻止部分油滴的移动,并且会"锁死"在渗流初期已形成的既定渗流通道,降低驱油效率。

长 8 储层物性差、孔喉细小、非均质性强等因素严重影响了储层的水驱油效率。从真实砂岩微观水驱油实验还可以发现,储层微观孔喉分布的强非均质性造成了剩余油的"绕流"现象,形成了连片的残余油。孔喉差异特征明显,也会造成"卡断"现象,但其产生的油滴可以随着驱替过程被最终采出。在孔喉特别细小的致密砂岩储层,也存在着"贾敏效应",它的存在会使水驱油效率降低。

1)均匀驱替

均匀驱替从微观上看注水波及面积逐渐增大,水驱油整体较均匀,驱替前缘几乎平行推进,无明显高渗通道,多出现在致密砂岩储层中孔喉发育较好的区域,驱油效果较好,见图 2.19。

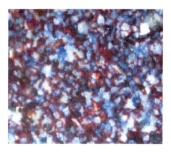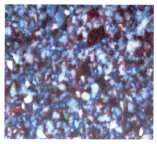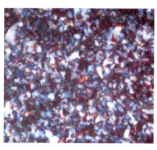

图 2.19　均匀驱替型(红色为油、蓝色为水)

2) 蛇状驱替

蛇状驱替从微观上看注水波及面积较分散，水驱油整体不均匀，呈现出单向指进现象，驱替前缘推进各不相同，会形成明显的残余油，有明显的高渗通道，多出现在致密砂岩储层中孔隙连通较好的区域，最终驱油效果较差，见图 2.20。

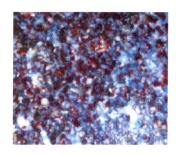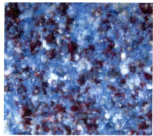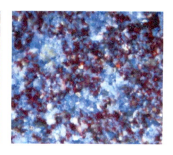

图 2.20　蛇状驱替型

3) 树枝状驱替

树枝状驱替从微观上看注水波及面积也较分散，水驱油整体不均匀，呈现出多个单向指进现象，驱替前缘推进也各不相同，会形成明显的残余油，有明显的高渗通道，最终驱油效果一般，见图 2.21。

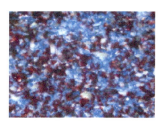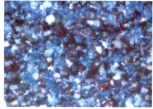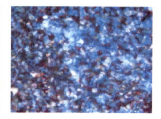

图 2.21　树枝状驱替型

4) 网状驱替

网状驱替从微观上看注水波及面积也较分散，水驱油整体不均匀，呈现出多个单向指进现象，突破后形成网状渗流通道，驱替前缘推进也各不相同，会形成明显的残余油，存在明显的高渗通道，最终驱油效果较好，见图 2.22。

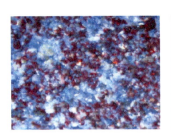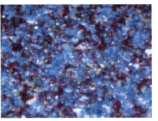

图 2.22 网状驱替型

从薄片分析来看,指状驱替驱油效率明显低于网状驱替及均匀网状驱替,指状驱替中突进渗流区域内的渗流通道明显好于周围;从单井角度来看,不同深度样品的驱油效率差别很大,适合分段开发;从微观尺度来看,孔喉半径分布范围大,驱油效率高,说明当喉道半径整体较小时,少量孔喉半径较大且分布均匀的孔喉有利于改善驱油效果,所以孔喉大小与空间分布对驱油效率的影响需要综合考量。

3. 黏土矿物

黏土矿物的存在会影响孔喉,使其变小,从而使水驱油效率降低。孔隙中充填黏土矿物,如充填孔隙的硅质和绿泥石膜粒间充填的定向片状伊利石与石英微晶等,都会影响储层孔隙结构非均质性、微观渗流能力,减少渗流空间(图 2.23)。

(a) 硅质和绿泥石膜充填孔隙　　　　　(b) 绿泥石膜及粒间孔、长石溶蚀孔

图 2.23 储层铸体薄片照片

综上,微观孔喉特征的非均质性决定了微观剩余油的分布规律。同时,微观剩余油分布取决于原生孔隙和次生孔隙的发育程度。粒间孔较发育的储层,粒间孔是其最主要的渗流通道,剩余油主要分布在细孔喉当中。粒间孔和次生孔隙都比较发育的储层,剩余油主要分布在变孔喉变化处;如果孔喉比相对较小,剩余油主要存在于分布范围较小的角隅当中。

2.2 超低渗油藏单井产量低

鄂尔多斯盆地超低渗油藏储量大,已动用储量占比 42.8%,规模开发近 10 年,原油年产量突破 800 万 t。然而受特殊的沉积背景影响,储层物性差,孔喉细小,注水难以建立有效驱替压力系统，呈现出连片低产的开发特征。

2.2.1　超低渗油藏沉积背景

鄂尔多斯盆地超低渗储层的形成主要受沉积和成岩作用的影响。其中，沉积作用是形成低渗储层的最基本因素，它决定了后期成岩作用的类型和强度；成岩作用是形成超低渗储层的关键因素，特别是成岩早期强烈的压实和胶结作用对形成超低渗储层起了决定性作用。

1. 沉积作用对超低渗储层形成的影响

储层孔隙度与渗透率总体上随埋深具有逐渐降低的趋势，但各种类型储层降低的程度和方式不尽相同。一般而言，碎屑岩储层物性主要受沉积、成岩、构造等因素控制。沉积作用除了控制着储层的厚度、规模、空间分布等宏观特征外，还决定着岩石的成分、结构成熟度、填隙物含量等，控制着岩石原始孔隙度和渗透率，进而对后期的成岩作用类型、强度及进程起重要作用，是低渗储层形成的内因。

(1) 超低渗砂岩储层以湖泊重力流和远源三角洲沉积环境为主，沉积物表现出粒度细、碎屑组分复杂、塑性岩屑含量高、分选较差、成分与结构成熟度低等特点，这种沉积背景直接导致砂岩原始孔隙度和渗透率低，且极易被压实。

(2) 储层砂岩的粒度与分选。碎屑岩沉积物的粒度、成分和结构成熟度决定了储层物性。一般而言，砂岩的孔隙度、渗透率随粒径的减小而降低，粒度越细，杂基含量越高，储层中主要发育微孔隙，而这些微孔隙对有效孔隙度和渗透率贡献小。岩石孔隙度、渗透率、最大喉道半径、中值半径与颗粒粒度均具有较好的正相关关系，其制约着岩石的孔喉结构和储层物性，特别是颗粒粒度与最大喉道半径相关关系极为显著，而最大喉道半径是物性的直接体现。

通过对超低渗储层样品中值粒度与物性相关性进行比较发现，砂岩储层的中值粒度与物性总体上呈正相关，中值半径为 0.07~0.14mm，随中值粒度的增大，孔隙度增加，渗透率增大。已有的研究成果表明，粒度及其分布直接反映了沉积时期的水动力条件，粒度较粗的岩石往往是在水动力条件比较强的环境中形成的，强水动力携带的沉积物粒度较粗，经强烈淘洗、冲刷，颗粒磨圆度高、分选好，形成较高的成分成熟度，从而沉积的较粗砂岩往往有比较高的孔隙度与渗透率。而且较粗颗粒多呈点状、线-点状接触，抗压实能力强，压实作用较强时不会产生塑性变形，因此保留了较多的原生孔隙。粒度细的砂岩则相反，压实作用使其变得更致密，物性差。

2. 超低渗成因的成岩作用影响

尽管沉积作用在宏观上决定着储层的分布及其性能，但是碎屑砂岩复杂而强烈的成岩作用直接控制了储层的物性和微观结构，它能够使同一相带甚至同一砂体内部的微观孔隙结构和沉积物质组成发生明显变化。根据薄片鉴定结果分析，超低渗储层砂岩的成岩作用类型主要有矿物的蚀变作用、压实作用、压溶作用、胶结作用、交代作用、溶蚀作用等。而压实作用、胶结作用、交代作用和溶蚀作用对储层起决定性影响。

1) 压实作用

松散沉积物在上覆水层和沉积层的重荷下，不可避免地发生水分排出、体积缩小和孔隙度降低的破坏性成岩作用。在沉积物内部可以发生颗粒的滑动、位移、变形与破裂，进而导致颗粒的重新排列和某些结构构造的改变。超低渗储层砂岩的碎屑颗粒以点-线接触为主，具有云母碎屑和泥岩碎屑挤压变形呈假杂基充填孔隙，以及骨架颗粒裂开等压实成岩特征。泥质及云母含量偏低、分选较好的砂岩剩余粒间孔含量普遍偏高，表明其抗压实作用的能力偏高。当砂岩中泥质及云母含量偏高时，砂岩中剩余粒间孔常不发育。富含云母的砂岩，云母蚀变、膨胀变形，使粒间孔大幅度减少。

2) 交代作用

交代作用是指一种矿物替代另一种矿物的现象。交代作用可以发生于成岩作用的各个阶段乃至表生期。交代矿物可以交代颗粒边缘，将颗粒溶蚀成锯齿状或鸡冠状的不规则边缘，也可以完全交代碎屑颗粒，从而成为它的"假象"。后来的胶结物还可以交代早期形成的胶结物。交代彻底时，甚至可以使被交代的矿物影迹消失。研究区砂岩中常见的交代作用为碳酸盐矿物交代长石颗粒，含铁方解石沿长石解理或双晶方向进行交代。

3) 溶蚀作用

溶蚀作用是一种建设性的成岩作用，可产生次生溶蚀孔从而形成储集体中重要的储集空间。超低渗储层砂岩中主要是长石和岩屑的溶蚀，产生长石溶蚀孔及岩屑溶蚀孔。难溶组分为含铁白云石和含铁方解石，表明溶蚀流体是一类富含二氧化碳的酸性流体，流体中二氧化碳分压增高，可产生大量碳酸根离子，在条件适合时导致碳酸盐矿物沉淀。镜下薄片计点统计表明，储集空间中至少有1/4是次生孔隙。次生孔隙的相对发育对超低渗砂岩物性条件的改善起到了重要的作用。

在上述沉积成岩的地质背景下，以华庆油田为典型代表的超低渗油藏整体上表现为低孔、超低渗特征，但其孔渗分布范围大，非均质性强。储层孔隙度主要分布在6%~16%，平均孔隙度10.8%，渗透率主要分布在0.04~0.6mD，平均渗透率0.34mD。

孔隙度、渗透率平面分布基本上与沉积微相的展布和砂体发育状况密切相关。在砂体发育的地方，储层物性相对要好，反之亦然。顺着砂体的走向，其孔隙度、渗透率较高，向两侧孔隙度与渗透率逐渐减小。高渗带所处的位置为浊积辫状水道沉积微相，向两侧则逐渐过渡为水道漫溢沉积微相，说明沉积相带控制着储层渗透性。

整体上该区储层平面上的非均质性较强。华庆油田B153井区长6油藏厚度较大，油层厚度5~35m，平均21.4m。油层厚度分布严格受控于砂体展布，砂岩厚度大的地方，油层厚度大。

2.2.2 渗透率低、启动压力大

超低渗油藏岩石颗粒细，粒径小，渗透率低。储层裂缝孔隙中的胶结物主要是黏土

矿物。黏土矿物颗粒超细，遇水膨胀，而且还会分散运移，进入更细小的孔隙喉道，堵塞超细喉道，急剧增加渗流阻力，从而增大启动压力。启动压力梯度是超低渗油藏机理研究和工业化开采的关键[14-17]。

长庆油田超低渗储层岩心单相油渗流实验表明：流体在低速渗流时，非线性渗流特征明显，存在启动压力梯度。呈现出非线性渗流特征的渗流速度为 0.136m/d。大量研究表明：低渗、超低渗储层中流体的基本渗流特征不符合达西线性渗流规律。黄延章[18]根据实验得到了渗流速度与压力梯度曲线，并给出了几种达西定律的修正表达式，用两个线性关系的组合来描述时，无法反映出渗流过程存在的启动压力梯度问题，不能很好地反映出低速段的渗流规律，而用幂律关系和线性组合的方式来描述低速渗流的规律比较准确。

通过对长庆油田的岩心进行单相流体渗流实验得出，在每个渗流速度下渗透率归一化值与渗流速度的关系表明(图 2.24，图 2.25)，随着渗流速度的降低，渗透率开始时基本保持不变，表明此时渗流特征为线性渗流；当实验流量小于 0.005cm³/min 时，大部分岩心渗透率开始出现明显下降，表明当实验流量低于 0.005cm³/min(对应的真实渗流速度平均为 0.136m/d)时，单相油的渗流特征属非线性渗流。

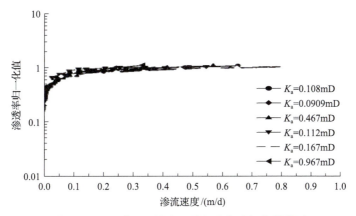

图 2.24 Z24 井 5-1 号岩心单相油渗流拟合曲线图

K_a 为渗透率归一化值

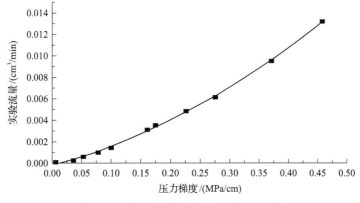

图 2.25 渗流速度与压力梯度的关系图

齐银等[19]在室内实验研究的基础上，提出了单相油低速渗流的数学表达式。通过对大量方程的筛选和对其物理意义的分析，式(2.1)能较好地拟合超低渗岩心中的单相渗流曲线。

$$y = ae^{-x} + bx + c \qquad (2.1)$$

式中，y 为实验流量，cm^3 / min；x 为压力梯度，MPa / cm；a、c 为拟合参数。

式(2.1)表明：

(1)当 $x = 0$ 时，$y = a + c$；当 $a + c = 0$ 时，$y = 0$，不存在启动压力梯度；当 $a + c < 0$ 时，$y < 0$，存在启动压力梯度。

超低渗储层岩心的单相渗流拟合方程[式(2.1)]中 $a + c$ 的值均小于零，表明流体在该区块储层渗流时可能存在实际意义上的启动压力梯度。如令 $y = 0$，即可求出实验岩心的启动压力梯度。实验岩心的启动压力梯度为 0.00799～0.0179MPa/cm，平均值 0.0124MPa/cm。

(2)式(2.1)中等号右侧第 1 项可认为是与边界层厚度有关的渗流项，第 3 项为渗流过程中边界层的存在导致的附加阻力项，这两项反映了流体在低渗低孔介质中的非线性渗流特征。第 2 项可认为是达西渗流项。当压力梯度增大时，e^{-x} 随着压力梯度 x 的增大而单调减小，第 1 项的影响将减弱，边界层厚度逐渐变小。当压力梯度 x 足够大时，边界层厚度趋于稳定，流体的渗流规律为线性渗流特征。

(3)拟合系数 a 和 c 均反映了当岩心渗透率低、孔喉细小时边界层对流体渗流特征的影响。由边界层理论可知，由于原油中存在极性物质，其在微细孔道中低速流动时，极易吸附在孔道壁上形成边界层，造成流体在孔道中的黏度发生变化，从孔道中轴部位到孔道壁处，原油黏度逐渐增大，而且渗流速度越低边界层厚度就越大，这是低渗储层中出现非线性渗流及产生启动压力梯度的根本原因。边界层的性质与原油的黏度、原油组成、地层温度、岩石的表面性质、岩石物性等因素有关。这两个系数也可称为边界层系数，二者有较好的相关性。参数 b 可以认为是达西渗流系数，与岩石的渗透率和流体的黏度有关。

大量超低渗岩心平均渗透率为 0.173mD，计算的平均启动压力梯度为 0.0124MPa/cm。利用一维达西定律的修正式计算长庆油田三叠系低渗岩心的启动压力梯度，其中超低渗岩心平均渗透率为 0.178mD，平均启动压力梯度为 0.0123MPa/cm。

2.2.3 物性差、应力敏感性强

在超低渗油藏开发过程中，随着地层压力的逐渐下降，储层岩石发生弹塑性变形，进而引起了压敏效应，储层的渗透率发生了变化，直接影响着油井的产能。为了提高油井的产能要尽可能降低井底流压，这会引起井底附近的压降漏斗不断扩大，使压敏产生的伤害不断增加，反而抑制产量的提高。因此，为了保持油井的合理井底流压，提高产能和最终采收率，分析了压敏效应对油田开发的影响[20,21]。

对渗透率及有效应力进行无因次化处理，则渗透率(K)-有效应力(σ)关系式为以下乘幂式形式：

$$\frac{K}{K^*} = \alpha \left(\frac{\sigma}{\sigma^*} \right)^{-b} \tag{2.2}$$

式中，K^* 为有效应力下的渗透率；σ^* 为一定条件下对应的有效应力。

当 $\sigma = \sigma^*$ 时，有 $K = K^*$，根据此关系，可得出式(2.2)中 α 的值为 1。

则式(2.2)成为 $\dfrac{K}{K^*} = \left(\dfrac{\sigma}{\sigma^*} \right)^{-b}$，对此式两边取常用对数，得

$$\lg \frac{K}{K^*} = -b \lg \frac{\sigma}{\sigma^*} \tag{2.3}$$

从式(2.3)可知，$\dfrac{K}{K^*} \sim \dfrac{\sigma}{\sigma^*}$ 在双对数坐标下是一条通过 $(1,1)$ 点、斜率为 $-b$ 的直线。定义应力敏感系数为

$$\alpha = -\lg \frac{K}{K^*} \bigg/ \lg \frac{\sigma}{\sigma^*} \tag{2.4}$$

因此可以方便地通过拟合 $\dfrac{K}{K^*} \sim \dfrac{\sigma}{\sigma^*}$ 的乘幂关系式来得到应力敏感系数 α，它是幂指数的负值，这种定义形式简单，而且表达式与实验数据相关程度高。采用这种定义方式，应力敏感系数值的大小不受实验中所测数据点多少的影响，并且与实验中岩心所受的最大围压无关。

按照新的方法，计算测试岩心的应力敏感系数，所得结果如图 2.26 所示。可以看出岩心渗透率越小，对应的应力敏感系数就越大。对实验数据进行回归分析，得到岩心应力敏感系数 α 与岩心初始渗透率 K_i 的关系曲线，其在双对数坐标下呈线性关系。

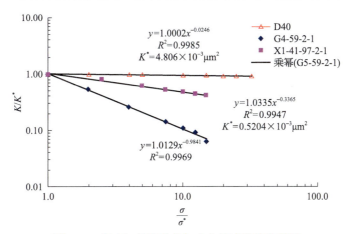

图 2.26　岩心初始渗透率与应力敏感系数关系图

从图 2.26 中的回归式计算可知岩心渗透率小于 1.0mD 以后，应力敏感系数急剧增加。由此可见，对于特低、超低渗油气藏，应力敏感的影响显著增强，增加了这类油气

藏开发的难度。

2.2.4 水驱效果差、单井产量低

长庆油田超低渗油藏开发普遍采用菱形反九点井网,井排方向与裂缝方位平行,在开发过程中,采用超前注水开发。

长期生产表明,虽然开发初期采用了超前注水,但是随着油井生产时间的延长,超低渗油藏整体开发仍未注水受效,主要表现为有效人工裂缝与开发井网适配性差、有效驱替压力系统建立困难等,造成超低渗油藏水淹井和低产低效井逐年增多,区块整体单井产量下降,严重影响这类油藏的开发效果。

如华庆长6储层采用菱形反九点井网超前注水开发,空气渗透率0.3mD左右,微裂缝较为发育,层间层内非均质性强,投产初期采用多级多缝压裂改造措施,初期平均单井产量1.8~2.0t/d,随着开发时间的延长,开发矛盾日益突出。

主要表现出三类水驱特征:有效驱替井占39%、水淹井占28%、见效差或不见效井占33%,动态采收率低,仅为15%,主要受裂缝型水淹井影响。长期注水不见效的井产量持续递减,生产动态表现为持续低液量、低含水开发特征,地质采油速度小于0.2%。

开发动态主要表现如下。

(1)注采压差逐年增大,开发10年注采压差由16.8MPa上升到了19.3MPa,难以建立有效的注采系统,开发过程中生产井受效方向和受效层位单一,注入水平面突进导致快速水淹。从高含水井生产历史来看,大部分为裂缝型见水。裂缝型见水造成的水淹及水驱动用程度降低影响了油藏的整体稳产。

(2)油井见效比例低、地层能量低,单井产量持续递减。开发区近1/3的油井长期持续递减至0.5t/d的生产水平,总体表现为低液量、低含水、低采出程度的开发特征。主要原因是超低渗储层渗流阻力大,非达西渗流特征明显,有效驱替压力系统难以建立。超低渗油区地层压力保持水平70%~80%。低压导致储层产能不能完全发挥,投产初期即表现出供液能力不足。此外长期注水不见效,油井处于自然能量开发状态,随开发时间延长,地层流体不断被采出,孔隙压力下降,支撑剂承受的闭合压力增加,支撑剂嵌入量、破碎率均呈增加趋势,裂缝有效导流能力下降甚至闭合,表现出地层深部堵塞的特征,如生产动态高压低产(高静压、低流压、低液量)、解堵措施无效等。

(3)微裂缝发育,油井快速见水。超低渗油藏厚度大、纵向非均质性强、微裂缝发育,注水开发过程中注水沿微裂缝突进至油井,造成油井含水率快速升高,单井产量下降,这已成为该类油藏注水开发的一大突出矛盾。超低渗储层的天然微裂缝发育并且在渗流中发挥着重要作用,其优势渗流方位与主应力方位大体一致。天然微裂缝的存在进一步加剧了超低渗储层渗透率的各向异性,加快了油井的见水速度。在局部区域,砂体走向摆动或者主应力方位改变导致人工裂缝方位改变,但井网形式并没有做相应调整,因此,出现了侧向井快速水淹的现象。同时平面水驱不均和纵向吸水不均,注水单向突进,造成了油井过早见水,单井产量迅速下降。一般情况下,顺着河道方位,物性较好,而垂直河道方位,物性较差,即渗透率存在方向非均质性。超低渗储层的单砂体厚度较薄,垂直

河道方位相变必然频繁，对水井而言，垂直河道方位的储层启动压差更大，注入水更多地沿河道方位突进。对油井而言，人工裂缝的优势方位必然是顺着河道方位，简单的、较长的人工裂缝在迎接注入水的推进，因此主人工裂缝方位高压见水是必然趋势，不过初期注水见效往往更明显。吸水剖面不均匀和水驱动用程度低（不足 60%）的现象在超低渗油藏的注水井中普遍存在。例如，元 284 井区有注水井 79 口，统计测试吸水剖面 20 井次，吸水总厚度 148.6m，射开总厚度 320m，水驱动用程度 46.4%；下部吸水、尖峰状吸水等不良剖面较多，占 80.0%。

(4)初次压裂工艺技术不成熟，改造强度低。10 年前开发这类油藏是按照开发压裂的思路设计的，设计的压裂人工裂缝穿透比为 0.5 左右，也就是井距的一半，设计的单井压裂加砂量只有 30～50m³，入地液量为 300～500m³，排量为 2～2.8m³/min，对于类似油藏开发改造强度太低，缝网控制储量小。近些年来，随着体积压裂理念的引入，特别是新的区域应用水平井+体积压裂大幅提高了单井产量，一些致密油储量已经得到规模开发。这为提高已开发区超低渗油藏的储量动用程度提供了很好的借鉴。

2.3　油水井套损造成储量失控

油田开发过程中的套管损坏问题造成注采井网失调，储量动用程度降低，动态监测资料录取困难，措施及管理费用增加，严重影响了油田稳产及开发效益。长庆油田油水井套损主要是由套管腐蚀穿孔造成，因此套损井的有效防治对油田生产十分重要。

2.3.1　油水井腐蚀套损形势严峻

长庆油田 2000～2018 年累计套损井 2730 口，2010 年后年新增套损井 200 口左右（图 2.27），主要分布在陇东老区、安塞油田和宁夏老油田。长庆油田套损井最短寿命不足 2 年，较长寿命 10 年以上，套管平均腐蚀率约 0.9mm/a，对油水井套管的腐蚀破坏较为严重，给油田生产带来了困难。

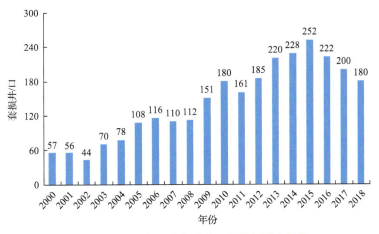

图 2.27　2000 年以来长庆油田每年新增套损井

由于陕甘宁盆地白垩系分布范围广,沉积厚度大,岩性为含大段砂岩的砂泥岩互层,孔隙度大,渗透率高,连通性好,含水丰富,地层承压能力低。向东减薄,至安塞直罗一带尖灭(图 2.28),由下而上存在洛河宜君、华池、环河腐蚀性水层,部分地区还存在罗汉洞组、泾川组。其中以洛河组为主要腐蚀水层,该层孔隙度 10%~20%,渗透率为数百毫达西,水层厚 300~400m,水源井日产水量 400m³,低密度水泥不能完全封固高渗透、大水量的洛河层。

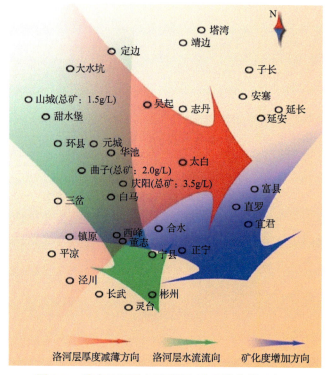

图 2.28 陇东地区下白垩系洛河水变化趋势示意图

长庆油田各地区洛河层水质概况见表 2.7,其中 CO_2 含量西部总体高于东部,含量在 5.3~26.5mg/L。

表 2.7 长庆油田各地区洛河层水质概况表

油区	$c(Cl^-)$ /(mg/L)	$c(SO_4^{2-})$ /(mg/L)	$c(HCO_3^-)$ /(mg/L)	$c(O_2)$ /(mg/L)	$c(CO_2)$ /(mg/L)	SRB /(个/mL)	总矿化度 /(mg/L)	腐蚀速率 /(mm/a)
陇东老区	430~560	1200~1350	280~420	0	8.3~26.5	$10^2\sim10^3$	2780~3000	0.6~1.2
西峰	250~520	640~1410	270~330	0	6.7~14.7	$10^2\sim10^5$	1800~3250	0.6~1.2
靖安	100~280	140~240	390~430	0	7~9	$0\sim10^2$	800~1000	0.2~0.7
安塞	30~130	100~360	250~300	2~8.6	6.2~19	0	570~860	<0.3
宁夏	100~600	130~700	210~380	0	5.3	$10^2\sim10^3$	770~2180	0.2~0.8
姬塬	600~2900	1200~3700	60~200	0	1.3~9.8	$10^2\sim10^4$	4700~6900	0.6~1.2

注:SRB 表示硫酸盐还原菌。

自 20 世纪 80 年代以来对长庆盆地的地层水及注入水水质的研究，以及拔出的马岭、安塞和吴起油田近 20 口套管实物(图 2.29)的腐蚀产物分析，表明洛河层以上浅层主要存在 O_2 腐蚀，洛河层中部以 SRB 腐蚀为主、底部以 CO_2 腐蚀为主，套管外的腐蚀普遍存在。特别是在压力条件下，微量 CO_2 气体使洛河水在地下以弱酸性形式存在，腐蚀速率 0.7～0.9mm/a，而在地面以上以中性水形式存在，腐蚀速率 0.4～0.5mm/a，地层环境中酸性气体分布不均衡，导致盆地内不同区域套管寿命存在差异。

图 2.29　L321 井全井套管腐蚀后形貌

安塞油田套管主要存在外腐蚀，少量存在内腐蚀。套损主要发生在延安组及上部浅层。延安组高矿化度水、CO_2 及浅层水中 O_2 是主要腐蚀因素，安塞油田套损主要是水泥返高不够，未封固延安组，导致套管外表面与腐蚀性地层水接触而腐蚀，安塞油田目前共有套损井 1114 口，其中油井 899 口，注水井 215 口，近年来套损井以 50 口/a 左右递增。套损井增多导致区块水驱动用程度低，区块开发矛盾突出，连续 3 年区块自然递减水平保持在 13.0%以上。

套管内腐蚀主要分布在陇东、姬塬和吴定地区，共有套损井 1341 口，主要集中在开采层位为侏罗系油井或采用侏罗系采出水回注的水井，且前期开发过程中由于对地层流体腐蚀性认识不足，未防腐的套损井有 3700 余口，后期套损风险较大。内腐蚀的主要原因是液面以下套管内壁长时间浸泡在富含腐蚀性离子的产出液中，导致上部套管出现腐蚀穿孔，部分套破穿孔点与上部水层连通后倒灌产层，导致油井含水上升，水井注入水量及层位出现混乱，严重影响了套损区块的注采平衡，降低了剩余油的可控储量程度。

2.3.2　套损井治理难度加大

从外腐蚀套损时间来看，安塞油田的套损主要集中在生产 10 年以上的井，套损的主要原因为 2003 年以前产建新井固井过程水泥返高不够，导致套管与延安组等腐蚀速率较高的地下流体直接接触，上部套管长期受浅层流体浸泡腐蚀，造成套管破损。而内腐蚀方面，在陇东老油田开展了 40 多口油井的内腐蚀挂片试验，表明内腐蚀主要发生在开采侏罗系储层的部分油井，平均腐蚀速率 0.8～3mm/a，且以点蚀为主，孔蚀系数达到 10 以上。20 世纪 90 年代中后期以来大面积的内腐蚀挂片腐蚀结果表明，在开采的侏罗系高含水油田存在着严重的内腐蚀，内腐蚀的主要原因是油井含大量的 SRB 和 CO_2 气体。

油水井套损后，上层流体倒灌地层，油井含水上升，破坏注采井网，造成注采失衡，制约增产增注措施的实施，使得已控制的储量重新损失掉；加大层间矛盾和自然递减，增加油田稳产难度；特别是注水井套管损坏后，导致注入水进入非目的层，水驱动用程度低，剩余储量无法采出，严重影响油田稳产及开发效果。长庆油田目前套损井数已达 2400 余口，并且还在以每年 200 口的速度递增，套损导致的失控储量也在逐年增加，这些套损井的长效治理已经成为解决制约稳产问题，提高储量动用的关键。

随着生产时间的不断延长，套管腐蚀的程度越来越严重，依靠常规机械封隔器封隔复产、复注的治理效果越来越差，治理的成功率逐步降低、有效期越来越短，给油田正常的生产运行和稳产造成了很大的压力，此外，由于套损破漏，部分井还存在较大的安全环保风险，需从恢复井筒完整性的角度进行彻底治理。因此，目前长庆油田套损井治理的难度逐年加大且费用较高，治理效果也不能满足要求，攻关研究套损井治理新工艺、新技术已迫在眉睫。

第 3 章

低渗-超低渗油藏深部调驱技术

　　油田进入高含水阶段以后，调剖堵水是一种行之有效的稳产技术手段[22-24]。20世纪80年代，注水井调剖技术逐渐被提出来。以鄂尔多斯盆地低渗储层为代表的低渗-超低渗油藏目前地质储量采出程度7.9%，综合含水率59%，低渗-超低渗油藏平面、纵向水驱不均导致含水上升过快，是制约该类油藏储量动用的关键因素。传统以"冻胶+体膨颗粒"、凝胶、树脂类为主的调剖工艺在东部油田应用较多[25-30]，"十二五"期间低渗-超低渗油藏借鉴了东部油田的调剖思路，初期取得了较好的效果，但在该类油藏应用中出现常规调剖剂无法进入储层深部，后续注水在近井地带发生绕流、有效期短、多轮次调剖后无效的问题，导致在该类油藏中的适应范围有限。

　　本章围绕低渗-超低渗油藏水驱开发矛盾，在进一步明确油井见水规律、开展优势通道判识及表征的基础上，研发适用于低渗-超低渗油藏的两类堵水调剖体系：纳米聚合物微球体系、聚乙二醇(PEG)单相凝胶颗粒体系，以及通过体系组合形成了包括纳米聚合物微球调驱工艺、PEG单相凝胶调驱工艺、深部复合调驱工艺三项技术，通过优化工艺技术参数，初步形成了适应于低渗-超低渗油藏的深部调驱工艺技术，并在矿场取得较好的效果。

3.1　油井见水特征

3.1.1　见水类型

　　以华庆地区低渗-超低渗长6油藏为例，自2008年大规模注水开发以来，储层非均质性强，微裂缝普遍发育，导致高含水井日益增多，产能损失严重，严重影响区块开发效益。因此，识别优势渗流通道，明确油井含水上升快的原因，研究裂缝型见水井以及来水方向，提出针对性的开发调整措施，降低区块含水上升速度，延长区块中低含水开发期，是目前油田开发迫切需要解决的问题。

　　根据油井见水的动态特征，可将油井见水类型分为两大类，即见地层水和见注入水，根据生产动态分析又可将油井见水类型细分为三个类型，即孔隙型、裂缝型和裂缝-孔隙型。

1. 孔隙型

　　孔隙型主要分布在油藏边部及测井解释电阻率较低的区域，其引起生产井见水在动态上表现为投产即高含水。产出的水随着原油流出，其有两个来源：一是来自储层的原始含水；二是注入水，这种来源的水，从注水井注入，流入地层中，与地层水混合，并随着原油一起产出，出现油-水两相流。该类见水的生产井，含水饱和度一直处于原始含水饱和度之上。

孔隙型见水特征在动态上表现为(以 B303-54 井生产动态图为例)：投产即出水，含水率较高，产能较低，而当注水井停止注水后，油井产液量下降缓慢，对注水井反应敏感性较差，表现为孔隙型见水类型，见图 3.1。

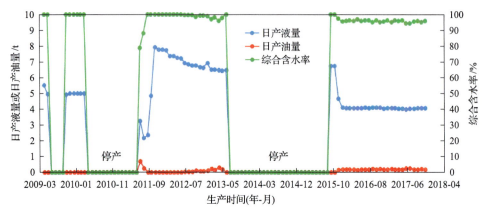

图 3.1　B303-54 井生产动态图

2. 裂缝型

裂缝型油井见水特征在动态上表现为：水线推进速度较快，日产油量大幅下降，含水率突然升高。主要是因为注入水进入地层后主要沿着裂缝延伸方向突进，使注入水的波及效率降低。因此，生产井的产油量降低而产水速度加快，从见水到高含水阶段周期较短，见水后油井压力、液面和液量上升明显；对相应注水井反应较明显，在注水井停注后，产液量快速下降。

B394-52 井于 2009 年 12 月投产，对应水井 B394-53 超前注水，投产初期日产液量为 2.8m³，含水率达到 99.9%，到 2017 年 11 月，日产油量 0.07t，日产液量 4.25m³，含水率 98.4%。产出水的含盐数据分析显示为见地层水。从图 3.2 来看，其特征为典型的裂缝型见水油井。

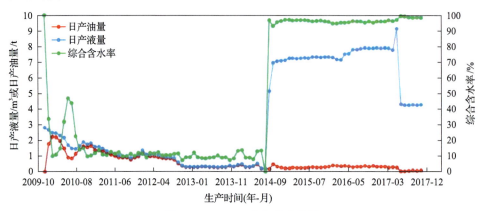

图 3.2　B394-52 井生产动态图

3. 裂缝-孔隙型

裂缝-孔隙型油井见水特征在动态上表现为开发初期，地层孔隙含水较高，日产油量下降幅度大，开采一段时间后，伴随地层水的采出，油井进入一段稳定时期，日产油量、日产液量、综合含水率比较平稳。开发到一定时期后，注入流体增多，地层裂缝连通，导致注入水沿着裂缝延伸方向突进，到达生产井，油井综合含水率急剧升高，生产井的产油量降低而产水速度增加。

B301-66 井于 2009 年 8 月投产，投产初期日产液量为 3.8m³，综合含水率达到 70%，伴随地层孔隙水的采出，产液量下降。2011 年 4 月至 2012 年 12 月，有一段平稳生产期，日产油量、日产液量、综合含水率比较平稳。2012 年 12 月后，由于裂缝发育，综合含水率突然上升至 96.3%。其特征为典型的裂缝-孔隙型见水油井，见图 3.3。

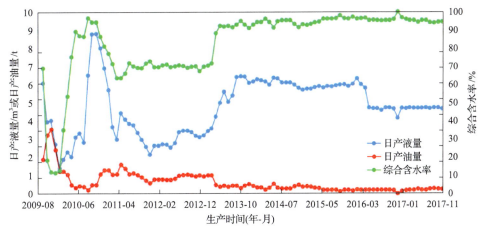

图 3.3　B301-66 井生产动态图

3.1.2　见水影响因素分析

1. 裂缝发育

如第 2 章所述，天然裂缝、人工裂缝及注水动态裂缝造成低渗-超低渗油藏水窜严重，短时间内含水不断扩大，油井水淹增多，是该类油藏见水的主要影响因素，本章不再赘述。

2. 储层非均质性

低渗-超低渗油藏平面上储层连通性较差、非均质性较强，渗透率连片性差，厚度不均匀，造成压力传导不均，水驱动用程度低，容易引起油井非均匀见水。

吸水剖面资料也能反映强非均质性，以华庆油田元 284 油藏为例，吸水剖面测试的井有 46 口，其中层间不均匀吸水的有 15 口，尖峰状吸水的有 23 口，见表 3.1。储层的强非均质性会直接导致油田水驱动用程度低，引起注水井吸水剖面不均匀，使油田开发效果变差。经过分析，水井吸水不均主要有两方面的原因：一是该区本就存在较强的非均质性，但采用的是笼统注水方式，没有考虑层间的差异性；二是部分层段存在局部高渗段，出现尖峰状吸水而造成吸水剖面不均匀，华庆油田元284油藏尖峰状吸水表现突出。

表3.1 华庆油田元284油藏吸水类型分布表

类型	均匀吸水	不均匀吸水	尖峰状吸水
井数/口	8	15	23
所占比例/%	17	33	50

测井资料也显示了华庆油田尖峰状吸水的状况，如Y298-57井，储层下部显示高声波时差，物性较好，但笼统注水造成其吸水剖面不均匀。

3. 超前注水强度

在油田开发实践过程中，超前注水相对于同步注水和滞后注水已显示出其优越性，是一种行之有效的开发技术政策。超前注水技术应用的关键是确定合理的注水强度和注水时机。超前注水的动态特征为：较强的注水强度使注入水沿高渗层和裂缝突进，油井极易见水，无水采油期短。

研究表明，超前注水量与满3个月的平均含水率有较好的相关性。经过统计发现，超低渗油藏的超前注水量和含水率显现以下关系：当超前注水量大于2500m³时，油井的含水率增加幅度加大，容易导致油井见水，见图3.4。

根据华庆油田近年来超前注水情况分析，注水强度应不超过 3.0m³/(d·m)，当注水强度超过这个界限值时，油井投产后将迅速见水且含水率上升快，因此注水强度应低于3.0m³/(d·m)且单井注水量不超过55m³/d，见图3.5。

4. 储层物性变化

注水开发的油藏，由于水的冲刷作用，储层物性逐渐发生变化，主要表现在以下两个方面。

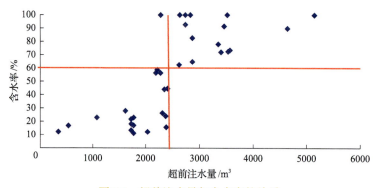

图3.4 超前注水量与含水率的关系

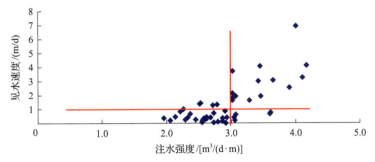

图 3.5　注水强度与见水速度关系图

1) 储层骨架结构变化

在注水开发的油藏中, 注入水的长期浸泡作用, 使储层的骨架结构发生变化。其变化特征表现在其注入水中的岩石矿物溶解度随时间增加而降低, 虽然短期无明显降低, 但随着时间的积累, 相对于最初的矿物溶解度而言, 降低程度明显, 对储层骨架结构有显著影响。从图 3.6 可以看出, 矿物离子浓度随着时间的增加, 总体上有先增加后减少的趋势, 说明储层已发生了变化且矿物正在流失, 这将造成原始储层骨架遭到破坏。

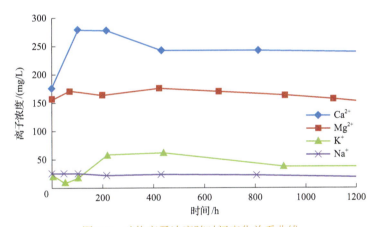

图 3.6　矿物离子浓度随时间变化关系曲线

油藏最初开发时储层孔隙被胶结物填充, 水动力剥蚀、搬运作用较弱, 随着开发的不断进行, 油藏进入中高含水阶段, 注入水量增加, 水动力的机械剥蚀和化学侵蚀作用加剧, 储层间的胶结物被冲刷且被水流搬运产出, 同时破坏储层骨架结构, 使岩石骨架呈现破碎的游离态。由图 3.7 可以观察出, 由于注入流体的长期机械冲刷与化学侵蚀, 原本完整的岩石骨架成为破碎的碎屑颗粒, 游离在孔隙之间。

2) 储层孔喉结构变化

在油藏的生产开发过程中, 注入流体不仅破坏原有储层岩石骨架, 还对孔喉结构产生影响。开发的初始阶段, 储层的孔喉直径可能较小, 可能存在连通较弱甚至不连通的情况, 但注入流体的不断冲洗、剥蚀、搬运带走孔喉中原有的填充物质, 使直径较小的孔喉增大, 堵塞的孔喉也变得连通起来, 形成较好的连通性。而颗粒物质则漂浮在孔喉之中，随流体产出。图 3.8 为超低渗储层中高含水阶段孔喉变化薄片图，从图中可以看到，初期孔喉直径较小且连通性差，到高含水阶段，储层孔喉增多，形成复杂的连通网格。

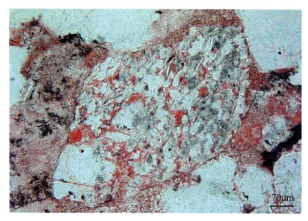

图 3.7　注入流体的机械冲刷与化学侵蚀后形貌

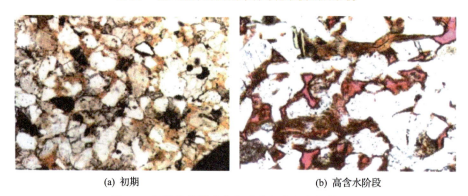

(a) 初期　　　　　　　　　　　　　　　(b) 高含水阶段

图 3.8　超低渗储层中高含水阶段孔喉变化薄片图

3.2　优势渗流通道判识及表征

3.2.1　优势渗流通道判识

1. 矿场资料直接法

矿场资料直接法识别优势渗流通道是指通过使用现场岩心的物理性质观察分析注、采井间是否存在优势渗流通道。存在优势渗流通道的储层岩心相对于无优势渗流通道发育的层段会被水流洗得更干净且泛白，因为注入水不仅将原油驱走，还将储层间的胶结物剥离、运移，再结合储层的韵律性，可大致确定优势渗流通道的层位及厚度(图 3.9)。矿场资料直接法是直接取注采井间的岩心，能够直观反映储层的优势渗流通道的位置和在生产过程中储层渗流通道大小的变化与特性。该方法虽真实、可靠、易行，但取心的费用昂贵，不可能在全区进行取心识别优势渗流通道，而且其横向延展性不好，因此，不可能单独作为识别优势渗流通道的主要方法，但可作为识别优势渗流通道的补充方法。

(a) 未发育优势通道层段岩心　　　　　　　(b) 发育优势通道层段岩心

图 3.9　发育与未发育优势通道岩心对比图

2. 生产动态资料法

生产动态资料法识别优势渗流通道是利用油田实际生产动态数据综合评价油藏是否存在高渗条带。油田在生产过程中，会记录大量的油、水产量和温度、压力等数据，从这些数据中，可以间接计算含水率等数据，将这些数据绘制在随时间变化的坐标轴上，可以发现其变化规律，并找出数据变化原因。

1971 年，马克西莫夫发现利用油田的累积产水量和累积产油量在坐标轴中绘制成半对数曲线，累积产水量和累积产油量会呈现一定的线性关系，其公式表示为

$$\lg W_{\mathrm{p}} = a + b N_{\mathrm{p}} \tag{3.1}$$

式中，a、b 为水驱常数；W_{p} 为累积产水量，m^3；N_{p} 为累积产油量，m^3。b 值的大小表示水驱油田注水开发方式驱油效果的有效程度。油田开发过程中，若在特定时间内没有对开发方案进行调整，如加密井网、细分层系等，水驱特征曲线的趋势不会发生太大变化，表现为平缓的增长。但是如果直线斜率突然发生变化，直线上翘，斜率变大，则表明单井的控制储量变低，水驱效果变差，地层则有可能出现优势渗流通道。

3. 示踪剂测试法

示踪剂测试法是指使用一种具有生物和化学稳定性的水溶性指示剂注入水井并观察分析它的产出情况，以此来辨别优势渗流通道。该方法的原理是将示踪剂注入水井中，示踪剂进入地层中，尤其是存在优势渗流通道的地层，在周围生产井监测示踪剂的产出情况，并绘制示踪剂产出浓度随时间的变化曲线，再利用专门的解释软件对曲线进行解释和拟合，得到解释结果，还可求出优势渗流通道的相关参数，如孔道半径、渗透率、厚度和含油饱和度。

(1)华庆 Y299-60 井利用示踪剂期间的产出曲线如图 3.10 所示。示踪剂在该井突破时间为监测试验的第 46 天，并于第 54 天达到峰值，对应的水线推进速度为 10.49m/d，

经数值分析计算结果得出：该突破条带为高渗透条带。

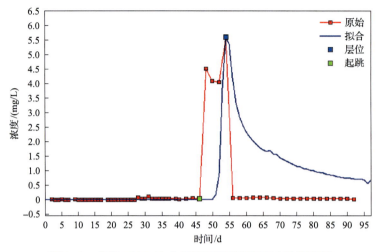

图 3.10   华庆 Y299-60 井利用示踪剂期间产出浓度曲线

（2）Y300-58 井利用示踪剂期间的产出浓度曲线如图 3.11 所示。示踪剂在该井突破时间为监测试验的第 27 天，并于第 32 天达到峰值，对应的水线推进速度为 10.15m/d，经数值分析计算结果认为该突破条带为高渗透条带。

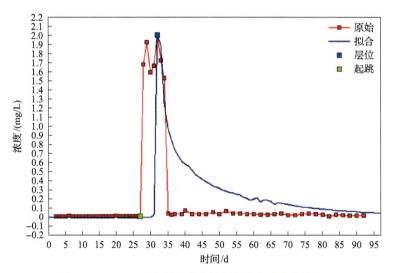

图 3.11   Y300-58 井利用示踪剂期间产出浓度曲线

4. 灰色关联分析法

灰色关联分析法是通过数学手段来分析某个因素对主要因素的影响程度，从而找出事物间内在的联系，它的实质是发现事物发展和变化趋势的比较与定量描述，具有分析、预测、决策的作用。它需要确定母序列与子序列，计算关联系数、关联度。

灰色关联分析法是从数据内部结构上分析各因素对事物本身的影响程度关系，因此必须找到一个能从本质上反映事物的指标来评价其他各影响因素。因为注入井的注入受效情况影响生产井，所以选定注入井的井底流压为母序列，则被影响的生产井的井底流压为子序列。具体的数学表示如下所述。

母序列为

$$R_0 = \{r_0(t)\}, \quad t = 1, 2, \cdots, m \tag{3.2}$$

式中，R_0 为母序列；r_0 为母序列的各个元素；t 为母序列编号；m 为最大母序列编号。

子序列为

$$R_i = \{r_i(t)\}, \quad i = 1, 2, \cdots, n; \quad t = 1, 2, \cdots, m \tag{3.3}$$

则子序列与母序列的关联系数可用式(3.4)计算：

$$\zeta_{t,0} = \frac{\Delta\min + \rho\Delta\max}{\Delta_i(t,0) + \rho\Delta\max} \tag{3.4}$$

式中，$\Delta\min$ 为最小绝对差值；$\Delta\max$ 为最大绝对差值；$\Delta_i(t,0)$ 为绝对差值。

$\Delta\max$ 可能会比较大，影响最终结果的正确性，因此引入 ρ 来降低数据的失真，ρ 称为分辨系数，取值范围为[0.1,1]，一般取 0.5。

关联度的计算公式如下：

$$\alpha_{t,0} = \frac{1}{m}\sum_{i=1}^{m}\xi_{t,0} \tag{3.5}$$

式中，$\alpha_{t,0}$ 为子序列 t 与母序列 0 的关联度，关联度的取值范围为 0 到 1，子序列对母序列的影响越大，关联度就越接近于 1。

5. 模糊综合评判识别法

为了对优势渗流通道进行简便快捷的识别，从较容易获取的静态和动态资料入手，并在定性识别的基础上，做到定量识别。在识别注采井间是否存在优势渗流通道时，需要综合考虑各因素的影响。模糊综合评判识别法既要通过筛选影响优势渗流通道形成的主要因素，然后计算各因素的权重值，还要分析其内在特征，确定隶属度函数，综合处理权重及隶属度，最终建立起一套完整的模糊综合评判系统。

为了证明模糊综合评判方法识别优势渗流通道的实用性，选取了华庆油田典型井组，使用该方法识别 4 口注水井的优势渗流通道，计算结果见表 3.2。

表 3.2　元 284 区块水井优势渗流通道识别结果

井号	地层无异常	未完全发育大孔道	完全发育大孔道	是否存在优势渗流通道
Y298-59	0.239	0.4904	0.4053	未完全发育
Y298-61	0.2292	0.3627	0.4134	是
Y300-59	0.2109	0.2431	0.4688	是
B394-53	0.1981	0.3921	0.06509	是

形成优势渗流通道的井在平面上的展示见图 3.12。

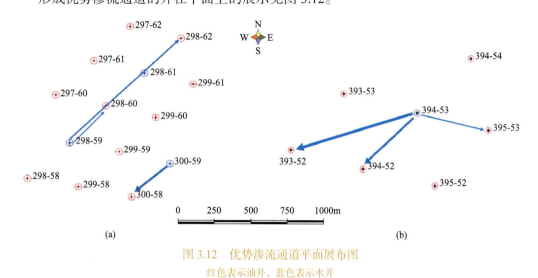

图 3.12 优势渗流通道平面展布图
红色表示油井，蓝色表示水井

3.2.2 优势渗流通道表征

1. 优势渗流通道定量表征原理

1) 优势渗流通道分布区域确定

为了描述优势渗流通道的渗流控制区域，使用等产量一源一汇流线方程表示，其渗流公式如式(3.6)所示：

$$\arctan \frac{y}{x-\alpha} - \arctan \frac{y}{x+\alpha} = c \tag{3.6}$$

式中，x 为渗流拟合曲线 x 坐标；y 为渗流拟合曲线 y 坐标；α 为渗流拟合曲线参数。

五点井网水驱效率较高且后期便于调整，是注水开发油藏最常用的布井方式，因此以五点井网为例，确定优势渗流通道的渗流控制区域(图 3.13)，从图 3.13 中可知，可将渗流方程简化为 $y=x^{\alpha}$ 形式，图中 O 为注水井，W 为采油井，长度为 1 个单位，黄色区域是形成优势渗流通道区域，也就是原油已经采出区域，设为 A，即采出程度为 A，剩余区域为剩余油区域，即为 $1-A\%$。对简化方程进行积分，即可求出优势渗流通道控制面积，计算公式为

$$1 - 2\int_0^1 x^{\alpha}\mathrm{d}x = A \tag{3.7}$$

利用此方程，只需知道采出程度 A(单位：%)，就可求出 α，而 α 决定了优势渗流通道的边界位置，因此可计算优势渗流通道的渗流控制区域。

对于非五点井网，采用同样的方式求取优势渗流通道控制面积。可使用连接左、右邻井中点的方式确定水驱控制区域。区域划分如图 3.14 所示，其中 S_1 代表非五点井网控制面积，即黄色区域，S 代表五点井网控制面积，蓝色区域线代表非五点井网底部边界，

则区域方程表示为

$$\frac{\dfrac{1}{2}-\displaystyle\int_0^1 x^{\alpha_1}\mathrm{d}x}{\dfrac{1}{2}-\displaystyle\int_0^1 x^{\alpha}\mathrm{d}x}=\frac{S_1}{S} \tag{3.8}$$

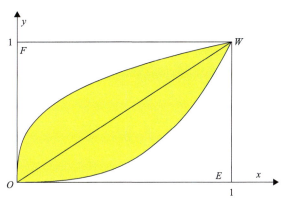

图 3.13　五点井网优势渗流通道的渗流控制区域图

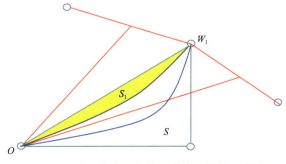

图 3.14　非五点井网优势通道渗流控制区域图

W_1-非五点井网生产井

同样，已知采出程度 A，则可计算 α_1，得出非五点井网区域计算方程。

2) 孔径分布的计算方法

假定储层按纵向非均质分为 n 层，如分为上、中、下三个小层，则 $n=3$。设注水开采后期某时刻根据吸水剖面、吸水指数、采液指数，通过劈分可确定各层的实际采收率 B_i（单位：%），$i=1,2,\cdots,n$。

若横向非均质，在第 i 层粗略画出流水区域仍记为 B_i，使其包含渗透率高的位置，其体积等于该层总体积的 B_i；若无横向非均质性，则其面积等于该层总面积的 B_i。第 i 层的水油流量比：

$$C_i=\frac{q_{i\mathrm{w}}}{q_{i\mathrm{o}}}=\frac{A_i}{1-A_i} \tag{3.9}$$

式中，C_i 为水油流量比；$q_{i\mathrm{w}}$ 为水流量；$q_{i\mathrm{o}}$ 为油流量。

A_i 为第 i 层产液的含水率，而且

$$C_i = \frac{\dfrac{K_{iw}}{\mu_w} B_i}{\dfrac{K_{io}}{\mu_o}(1 - B_i)} \tag{3.10}$$

式中，K_{iw} 为水相渗透率；K_{io} 为油相渗透率；μ_w 为水相的黏度；μ_o 为油相的黏度；B_i 为非均质储层第 i 层流水区域面积。

这里 K_{io}、μ_o、μ_w、B_i 都为已知，可求出此时第 i 层的水相渗透率：

$$K_{iw} = \frac{\dfrac{\mu_w}{\mu_o} C_i K_{io}(1 - B_i)}{B_i} \tag{3.11}$$

该层水淹孔隙的平均半径：

$$\overline{r}_{iw} = \sqrt{\frac{8K_{iw}}{\phi_{iw}}} \tag{3.12}$$

式中，ϕ_{iw} 为流水部位的孔隙度。若 K_{iw} 以达西为单位，$\overline{r}_{iw}$ 以厘米为单位，有近似式：

$$\overline{r}_{iw} = \frac{2}{7 \times 10^3} \sqrt{\frac{K_{iw}}{\phi_{iw}}} \tag{3.13}$$

其余未水淹部位的平均孔隙半径则是

$$\overline{r}_{io} = \sqrt{\frac{8K_{io}}{\phi_{io}}} = \frac{2}{7 \times 10^3} \sqrt{\frac{K_{io}}{\phi_{io}}} \tag{3.14}$$

$$\lambda_i = \frac{\overline{r}_{iw}}{\overline{r}_{io}} \tag{3.15}$$

λ_i 表示第 i 层流水 ($\overline{r}_{iw}$) 和流油 ($\overline{r}_{io}$) 处平均孔隙半径之比，孔隙半径服从对数正态分布，近似服从正态分布：

$$r_{io} \sim N(\overline{r}_{io}, \sigma_{io}^2)$$

$$r_{iw} \sim N(\overline{r}_{iw}, \sigma_{iw}^2) \text{ 即 } N(\lambda_i \overline{r}_{io}, \lambda_i^2 \sigma_{io}^2) \tag{3.16}$$

式中，第 i 原状地层孔隙半径标准差 σ_{io} 通过压汞实验测得，也可通过岩心切片测量统计得出或用渗透率变异系数进行估计，还可用式(3.17)计算：

$$\sigma_{io} = \frac{r_{io\max} - r_{io\min}}{6} \tag{3.17}$$

式中，$r_{io\max}$ 和 $r_{io\min}$ 分别为孔隙半径最大值和最小值。

根据需要可将孔道半径 R_w 分为若干等级，如下所述。

超大孔道：$R_w \geqslant 15\mu m$。

大孔道：$R_w \in [8\mu m, 15\mu m)$。

中孔道：$R_w \in [3\mu m, 8\mu m)$。

小孔道：$R_w < 3\mu m$。

孔道分级及其划分标准一般根据地质情况（如是否出沙）和工程需要（如考虑堵剂粒径）确定。例如，生产井未见沙，基本判断地层孔隙结构没有发生大的变化，段塞结构不宜复杂，也可只分为大、中、小三级孔道。

将一井组控制区用三维网格进行细分，落在 B_i 中的点对应孔喉半径：

$$r_{iw} \sim N(\overline{r}_{iw}, \sigma_{iw}^2) \tag{3.18}$$

式中，

$$\sigma_{iw} = \lambda_i \sigma_{io} \tag{3.19}$$

计算 r_{iw} 属于上述 4 个等级的概率，按 4 个概率值将[0, 1]区间分为 4 个子区间，长度对应 4 个概率值，即 $p_1 \sim p_4$（图 3.15）。

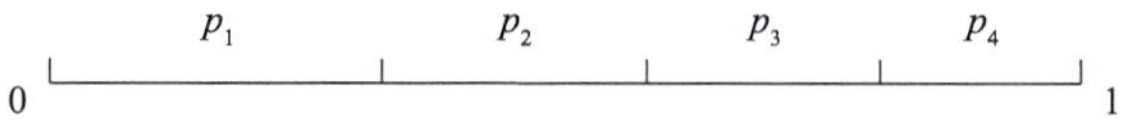

图 3.15　4 个概率值子区间分布图

产生[0,1]区间均匀分布的随机数 X，若 X 落在第 k 子区间，则此点处孔喉半径为第 k 级，为直观起见，此点打上第 k 种标记，如用颜色。如此计算、分析和观察大孔道的连通情况。

3) 优势渗流通道渗透率计算

将优势渗流通道中的流体流动看成是一维线性流动，则根据线性渗流公式变形可得优势渗流通道渗透率计算公式：

$$K_y = \frac{q_{ig}\mu_w l^2}{0.00864 K_{rw} V_y \Delta P} \tag{3.20}$$

式中，K_y 为优势渗流通道渗透率，μm^2；ΔP 为压力差；V_y 为优势渗流通道体积，m^3；l 为优势通道长度，m；q_{ig} 为注水间的过量水，m^3/d。

压差的计算方法可根据势的叠加原理求出任一点处的压力，知道任两点的压力则可计算压差，图 3.16 中 A 为注水井，B 为生产井，求 M 点的压力，推导公式如下：

$$P_M = P_e + \frac{P_A' - P_e}{\ln \dfrac{r_e}{r_w}} \ln \frac{r_e}{r_1} - \frac{P_e - P_B'}{\ln \dfrac{r_e}{r_w}} \ln \frac{r_e}{r_2} \tag{3.21}$$

式中，P'_A、P'_B 的计算如下：

$$P'_A = \frac{P_A - SP_B + (S - S^2)P_e}{1 - S^2} \tag{3.22}$$

$$P'_B = \frac{P_B - SP_A + (S - S^2)P_e}{1 - S^2} \tag{3.23}$$

$$S = \frac{\ln\dfrac{r_e}{R_e}}{\ln\dfrac{r_e}{r_w}} \tag{3.24}$$

式(3.21)～式(3.24)中，r_1、r_2 为注水井 A 和生产井 B 到 M 点的距离，m；r_e 为注采井距中点距离，m；r_w 为井半径，m；R_e 为注水井到采油井的距离，m；P_A 为 A 井井底流压，MPa；P_B 为 B 井井底流压，MPa；P_e 为注采井距中点处压力，MPa；S 为五点井网控制面积。

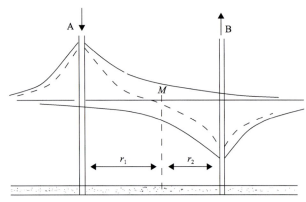

图 3.16   一注一采井压力分布曲线

4) 各级孔道体积的计算

在定量分析大孔道位置和尺寸分布后，还要对各级孔道的体积进行计算，各级孔道体积计算过程如下：R_e 表示注水井 O 到采油井 W 的距离，等效半径 $a = \dfrac{\sqrt{2}}{2}R_e$，设半径为 r 的圆与曲线 $y = a^{1-\alpha}x^\alpha$ 相交于 (x_r, y_r)，解方程组：

$$\begin{cases} y = a^{1-\alpha}x^\alpha \\ x^2 + y^2 = r^2 \end{cases} \tag{3.25}$$

得到 (x_r, y_r)，$\tan\beta = (x_r/a)^{\alpha-1}$，$\beta = \tan^{-1}\left[(x_r/a)^{\alpha-1}\right]$，$\theta = \pi/2 - 2\beta$，扇形 AOB 的面积为 $S_{AOB} = \pi\theta r^2/2$、直线 $y = x\tan\beta$ 与曲线 $y = a^{1-\alpha}x^\alpha$ 所围图形的面积。

$$S_{AOB} = \int_0^{x_0} (u\tan\beta - a^{1-\alpha}u^\alpha)\,\mathrm{d}u$$

$$= \frac{1}{2}x_r^2\tan\beta - \frac{a^{1-\alpha}}{\alpha+1}x_r^{\alpha+1} \tag{3.26}$$

$$= \left(\frac{1}{2} - \frac{1}{\alpha+1}\right)\frac{x_r^{\alpha+1}}{a^{\alpha-1}}$$

式中，u 为积分变量。

大孔道分布区域在半径为 r 圆内的面积为

$$S_r = 2S + S_{AOB}$$

$$= \left(1 - \frac{2}{\alpha+1}\right)\frac{x_r^{\alpha+1}}{a^{\alpha-1}} + \frac{\pi^2 - 4\pi\tan^{-1}\left(\dfrac{x_r}{a}\right)^{\alpha-1}}{4}r^2 \tag{3.27}$$

设超大孔道、大孔道、中孔道、小孔道在半径 r 处的分布概率分别为 $p_1(r)$、$p_2(r)$、$p_3(r)$、$p_4(r)$，将区间 $[0, R_e]$ 100 等分，间隔为 R_e/n，可得第 r 份的 i 级孔道体积：

$$V_i = \sum_{r=1}^n (S_r - S_{r-1})h \times p_i(R_e \times r/n) \tag{3.28}$$

式中，$S_r = \left(1 - \dfrac{2}{\alpha+1}\right)\dfrac{x_r^{\alpha+1}}{a^{\alpha-1}} + \dfrac{\pi^2 - 4\pi\tan^{-1}\left(\dfrac{x_r}{a}\right)^{\alpha-1}}{4}\left(\dfrac{rR_e}{n}\right)^2$；$r = 1,2,\cdots,n-1$；$x_r$ 通过解方

程组 $\begin{cases} y = a^{1-\alpha}x^\alpha \\ x^2 + y^2 = \left(\dfrac{rR_e}{n}\right)^2 \end{cases}$ 得到。

2. 数据处理

在优势渗流通道模拟计算中，需要对原始数据进行劈分。这里主要是对生产井产液量、产水量、注水井吸水量及它们所对应的地质储量进行劈分。

1）生产井产液量的劈分

由达西定律径向渗流原理得到：

$$Q = \frac{AK(P_e' - P_w')}{r\mu \ln\dfrac{R_e}{r_w}} \tag{3.29}$$

式中，P_e' 为注水井井壁压力，MPa；P_w' 为生产井井壁压力，MPa；A 为半径为 r 处的过水断面面积，m^2。

下面考虑一口生产井和 n 口注水井，生产井见水方向来自 n 口注水井。设第 i 口注

水井与生产井之间的距离为 R_{ei}，压差为 ΔP_i，压力梯度为 $\Delta P_i/R_{ei}$，地层分为 m 小层，注水井与生产井之间第 j 小层有效厚度为 h_{ij}（注水井的有效厚度与生产井的有效厚度的算术平均值），渗透率为 K_{ij}（$i=1,2,\cdots,n$；$j=1,2,\cdots,m$）。Q 表示生产井的产液量，Q_{ij} 表示第 j 小层第 i 口注水井方向的产液量，则产液量与压力梯度、小层有效厚度、渗透率和单井控制面积成正比，因而可将这四者的乘积 $K_{ij}h_{ij}S_{ij}\Delta P_i/R_{ei}$ 作为劈分系数（$i=1,2,\cdots,n$；$j=1,2,\cdots,m$）。这里 S 的确定方法是用相邻两口油井连线的中点与对应注水井的连线为边，构成的不规则四边形作为单井控制范围，再利用各井坐标计算出四边形的面积。

那么，第 j 小层第 i 口注水井方向劈分的产液量：

$$Q_{ij}=\dfrac{\dfrac{K_{ij}h_{ij}S_{ij}\Delta P_i/R_{ei}}{\mu\ln\dfrac{R_{ei}}{r_{\mathrm{w}}}}}{\displaystyle\sum_{i=1}^{n}\sum_{j=1}^{m}\dfrac{K_{ij}h_{ij}S_{ij}\Delta P_i/R_{ei}}{\mu\ln\dfrac{R_{ei}}{r_{\mathrm{w}}}}}Q \tag{3.30}$$

式中，μ 为黏度。

2）注水井吸水量的劈分

考虑一口注水井和 n 口生产井，地层为 m 个小层，第 i 口注水井与生产井之间的距离为 R_{ei}，压力梯度为 $\Delta P_i/R_{ei}$，注水井与生产井之间第 j 小层渗透率为 K_{ij}，每个小层有效厚度为 h_{ij}，倾斜角为 θ_{ij}，I 表示注水井总注水量，I_{ij} 表示第 j 层第 i 口生产井方向的吸水量，则吸水量与渗透率、压力梯度、倾斜角、小层有效厚度及单井控制面积成正比，因而可以将五者的乘积 $K_{ij}h_{ij}S_{ij}\Delta P_i\sin\theta_{ij}/R_{ei}$ 作为劈分系数（$i=1,2,\cdots,n$；$j=1,2,\cdots,m$）。

从而得到第 j 小层第 i 口生产井方向的吸水量：

$$I_{ij}=\dfrac{\dfrac{K_{ij}h_{ij}S_{ij}(1+\sin\theta_{ij})\Delta P_i/R_{ei}}{\ln\dfrac{R_{ei}}{r_{\mathrm{w}}}}}{\displaystyle\sum_{j=1}^{n}\sum_{i=1}^{m}\dfrac{K_{ij}h_{ij}S_{ij}(1+\sin\theta_{ij})\Delta P_i/R_{ei}}{\ln\dfrac{R_{ei}}{r_{\mathrm{w}}}}}I \tag{3.31}$$

3）纵向上储量的劈分

由于储量在纵向上（层间）和横向上（井间）都要进行劈分，首先考虑单口生产井，其地质储量为 N，按照纵向非均质性，将其分为 m 层，设地质储量在每个小层的储量为 N_j，地层孔隙度为 ϕ_j（相同层位注水井与生产井孔隙度的加权平均值），小层有效厚度为 h_j（注水井的有效厚度与生产井的有效厚度的算术平均值），单井控制面积为 S_j，则相同层位、不同井的地质储量在纵向上以及横向上的劈分系数应由地层孔隙度、小层有效厚度以及单井控制面积组成，即 $\phi_jh_jS_j$（$j=1,2,\cdots,m$）。

将地质储量在纵向上和横向上进行劈分，从而得到单个层位劈分后的地质储量为

$$N_i = \frac{\phi_i h_i S_i}{\sum\limits_{i=1}^{m} \phi_i h_i S_i} N \qquad (3.32)$$

4）横向上控制储量的劈分

$$D_i = \frac{Y_i}{\sum\limits_{i=1}^{l} Y_i} D$$

$$Y_i = \left[h_{\mathrm{w}}(i) + h_{\mathrm{o}}(i) \right] \phi_i S_i / 2 \qquad (3.33)$$

式中，D 为总控制储量，m^3；D_i 为第 i 井控制储量，m^3；Y_i 为劈分系数；h_{w}、h_{o} 分别为注水井、生产井该层的有效厚度，m；ϕ_i 为地层孔隙度，%；S_i 为第 i 井控制面积，m^3；l 为需要劈分的井数。

考虑实际地层长期注水开发，可能导致优势渗流通道中的液体流动已经不符合达西渗流理论，为此我们采取以地层系数为基础，利用吸水指数、示踪剂检测结果，结合实际开发动态中的单向注水受效程度、开发历史（主要包括生产井的生产时间、注水井的注水时间、油转水井的转注时间等）、单井控制面积及周围井对研究井组的干扰程度等因素综合进行各项基础数据的劈分。

3. 优势渗流通道划分

以华庆油田长 6 油藏为例，根据岩心孔径分布特征，将优势渗流通道划分为超大孔道、大孔道、中孔道、小孔道；将裂缝划分为特宽裂缝、宽裂缝、中裂缝、微裂缝，具体划分见表 3.3。

表 3.3　华庆油田长 6 油藏优势渗流通道划分表　　　　（单位：μm）

优势孔道	孔道尺寸范围	裂缝	裂缝尺寸范围
超大孔道	>10	特宽裂缝	≥9.7
大孔道	[8,10]	宽裂缝	[6.1,9.7]
中孔道	[5,8]	中裂缝	[3.6,6.1]
小孔道	<5	微裂缝	<3.6

4. 优势渗流通道定量表征结果

根据上述量化表征方法及孔道/裂缝尺度划分，以华庆油田 B394-53 井组为例，计算优势渗流通道所需的参数，通过优势渗流通道控制区域方程，得到该井组的优势渗流通道分布范围，见图 3.17。

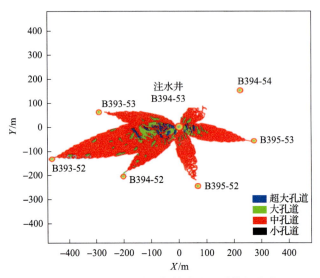

图 3.17　B394-53 井组优势渗流通道模拟分布

图 3.17 中蓝色区域表示孔径最大的优势渗流通道，绿色区域孔径次之，红色区域孔径最小。

计算出该井组的过量水，然后使用生产井的含水率、产水指数和产水强度计算权重系数，即劈分系数，进而将各过量水劈分到各注采井间，最后使用各参数计算公式计算优势渗流通道的体积、渗透率和喉道半径，计算结果如表 3.4 所示。

表 3.4　优势渗流通道体积计算结果表   （单位：m³）

注水井	油井	总孔道体积	超大孔道体积	大孔道体积	中孔道体积	小孔道体积
B394-53	B393-52	7705.67	2018.46	1440.03	3296.53	950.65
	B393-53	9278.66	606.45	718.65	3233.43	4720.13
	B394-52	5774.48	1476.49	1433.30	2527.65	337.04
	B394-54	17211.66	203.71	339.23	2289.36	14379.36
	B395-52	7862.12	369.66	478.49	2388.15	4631.82
	B395-53	8120.94	1291.36	1242.52	3830.33	1756.73

从表 3.4 中可以看到，该井组计算的结果显示存在明显的优势方向及优势渗流通道，以中、小孔道体积为主，在 B393-52、B394-52、B395-53 三口油井方向超大孔道、大孔道或特宽裂缝、宽裂缝较发育，主要发育在注水井近井地带 30～50m，中孔道、中裂缝主要发育在 50～70m，小孔道或微裂缝则位于注水井近井地带 70m 以外。

3.3　深部调驱工艺技术

根据低渗-超低渗油藏水驱不均影响因素分析及优势渗流通道量化表征可知，长期注水开发中出现的优势渗流通道主要有注水动态缝或高渗条带、微裂缝，其控制范围及尺度如下所述。

动态缝区(超大、大孔道或特宽、宽裂缝)：距注水井 30～50m，压力梯度 0.2～2MPa/m，水流速度 3～25m/d，尺寸大于 8μm(裂缝大于 6.1μm)，分布在 30μm～1.0mm。

微裂缝区(中、小孔道或中裂缝、微裂缝区)：距注水井 50m 以外，控制孔隙体积占井组控制体积 80%以上，压力梯度 0.02～0.2MPa/m，水流速度 1～3m/d，尺寸小于 8μm (裂缝小于 6.1μm)。

基于以上认识，针对不同尺度优势渗流通道尺寸及范围，研发形成 PEG 单相凝胶、纳米聚合物微球两项调驱体系，优化工艺参数，形成适应于低渗-超低渗油藏调剖、调驱、堵驱结合的深部调驱工艺技术。

3.3.1　PEG 单相凝胶调驱工艺技术

对于大尺度优势渗流通道，以往的方法是采用冻胶体系在注水井段调剖，但冻胶体系由于多种配液质量可控性差、地下成胶风险大，同时体膨颗粒体系粒径大、注入性差。另外，高压注水油藏由于提压空间受限，难以开展调剖。因此，研发了微米级粒径、尺度可控的 PEG 单相凝胶调驱体系。其与传统体系相比，配液组分由 3～4 种简化为 1 种，颗粒粒径由 3～8mm 缩小为 30～300μm，能够适应采出水配液，施工质量可控性、体系注入性、运移性明显提升。

1. 凝胶调驱体系合成工艺

以丙烯酰胺(AM)、阴离子单体丙烯酸(AA)及交联剂 N,N'-亚甲基双丙烯酰胺(MBA)为共聚单体，在温度 60～80℃条件下，利用磁力搅拌器在 200～500r/min 转速下高速搅拌，确保单体完全溶解，采用反相悬浮聚合法在反应釜中稳定反应，合成了 PEG 凝胶，最后通过剪切得到 PEG 凝胶颗粒体系。通过预交联、剪切预制，得到百微米级颗粒状乳胶体(图 3.18)。

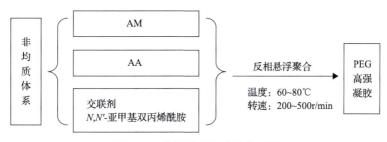

图 3.18　高强凝胶体系合成工艺

2. 微观形貌及性能评价

1) PEG 凝胶形貌表征

取少量样品置于导电胶上，随后进行喷金处理，采用钨灯丝扫描电子显微镜(SEM)观察 PEG 凝胶的表面形貌，见图 3.19。

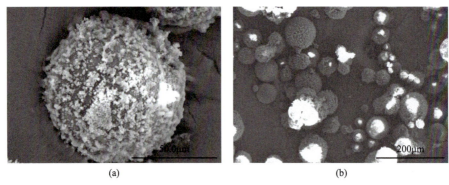

(a)　　　　　　　　　　　　　　(b)

图 3.19　PEG 凝胶扫描电子显微镜图

从图 3.19 可以看出，PEG 凝胶初始粒径为 100～150μm，表面呈沟壑状的褶皱结构，分散良好，没有出现粘连现象。

2）红外光谱表征图

取少量干燥的样品和溴化钾固体置于研钵中，将二者研磨均匀并加入压片模具中，震荡使其分散均匀，然后将其压成透明度好的薄片试样，将压好的薄片置于红外光谱仪中进行测试，并记录其红外吸收光谱数据，见图 3.20。

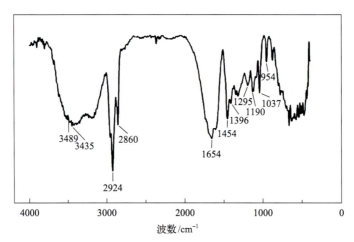

图 3.20　红外吸收光谱表征图

其中 3489cm^{-1}、3435cm^{-1} 为酰胺基团中伯胺 N—H 键的伸缩振动吸收峰，2924cm^{-1}、2860cm^{-1} 为亚甲基或甲基中 C—H 键的伸缩振动吸收峰，1654cm^{-1} 为酰胺基团中 C=O 键的伸缩振动特征吸收峰，1454cm^{-1}、1396cm^{-1} 为 C—H 键的弯曲振动吸收峰，1190cm^{-1} 处为 C—N 键的伸缩振动峰。上述吸收峰的存在说明合成产品中存在酰胺基团。1295cm^{-1} 和 1037cm^{-1} 处是磺酸基团中 S=O 键的对称和不对称伸缩振动特征吸收峰。从图 3.20 中可以看出没有 C=C 的特征吸收峰，说明结构中没有残存的 C=C 键，表明各原料单体进行了充分的聚合反应，合成了所需化学组成的产品。

3) 成胶强度

相同组分不同的聚合机理制备出的 PEG 凝胶颗粒的直径不同，稳定性不同。强度-压缩变形能力宏观测试表明，随着胶体形变的不断加大，胶体强度呈指数变化(图 3.21，图 3.22)。

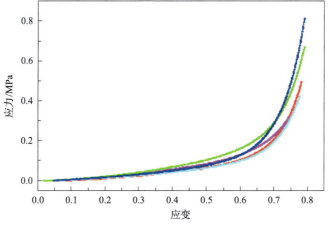

图 3.21　PEG 凝胶强度-压缩变形能力宏观测试

浸泡5h

图 3.22　PEG 凝胶未剪碎示意图

4) 抗老化性能

根据热分解温度，判断凝胶热稳定性及适宜的温度范围，采用热失重法表征。

热失重曲线测定：取 5mg 的 PEG 凝胶颗粒样品，利用 TA-Q500 热失重分析仪，设定温度范围 0～800℃，升温速率 20℃/min，N_2(流速 40mL/min)环境测定样品的失重情况，见图 3.23。

图 3.24 为 PEG 凝胶体系热失重曲线。从图 3.24 中可以看到有几个失重阶段：第一阶段发生于 43～127℃，热失重量为 4.416%，这是由样品内残留的未干燥完全的乙醇挥发所致；第二阶段起始于 170～210℃、终止于 330～370℃的热失重量为 29.611%，与酰胺基团的热分解相对应(理论值为 30.15%)；第三阶段发生在 370～540℃，热失重量为 49.35%，起因于酰氧基团的热分解；第四阶段位于 540℃以上的温度区间，此时聚合物主链开始分解。从热失重曲线分析可以看出，在 170℃以下自身没有发生分解，凝胶具有突出的热稳定性，能够满足井下使用温度。

图 3.23　TA-Q500 热失重分析仪

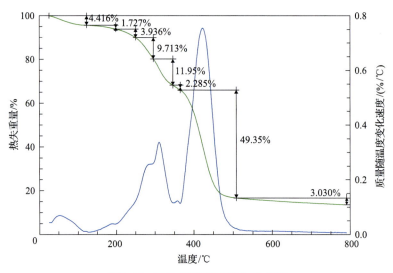

图 3.24　PEG 凝胶体系热失重曲线

5) 耐温抗盐性能

模拟鄂尔多斯盆地延长组油藏温度及地层水矿化度,采用总矿化度为 20g/L、40g/L、60g/L、80g/L、100g/L 的长 6 油藏模拟地层水, 配制质量浓度为 0.5% 的 PEG 凝胶颗粒溶液, 并于温度为 60℃ 的保温箱内烘烤, 间隔一定时间后适当搅拌并取少量溶液置于激光粒度仪内测量粒径并记录, 实验结果如图 3.25 所示。从实验结果可知, 在模拟油藏温度 60℃、总矿化度 20～100g/L 时 PEG 凝胶颗粒仍能够溶胀, 溶胀后粒径是初始粒径的 1.56～2.08 倍, 矿化度对 PEG 凝胶颗粒的水溶胀性能有一定影响, 随矿化度的增大, 体系抗盐性能有所降低, 但该影响较小。

采用总矿化度为 60g/L 的长 6 油藏模拟地层水,配制质量浓度为 0.5% 的 PEG 凝胶颗粒溶液并置于保温箱内烘烤, 模拟油藏温度 40℃、50℃、60℃、70℃、80℃, 间隔一定时间后适当搅拌并取少量溶液置于激光粒度仪内测量粒径并记录, 实验结果如图 3.26 所示。从实验结果可知，实验范围内温度对 PEG 凝胶颗粒的溶胀性能几乎没有影响。

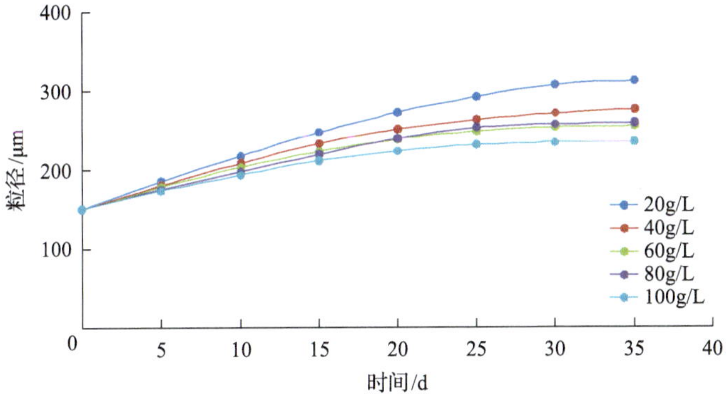

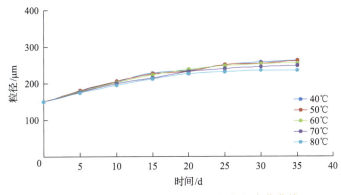

图 3.25　不同总矿化度下 PEG 凝胶颗粒粒径变化曲线

图 3.26　不同温度下 PEG 凝胶颗粒粒径变化曲线

6）注入性能

配制质量浓度分别为 0.5%、1.0%、1.5% 的单相凝胶水分散液，测量单相凝胶水分散液的沉降性能及其旋转黏度值，定性评价水分散液稳定性、定量注入性。

准确称取 0.5g 凝胶，将其分散在 100g 水中，充分搅拌至凝胶在水中分散均匀，得到 5%（质量分数）凝胶水分散液，利用旋转黏度计测量其旋转黏度值。按照同样的方法分别配置 1.0%、1.5% 的凝胶水分散液。

采用旋转黏度计测量凝胶质量浓度为 0.5% 的水分散液黏度为 13.4mPa·s，低于规定的 20mPa·s，达到预期设计要求，并且该黏度值显示出凝胶具有良好的注入性。同时，配置好的凝胶水分散液在 60℃ 恒温条件下静置 7 天，基液黏度仍保持在 20mPa·s 以内。表明凝胶水分散性好，稳定性好。因此，确定现场注入单相凝胶水分散液浓度为 0.5%（图 3.27，图 3.28）。

7）封堵性能

实验材料：凝胶颗粒、油砂（80～100 目）、油田注入水（矿化度 59300mg/L）。

仪器及设备：采油化学剂评价装置、真空泵、分析天平（感量为 0.01g）、玻璃仪器（100mL 具塞量筒及烧杯）、搅拌器。

图 3.27　0.5%PEG 凝胶颗粒液体

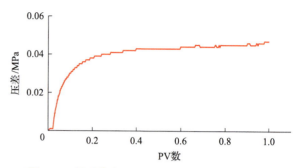

图 3.28　填砂管注入压力变化（0.5%注入液黏度）

PV 数为孔隙体积的倍数

实验参数：填砂管尺寸 $\Phi 30mm \times 500mm$，填砂管体积 $353.25cm^3$，孔隙体积 $78.43cm^3$，孔隙度 22.20%，填砂管初始水测渗透率 307.68mD；注入浓度为 0.5%（质量分数）的样品凝胶调驱剂 1PV，即 78.43mL。注入调驱剂后，堵后 2 天、4 天、6 天、12 天后分别测试水驱渗透率，见表 3.5。

表 3.5　PEG 凝胶封堵实验数据

项目	压差/MPa	渗透率/mD	封堵率/%
堵前测试	0.060	307.68	
堵后 2 天	0.25	73.58	76.08
堵后 4 天	1.96	8.10	97.37
堵后 6 天	4.58	3.35	98.91
堵后 12 天	6.34	2.50	99.19

实验开始阶段，渗透率波动较大，随着注入量的增加，渗透率波动幅度变小，逐渐接近平稳，在某个中值附近上下浮动，达到稳定状态；同时，随着膨胀时间的增加，水测渗透率明显降低，在注入堵剂 6 天后，渗透率能达到 10mD 以下（图 3.29），说明堵剂

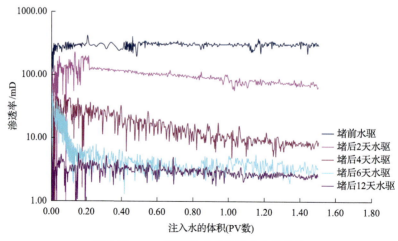

图 3.29　PEG 凝胶注入后渗透率变化曲线

膨胀后起到了显著的封堵效果。

图 3.30 为水驱过程中的压力变化曲线。随着注入量的增加，压力逐渐升高，达到相对稳定状态，同时在压力升高过程中，压力曲线有上下波动的趋势，说明堵剂在岩心中存在封堵—突破的过程；同时，随着膨胀天数的增加，堵剂最后的封堵压力不断升高，原因是堵剂膨胀倍数增大，对岩心孔喉、优势通道的封堵强度更大，堵剂不容易突破，堵塞了水流通道，使压力升高。

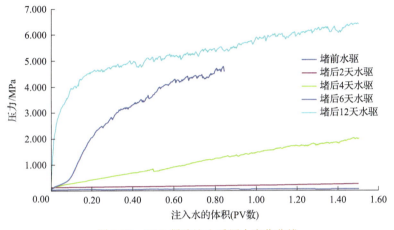

图 3.30　PEG 凝胶注入后压力变化曲线

从岩心渗透率数值和压力分布曲线变化情况可以看出，在注入堵剂后，渗透率下降幅度更大，2 天封堵率达到 76.08%以上，渗透率降低到 73.58mD，6 天封堵率达到 98.91%，渗透率降低到 3.35mD，12 天后封堵率达到 99.19%，渗透率降低到 2.50mD，压力达 6.5MPa，封堵效果好。

8) 工艺参数设计

粒径优化：采用平板微流控模型(图 3.31)模拟不同缝宽，开展驱替实验，选取平均粒径 150μm 的 PEG 凝胶颗粒体系为注入剂，注入浓度 0.5%。

根据不同凝胶颗粒粒径：模拟裂缝宽度(简称径宽比)下模型水驱渗透率的变化，计算 PEG 凝胶颗粒封堵率曲线，如图 3.32 所示。

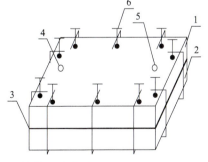

图 3.31　平板微流控模型示意图

1-上玻璃板；2-下玻璃板；3-玻璃板；4-注入口；5-出口；6-夹板

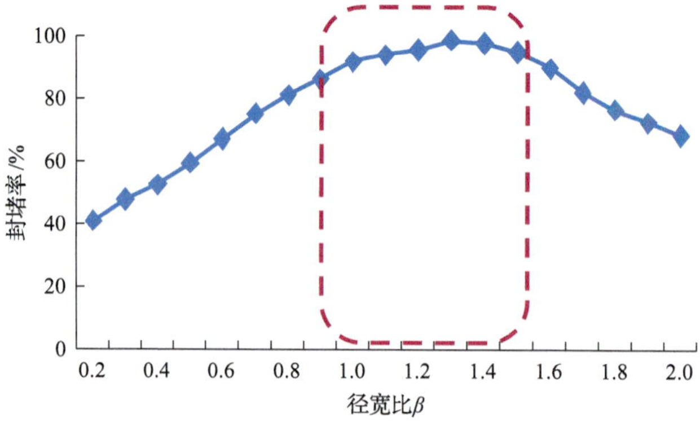

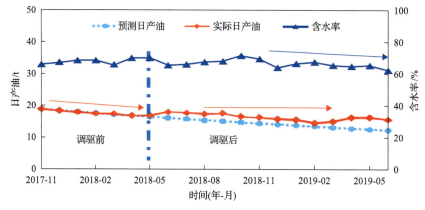

图 3.32 不同径宽比下模型封堵率曲线

从实验结果可知，当径宽比 β 为 1～1.5 时，微凝胶封堵效果好，封堵率达到 85%以上。因此在矿场应用时，应根据封堵目标裂缝的宽度确定 PEG 凝胶颗粒的粒径。

注入量优化：根据目标井优势渗流通道表征结果中的超大孔道(特宽裂缝)体积确定注入量。

3. 矿场试验效果

安塞油田王窑长 6 油藏西部区域长期注水开发，人工压裂缝、动态缝及天然裂缝分布复杂，油井裂缝型见水明显。为封堵裂缝，控制油井含水进一步上升，现场开展 4 井组 PEG 单相凝胶调驱试验，具体试验工艺参数如表 3.6 所示。

表 3.6 安塞油田王窑长 6 油藏 PEG 单相凝胶调驱试验主要施工设计参数

颗粒粒径/μm	注入浓度/%	注入排量/(m³/h)	段塞组合	注入量/m³
100～300	0.3～0.4	1.2～1.5	单一段塞	1500～1700

调驱后试验井组平均注水压力由 9.5MPa 上升到 10.6MPa，对应油井 25 口，按照产量递减法评价试验效果，累积增油 883t，试验井组自然递减由 21.3%下降到 10.3%，含水上升率由 11.5%下降到–5.1%，如图 3.33 所示。

图 3.33 王窑长 6 试验 4 井组调剖后生产动态曲线

3.3.2　纳米聚合物微球调驱工艺技术

针对小尺度微裂缝或高渗条带造成油藏平面上水驱不均、油井见效程度差异大的问题，利用反相微乳液聚合法研发纳米聚合物微球，注入纳米聚合物微球后，其能够进入储层深部，并滞留在优势渗流通道或微裂隙(裂缝)中，实现封堵，使后续注入水发生液流转向，从而扩大水驱波及范围，改善该类注水开发油藏的水驱效果，达到控水稳油的目的[31-33]。

1. 纳米聚合物微球合成工艺

通过研制新型乳化剂，采用反相微乳液聚合法，控制乳化剂加量合成了粒径为 50mm、100nm、300nm 系列聚合物微球。纳米聚合物微球合成工艺过程如图 3.34 所示。

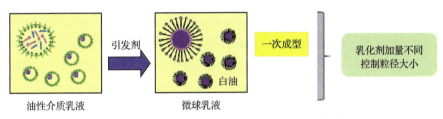

图 3.34　纳米聚合物微球合成工艺过程示意图

2. 微球产品性能评价

1)外观及粒径

纳米聚合物微球由于制备方法的不同，产品的外观形态也不尽相同。研发的 50nm、100nm、300nm 系列纳米聚合物微球，外观为黄色半透明流动液体，不分层，无絮状物出现，见图 3.35。

以 100nm 聚合物微球为例，采用马尔文粒度仪测试粒径分布。从测试结果可知，纳米聚合物微球粒径分布范围窄，中值粒径 D_{50} 值为 107nm，见图 3.36。

图 3.35　纳米聚合物微球外观图

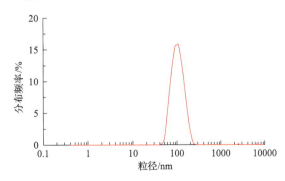

图 3.36　100nm 聚合物微球初始粒径分布

2）溶液黏度

以 100nm 聚合物微球为例（下同），其原液形态为流动液体，可均匀分散在水中，将其配制成浓度 2000mg/L 的溶液，溶液黏度为 1.8mPa·s，微球黏度和纯水的黏度基本相同。

3）水分散性

纳米聚合物微球是在水井注水管线直接注入的，这就要求其具有良好的分散性，在随注入水进入地层时可以均匀地进入地层深部，不会由于存在未分散的大颗粒而造成近井地带封堵。试验选用五里湾一区的注入水（矿化度 20000mg/L）配制浓度为 2000ppm 的分散溶液，以 500r/min 的速度搅拌分散溶液，30min 后倒入比色管中目测观察是否有明显的未分散物。试验中 100nm 聚合物微球样品可以在 30min 内实现快速分散。

4）膨胀性能

纳米聚合物微球是以丙烯酰胺为主体，根据需要辅以一定的共聚单体聚合而成的交联水溶性高分子，微观形状为球形或类球形。其高分子结构组成中含有部分亲水基团，在地层水矿化度和温度的作用下，亲水基团可以发生解离，电荷相互排斥，使高分子链条缓慢伸展，水分子从外层逐渐进入高分子团聚体的芯部，纳米聚合物微球发生了水化膨胀。亲水基团会受到地层水中的金属离子、温度等因素的影响，因此不同矿化度、不同温度条件下，纳米聚合物微球的水化膨胀速度也不尽相同[34,35]。纳米聚合物微球在地层水矿化度和温度的作用下，会发生水化膨胀，在透射电镜下观察，纳米聚合物微球会形成明显的两层结构，外层为水化膨胀层，内层密度较大为未水化膨胀层。纳米聚合物微球在地层水矿化度和温度的长时间作用下，外面的水化膨胀层逐渐扩大，而中间的未水化膨胀层则逐渐减少，体积发生膨胀。

试验选用靖安油田 L75-35 井的地质条件，采用矿化度为 53219.57mg/L 的模拟地层水，配制浓度为 2000mg/L 的分散溶液，在 55℃下分别烘烤 5 天、10 天、20 天、30 天后取出样品，采用激光光散射粒度分析仪、光学显微镜测量 100nm 聚合物微球样品膨胀后的粒径分布并观察微球的膨胀形态（图 3.37）。

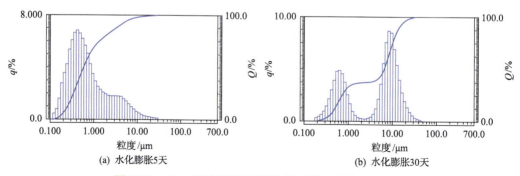

(a) 水化膨胀5天   (b) 水化膨胀30天

图 3.37　100nm 聚合物微球不同时间条件下的粒径分布图

Q 为累积分布频率；q 为区间分布频率

在靖安油田模拟地层水条件下，保持 55℃烘烤 5～30 天，水化后出现粒径分级，一部分颗粒团聚形成大颗粒，分散的小颗粒 30 天后由 100nm 膨胀至 500～600nm，大颗粒团聚融合成数微米，对于目标油藏地层中存在的微裂缝或压裂通道，团聚的大颗粒可以有效停留，后续的小颗粒滞留于孔隙中增大高渗层内比表面积，从而降低高渗层的渗透率，形成一定程度的注水阻力。

5) 耐温性能

靖安油田长 6 储层的平均地层温度为 55℃，部分地区地层温度相对较高，为 60℃，本实验主要是考察所选纳米聚合物微球在相对更高的地层温度条件下的适应性能。

实验过程：选取 100nm 聚合物微球，采用矿化度为 53219.57mg/L 的模拟地层水，配制浓度为 2000mg/L 的分散溶液，分别于 60℃下烘烤 5 天、10 天、20 天后，采用透射电子显微镜观察不同浓度微球的耐温性变化情况。

实验结果与讨论：选取同一浓度 100nm 聚合物微球，对比 60℃和 55℃条件下利用透射电子显微镜观察微球粒径随烘烤时间的变化情况，结果如图 3.38 所示。

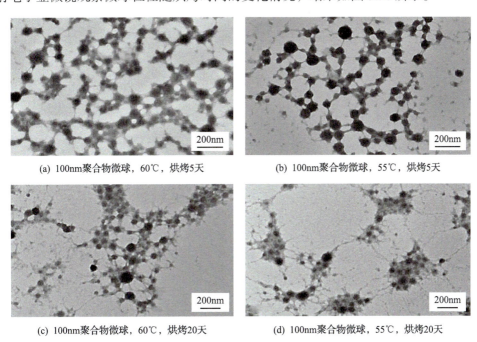

(a) 100nm聚合物微球，60℃，烘烤5天　　　(b) 100nm聚合物微球，55℃，烘烤5天

(c) 100nm聚合物微球，60℃，烘烤20天　　　(d) 100nm聚合物微球，55℃，烘烤20天

图 3.38　100nm 聚合物微球在 60℃/55℃条件下烘烤不同时间的透射电子显微镜照片对比

对比 100nm 聚合物微球在 60℃和 55℃下的透射电子显微镜照片可知，相同烘烤时间条件下，微球芯部（颜色深的部分）60℃与 55℃时整体相差不大，水化膨胀速度差别较小。

100nm 聚合物微球在 60℃和相同烘烤时间条件下，微球芯部比 55℃条件下略大，微球整体差异性较小。在五里湾一区的地层条件下，55℃的烘烤温差对微球膨胀的影响十分有限，表现出良好的耐温性能。

6) 耐盐性

靖安油田的地层水平均矿化度较高，部分区块的矿化度高达 80000mg/L。实验以 L75-35 井的地层水条件为基准，将水中离子含量增加一倍，总矿化度达到 106439.14mg/L，考察所选纳米聚合物微球在这种极端高矿化度地层水条件下的适应性能，见表 3.7。

表 3.7　纳米聚合物微球耐盐性能测试模拟污水离子组成　　　　　　（单位：mg/L）

Na^+、K^+	Ca^{2+}	Mg^{2+}	Cl^-	SO_4^{2-}	HCO_3^-	总矿化度	总硬度	pH	水型
28659.84	11606.16	360.92	65678.22	13.18	120.82	106439.14	30469.90	6.78	$CaCl_2$

实验过程：选取 100nm 聚合物微球样品，采用矿化度为 106439.14mg/L 的模拟地层水，分别配制浓度为 1000mg/L、2000mg/L、5000mg/L、10000mg/L 的分散溶液，分别于 55℃条件下烘烤 5 天、10 天、20 天、30 天后，采用激光光散射粒度分析仪并结合透射电子显微镜观察不同浓度微球的耐盐性情况。

测量不同配制浓度样品烘烤后的粒径：样品配制浓度为 1000mg/L、2000mg/L、5000mg/L、10000mg/L，烘烤温度为 55℃（图 3.39）。

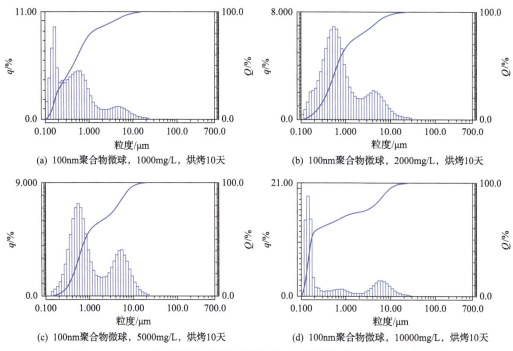

(a) 100nm聚合物微球，1000mg/L，烘烤10天　　(b) 100nm聚合物微球，2000mg/L，烘烤10天

(c) 100nm聚合物微球，5000mg/L，烘烤10天　　(d) 100nm聚合物微球，10000mg/L，烘烤10天

图 3.39　100nm 聚合物微球样品不同浓度、相同烘烤时间下的粒径分布图

100nm 聚合物微球样品在不同配制浓度中，在 55℃条件下烘烤 10 天，微球粒径变化趋势基本一致（图 3.40）。

100nm 聚合物微球样品在总矿化度为 100000mg/L 的模拟污水中烘烤 10 天后，形貌仍然为类球形，说明不同配制浓度的微球样品变化趋势差异性不大。表明微球在地层水高矿化度条件下，仍然能够发生水化膨胀，并能稳定存在，具有良好的耐盐性能。

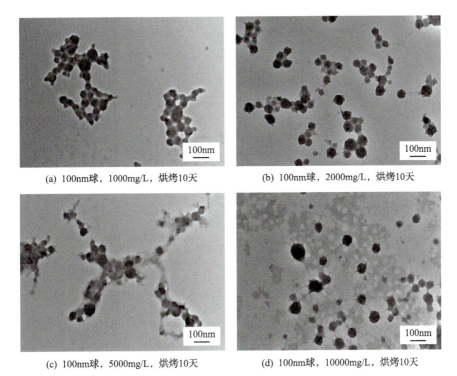

(a) 100nm球，1000mg/L，烘烤10天　　　(b) 100nm球，2000mg/L，烘烤10天

(c) 100nm球，5000mg/L，烘烤10天　　　(d) 100nm球，10000mg/L，烘烤10天

图 3.40　100nm 聚合物微球样品不同浓度、相同烘烤时间下的电镜照片对比

7)耐剪切性

纳米聚合物微球在实际注入油田地层后，随着时间的推移，在地层水离子和温度的作用下，其自身体积发生膨胀。微球在地层运移过程中，会受到砂石缝隙、狭窄孔喉、孔道处的多次剪切，本实验是考察所选纳米聚合物微球经过高速剪切后其结构形态的变化规律。

实验过程：100nm 聚合物微球采用矿化度为 53219.57mg/L 的模拟污水配制成 2000mg/L 分散溶液，于 55℃条件下烘烤 10 天后，采用上搅拌组织粉碎机，在转速分别为 0r/min、500r/min、1000r/min、2000r/min、5000r/min 条件下，持续剪切 15min，然后采用铜网点样，通过透射电子显微镜观察其形貌变化(图 3.41)。

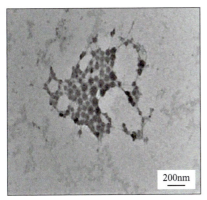
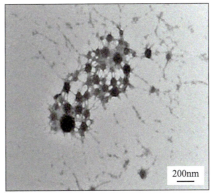

图 3.41　100nm 聚合物微球经不同转速剪切后的透射电镜照片

结果与讨论：从透射电镜照片中可以看出，纳米聚合物微球在模拟地层条件下烘烤 10 天后，采用高速组织粉碎机剪切，在不同的转速条件下，其微球形貌仍保持为类球形，微球芯部(颜色深的部分)大小变化不大，并没有因为剪切作用而使得微球被剪碎、变形，具有良好的耐地层剪切能力。

8) 封堵性能

室内采用填砂管模型评价纳米聚合物微球的封堵性能，填砂管模型渗透率为 186mD，用模拟地层水采用驱替泵以 0.5mL/min 的速度驱替填砂管，待水驱达到平衡后，采用模拟地层水配制不同粒径微球溶液，浓度为 2000mg/L，再注入纳米聚合物微球溶液 0.3PV，继续水驱至压力不再变化，水驱渗透率降至 13mD，注入微球后，对填砂管模型的封堵率高达 93%，封堵效果较好(图 3.42)。

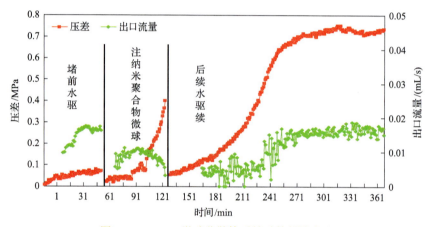

图 3.42　100nm 微球分散体系填砂管封堵实验

3. 工艺参数设计

1) 注入粒径匹配

纳米聚合物微球主要通过直接封堵、架桥封堵、聚集封堵三种方式实现封堵优势通道，封堵后改变后续水驱渗流方向，改善水驱的作用。为了使纳米聚合物微球能够运移到油藏深部，实现深部调驱，纳米聚合物微球粒径应小于储层喉道直径，满足"注的进"的要求。根据 Carman-Kozeny 公式[式(3.34)]，在已知孔隙度、渗透率、迂曲度时计算储层平均喉道半径，考虑不同储层条件下纳米聚合物微球的水化膨胀特性(实验确定)，选择合适的纳米聚合物微球粒径。

$$K = \frac{\phi r^2}{8\tau^2} \tag{3.34}$$

式中，K 为渗透率；ϕ 为孔隙度；τ 为迂曲率；r 为孔隙半径。

根据鄂尔多斯盆地孔喉结构表征结果可知，致密储层喉道半径主要分布在 0.2～

1.8μm，按照 1/3 架桥、微球水化膨胀 3 倍综合计算纳米聚合物微球粒径与储层的匹配关系，注入粒径匹配结果，如表 3.8 所示。

表 3.8　鄂尔多斯盆地不同喉道储层与纳米聚合物微球粒径匹配表

喉道半径/μm	匹配微球粒径范围/μm	匹配目前微球粒径/nm
<0.4	<0.09	50
0.4~1	0.09~0.22	100
1~2	0.22~0.44	300

2）注入浓度确定

根据室内评价结果，随着纳米聚合物微球浓度的增加，阻力因子和残余阻力因子逐渐变大，但在纳米聚合物微球浓度高于 2000mg/L 后，残余阻力因子增加幅度明显变小。纳米聚合物微球浓度为 2000mg/L 时，其阻力因子和残余阻力因子分别为 18.5 和 5.7（图 3.43），说明纳米聚合物微球在岩心中形成了有效的封堵，纳米聚合物微球浓度大于 2000mg/L 之后残余阻力因子增幅不大，因此注入浓度建议保持在 2000mg/L 左右。

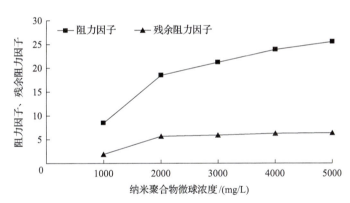

图 3.43　纳米聚合物微球浓度与阻力因子、残余阻力因子关系图

4. 矿场试验效果

安塞油田王窑长 6 油藏老区加密区综合含水率为 62.1%，采出程度 15.2%，微观水驱后残余油有绕流、卡断、位于孔隙末端三种赋存状态，为动用剩余油，在该区域 19 个井组开展纳米聚合物微球调驱试验，设计微球粒径 300nm，注入浓度 0.2%，设计平均单井注入体积 4500~4700m³，基于纳米聚合物微球低浓度、与水密度相当，在注水阀组外加注入泵，通过阀组实现在线注入。

调驱后区域油井综合含水率稳中有降，单井产能递减显著减缓，试验效果显著（图 3.44），阶段累积增油 3740t，平均单井组增油 196t，区域自然递减由 16.7%下降到 10.4%，含水上升率由 12.4%下降到 1.2%，阶段提高水驱采收率 0.8%~1%。

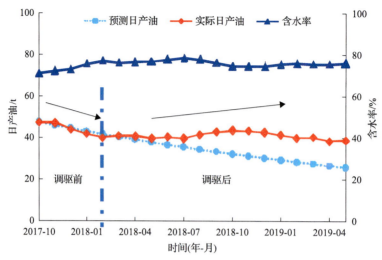

图 3.44　王窑试验区调驱井组动态曲线

3.3.3　深部复合调驱工艺技术

鄂尔多斯盆地三叠系低渗-超低渗裂缝型油藏经长期注水开发,地下优势通道发育复杂,裂缝、高渗流带均不同程度存在,为了治理该类油藏,前期以"冻胶+体膨颗粒"复合调剖为手段,在矿场应用取得了一定效果,但该项技术存在两方面问题。

(1)堵剂粒径大(3~8mm),难以进入油层深部。

(2)多轮次调剖后表现出有效期短、效果降低、注水压力高等问题(图 3.45)。

图 3.45　绥靖油田不同轮次调剖单井增油、含水率下降柱状图

1. 深部复合调驱工艺

在前期试验认识的基础上,发现低渗-超低渗裂缝型油藏多轮次近井调剖后,近井地带剩余油潜力下降,因此需向深部调驱转变,有效挖潜剩余油。按照"近井封堵裂缝、

深部调驱"的地质要求,基于 PEG 单相凝胶体系、纳米聚合物微球两类调驱体系,开展深部复合调驱工艺技术探索,初步形成低渗-超低渗油藏 PEG 凝胶+纳米聚合物微球深部复合调驱工艺。

深部复合调驱工艺具体段塞组合:预处理段塞+主体段塞 1(PEG 凝胶颗粒段塞)+主体段塞 2(纳米聚合物微球段塞)+主体段塞 3(PEG 凝胶颗粒段塞)+保护段塞。

根据封堵目标体积,组合段塞设计量如下。

(1)主体段塞 1 体积为 10%~15%。

(2)主体段塞 2 体积为 70%~80%。

(3)主体段塞 3 体积为 10%~15%。

注入浓度参考 PEG 凝胶颗粒、纳米聚合物微球调驱参数;预处理段塞、保护段塞采用低浓度纳米聚合物微球段塞。

2. 矿场试验效果

靖安油田白于山东区长 4+5 油藏采出程度 8.57%,综合含水率 68.7%,该油藏裂缝高渗带多方向性发育,油藏裂缝型见水明显,导致递减较大,单井产能仅 0.9t。

为改善该油藏水驱效果,控制含水上升、降低递减,在该区开展 21 井组连片深部复合调驱试验,试验后油井见效率 41.2%,按照递减预测法计算阶段累积增油 3406t、降水 2380m^3,平均单井组增油 162t;通过深部复合调驱,试验区自然递减由 14.2%下降至 5.4%,含水上升率由 3.3%下降至 1.4%,试验效果显著(图 3.46)。

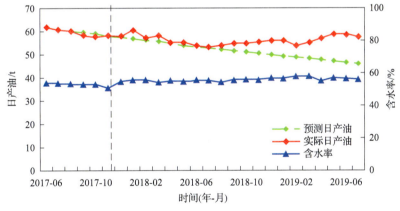

图 3.46　靖安油田深部复合调驱试验井组生产曲线

第4章 低渗-超低渗油藏精细分层注水技术

长庆油田典型的特低渗-超低渗油藏，现已进入中高含水开发阶段，层间和层内非均质性强，为了持续缓解油田开发层间矛盾，提高储量动用程度，提升采收率，油田注水是油田开发最成熟、最经济、最有效的技术手段，而精细分层注水技术是实现低渗-超低渗油藏有效开发和持续稳产的核心技术之一。

截至2019年底，长庆油田注水井21841口，分注井8576口，测调井次15000余井次，随着分注井逐年增多，测调工作量不断增大，生产成本压力大；同时，受水质及井筒结垢等因素影响，分层注水不达标，影响注水开发效果。为此，2017年以来，中国石油天然气股份有限公司长庆油田分公司创新研发了低渗-超低渗油藏精细分层注水技术，攻克了井下小水量自动测调和远程无线数据传输技术难题，实现了分层注水全过程监测与自动控制，提高了分层注水合格率，降低了人工测调工作量和费用，提高了储量动用程度和采收率，总体达到国际先进水平。

4.1 精细分层注水规范

细分注水开发层系，将性质相近的油层组合成一套层系进行分层注水。长庆油田储层埋深1200～3000m，小层个数为1～6个，油层厚度为4～30m，渗透率大部分在0.3～3mD，因此，长庆油田精细分层注水在同一层系内通过进一步细分层内小层来提高水驱控制和动用程度。

4.1.1 精细分层注水依据

低渗油藏非均质性强，储层连续性差，油层比较单一且部分油藏油层厚度大，以及纵向上渗透率的差异使注入水首先沿高渗部位突进，并向高渗方向形成无效注采循环，使得低渗部位的剩余油在常规注水条件下动用差。因此，必须建立注水分层标准，提高水驱动用程度。

1. 渗透率级差

从水驱试验来看，受储层非均质性的影响，水驱过程中，低渗储层几乎没有被波及，剩余油大量富集，高渗层波及程度高，而且渗透率越大，注入水突进越快，见水就越快(图4.1)。

试验表明，层内渗透率级差越大，采出程度相同时，含水越高，见水越快，采油速度越低，低渗透率小层越难被波及，无水期采出程度越小(图4.2)。

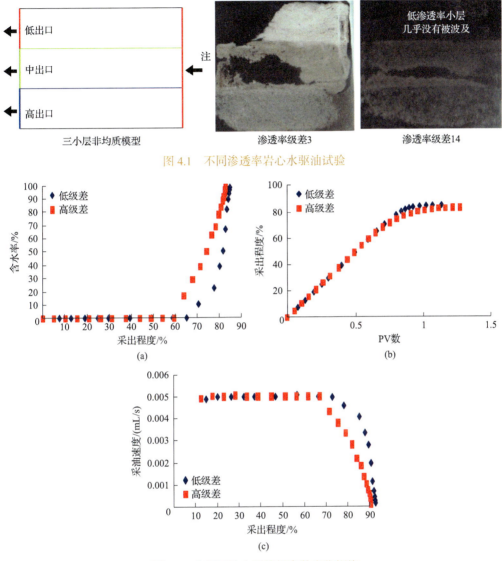

图 4.1　不同渗透率岩心水驱油试验

图 4.2　水驱试验主要指标参数变化规律

试验表明：当渗透率级差小于 10 时，水驱规律类似于均质储层的水驱规律，可以延长无水采油期，提高低含水期采出程度；随着渗透率级差变大，低含水阶段的采出程度贡献迅速变小，而且水推速度明显增大（图 4.3）。

应用数值模拟方法进行渗透率级差和油藏厚度对水驱油效果的影响研究（图 4.4）。首先建立井排距 520m×130m 的菱形反九点井网概念模型，结果表明：渗透率级差越小，层内相对越均质，水驱越均匀，水驱效果越好，水驱动用程度越高；渗透率级差越大，水驱动用越差，当渗透率级差大于 10 时，采出程度相同时，含水越高的层段，含水率上升得越快，采收率越低，水驱动用越差，低渗层剩余油大量富集。

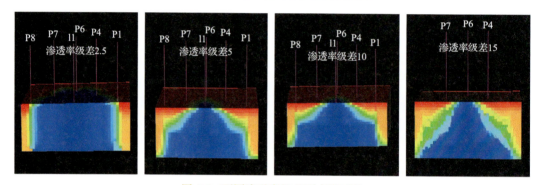

图 4.3　渗透率级差与水推速度相关图

图 4.4　不同渗透率级差下水驱过程

2. 油层厚度

不同油层厚度对水驱影响的试验表明，注水层厚度越小，水驱动用的厚度越大，注水层厚度越大，动用越差。当注水层厚度为 6m 时，水驱动用程度为 91.6%；当注水层厚度为 8m 时，水驱动用程度 78.25%；当注水层厚度为 10m 时，水驱动用程度为 67.5%；当注水层厚度为 12m 时，水驱动用程度为 60.8%。总体上来看，厚度大于 8m 以上的注水层段水驱动用程度偏低，不足 70%（图 4.5）。

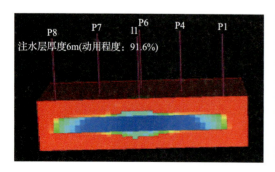

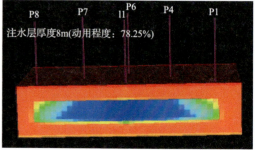

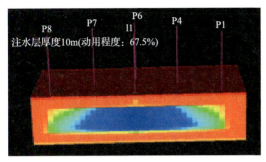 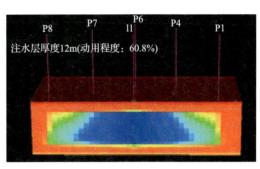

图 4.5　不同注水层厚度油藏水驱过程数据模拟

3. 动态资料

详细分析了吸水剖面资料，对不同渗透率级差下的吸水状况进行统计，结果显示渗透率级差小于 10 时，与其他小层相比，小层的吸水厚度明显增大，吸水量增多，吸水较均匀，吸水剖面明显改善。

4.1.2　精细分层注水标准

基于油藏理论认识，优化完善分注标准，分注类型由层间分注向层内分注转变、两段分注向多段分注转变，为厚油层充分动用提供理论依据（表 4.1）。

表 4.1　长庆油田精细分层注水标准

分注类型	Ⅰ类	Ⅱ类	Ⅲ类
油藏特征	层间分注 隔层厚度大 隔层分布稳定 剖面吸水不均	层内分注 岩性夹层明显 岩性夹层分布稳定 剖面吸水不均	层内分注 物性差异明显 单层厚度≥3m 剖面吸水不均
地质分层标准	①低渗-特低渗油藏层段内渗透率级差>8 ②超低渗油藏层段内渗透率级差>3 ③渗透率变异系数>0.7		
目标	小层水驱储量动用程度>70%		
代表性油藏	南梁长 4+5 姬塬长 6 胡尖山侏罗系	靖安长 6 姬塬长 8 西峰长 8 靖安侏罗系	华庆长 6

4.2　波码通信分层注水技术

长庆油田特低渗-超低渗油藏层间和层内非均质性强，注水井井斜大（井斜 25°以上占 40%），单井日配注量小（平均 23m³/d），深井、多层细分井、采出水回注井逐年增多，常规分层注水技术均采用人工、定时测调，存在人工作业风险大、工作量大及分层注水合格率下降快等问题，针对以上问题，创新研发波码通信分层注水技术，实现全天候达标注水，提高了纵向小层水驱储量动用程度。

4.2.1 技术组成

以"分层流量自动测调+远程实时监控"为技术思路,研发了波码通信分层注水技术,实现了分层注水远程实时监测与自动控制,提高了分层注水合格率,降低了人工测调工作量和费用,助推了精细分注技术向数字化、智能化方向发展,为数字化油田建设奠定了基础。

波码通信分层注水技术主要由波码通信配水器、地面控制系统和远程控制系统三部分组成(图 4.6)。

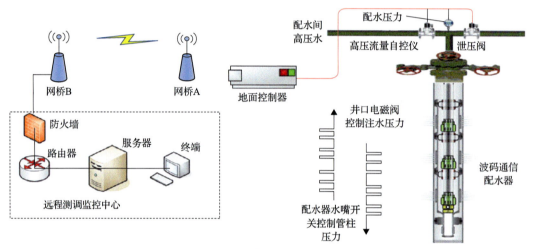

图 4.6 波码通信分层注水技术原理

1. 波码通信配水器

波码通信配水器是实现分层注水的核心,具有远程无线控制、数据采集传送、根据控制指令控制水量、监测井下流量和压力数据等功能。

1)技术原理

(1)在正常注水的情况,通过调节地面控制系统的电控调节阀(降压法)形成压力波码,将调节水量指令传送给波码通信配水器,在稳压模式下自动调节各层配水器的注水量。

(2)波码通信配水器自动调节注水量后,通过水嘴自动开关(升压法)形成压力波码,将压差信息传送给地面控制系统,根据人工智能理论建立压差—流量—水嘴开度三者之间的关系模型,形成三维云图图版,计算得出井下注水量,实现配水器配注量的调节、监测和录取。

(3)配注量调节完成后,地面控制系统设置为稳流模式,波码通信配水器根据监测的配注量,自动调节水嘴,实现长期达标分注。

2)结构

波码通信配水器主要包括上接头、中心过流通道、测调发码一体化水嘴、控制电路、供电部分、流量计、外护管和下接头(图 4.7)。

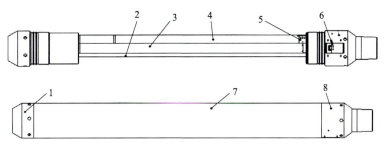

图 4.7　波码通信配水器

1-上接头；2-中心过流通道；3-供电部分；4-控制电路；5-流量计；6-测调发码一体化水嘴；7-外护管；8-下接头

3）技术参数

波码通信配水器技术要求见表 4.2。

表 4.2　波码通信配水器技术要求

技术要求	外径/mm	内通径/mm	主要零部件钢体材质	工作温度/℃	工作压差/MPa	流量范围/(m³/d)	防腐性/(mm/a)
值	≤114	46	42CrMo 及其以上	≤150	≤35	0~200	≤0.076

4）室内试验

（1）地面控制系统和配水器整体联调。

地面控制系统和配水器进行整体联调，通过计算机控制软件实现了对整机的多功能操作，包括参数设置、流量自动调节和手动调节、验封功能、实时数据直读和监测等。

将配水器整体组装完成，并在仪器两端连接长 1.5m 左右的油管，然后将连接好的工具串放置于打压井内，模拟现场情况，验证波码通信、流量测量、开关水嘴、自动测调等功能。

验证流量和内外压力测量功能：模拟井验证了读写参数、实时采集、手动开启水嘴测调、流量自动测调、差压传感器无损、流量值可靠性等功能（图 4.8）。

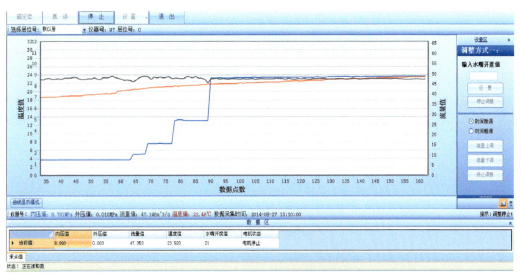

图 4.8　流量调节实时读取曲线图

验证自动测调功能测试：设置预设流量为 20m³/d，流量调节范围设置为 20%，开启自动测调后，数据采集正常(图 4.9)。

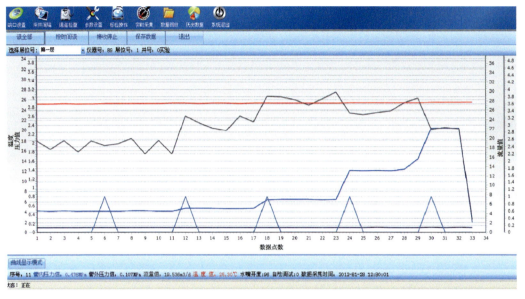

图 4.9   流量自动调节历史数据回放曲线

(2)整机进行现场模拟井下开启水嘴试验。

试验流程为模拟现场井下注水后开启水嘴过程，对配水器进行管内打压至 20MPa，然后开启水嘴，实时检测流量计数值和实际值变化，判断差压传感器是否正常工作。

波码通信配水器水嘴开启过程各参数变化如图 4.10 所示，注水压力和地层压力基本趋于一致，表明水嘴已打开。

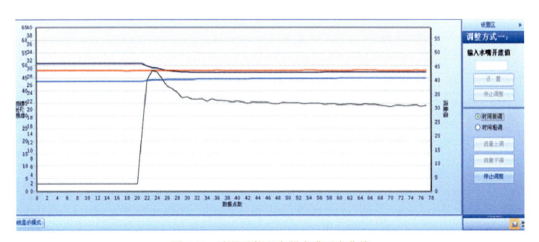

图 4.10   波码通信配水器水嘴开启曲线

高压下开启水嘴整机试验数据如表 4.3 所示。

表 4.3　高压下开启水嘴试验结果

试验次数	憋内压/MPa	开水嘴时间/s	差压传感器计数值	结论
20	20	0	33000	20MPa 压力下，开启水嘴不会对差压传感器造成伤害
		30	32998	
		60	32990	

(3)整机进行流量标检和自动测调试验。

通过流量标定台按不同流量梯度、不同的压差值，进行流量标定，标定后进行曲线拟合。使用上位机软件配合流量标定台进行流量标定，如图 4.11 所示。

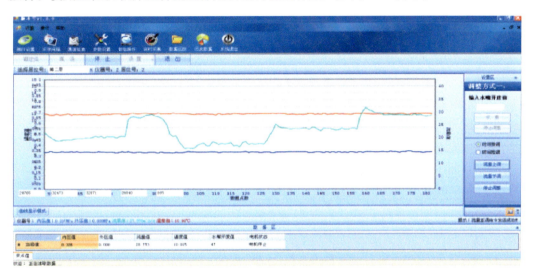

图 4.11　流量标定曲线

标检结果：表 4.4 中的数据为单独流量计短节 1～100m³/d 的标检结果。

表 4.4　不同开度时的试验数据

100%		74%		47%		21%	
流量/m³	压差/MPa	流量/m³	压差/MPa	流量/m³	压差/MPa	流量/m³	压差/MPa
92.828	0.5	74.121	0.5	52.429	0.5	21.379	0.5
82.587	0.4	63.235	0.4	44.930	0.4	19.061	0.4
72.947	0.3	54.332	0.3	39.949	0.3	16.389	0.3
56.561	0.2	47.476	0.2	31.302	0.2	13.321	0.2
41.812	0.1	31.906	0.1	23.865	0.1	9.521	0.1
18.750	0.02	14.996	0.02	10.448	0.02	4.331	0.02

2. 流体波码双向通信系统

流体波码双向通信系统主要包括地面控制系统(地面-井下压力脉冲发生器)和井下智能配水器(井下+地面压力脉冲发生器)。

1) 流体波码双向通信原理

(1) 地面到井下通信。

在油管内压力降低 0.4~1MPa 条件下，地面控制器通过自动开关电动控制阀引起井筒内压力按指令编码变化，并向下传送，智能配水器(传感器灵敏度 0.5psi，1psi=6.89476×10^3Pa)接到编码后，通过整形成方形波电流送达控制电路，按设定的控制方式控制智能配水器自动调节水嘴开度。

(2) 井下到地面通信。

井筒作为一个定容体，当智能配水器水嘴关小或者关闭时，引起井筒内压力突然升高，形成波码信号，并叠加压差进行识别，按编码方案编码，将井下信息传送到地面，实现通信。由于地面传感器接收灵敏度高(传感器灵敏度 0.01psi)，可实现对井下波码信号的精确识别。

2) 流体波码双向通信

(1) 地面-井下压力脉冲发生器——地面控制系统。

地面压力脉冲发生器由地面通用分组无线业务(GPRS)无线网络通信模块、地面控制模块、进水电动控制阀前压力计、进水电动控制阀、进水电动控制阀后压力计、出水电动控制阀、超声波液体流量计等组成。

地面控制系统是由地面控制模块控制注水井进水电动控制阀和出水电动控制阀交互开关形成对井筒内的压力干扰，从而建立压力脉冲通信波，将控制信息由地面向井下发送。地面控制系统接收到通过网络传送的远程控制指令后，根据控制指令的操作内容，由控制模块针对控制指令信息进行压力脉冲编码的查询与确认，并依据对应的编码操作进水阀和排水阀的开关，建立压力波码指令，随井筒内流体传给井下的配水器。

在用于井下压力脉冲信息接收时，地面控制系统的压力感应器接收到井下发送的压力脉冲，经过补偿与滤波电路整形后，将信息传送至地面控制模块，地面控制模块依据压力脉冲编码特征，根据通信编码协议和编码，将其运算还原为数据信息。

(2) 井下+地面压力脉冲发生器——井下智能配水器。

井下压力脉冲发生器是由配水器控制模块控制水嘴电动控制阀开关或微动形成对井筒内的压力干扰，从而建立压力脉冲通信波，将控制信息由井下向地面发送。

定量回传：由于直接从井下向地面长期传送嘴前嘴后压力、水嘴开度等信息，对注入水过程和流量干扰、电池组供电无法满足需要，采用了定量回传，并且流量变化<5%，配水器水嘴开度不变，若流量变化≥5%则配水器控制模块控制电动控制阀改变水嘴开度，自动测调，直至达到满足配注需求。

自学习过程：在测调过程中水嘴开度、压力与流量是不断变化的，对于这种不同过流面积下的压力变化，人工智能系统会随时记录和将其处理为不同层的注入压力变化特征，形成一套完整的智能数据云图(图 4.12)，智能数据云图也会根据回传的实际压差进行不断修正。当未回传压差数据时，说明流量变化小于 5%，此时系统会启用智能数据云图，根据井筒注入压力变化，按照智能数据云图的规律对各层的压差进行修正，并根据修正结果从智能数据云图中读取对应的流量值作为实时流量。

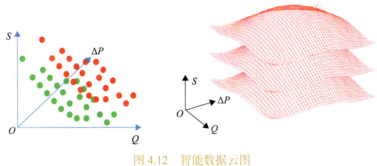

图 4.12　智能数据云图

Q-流量；Δ*P*-压差；*S*-过流面积

3. 分注智能远程控制系统

以 Windows 操作系统和.NET 应用系统为支持平台，以结构化查询语言(SQL)数据库系统为数据存储与处理核心，分注智能远程控制系统整体功能开发由服务器系统和客户端组成。

分注智能远程控制系统能完成地面数据采集、井下分层数据采集、分层测调、单井流量恒流恒压控制和历史数据曲线查询等功能，全面实现办公室管理模式的水井日常监测管理和动态管理。

(1)用户管理模块：采取用户认证管理模式，进入操作系统(图 4.13)。

图 4.13　分注智能远程控制系统界面

(2)数据显示与管理模块：设备成功连接后可以直观地看到实时的来水压力、注水压力、注水流量、来水开度、注水开度和环境温度，井下调配完后可以读取井下配水器的实时流量(图 4.14)。

(3)数据查询与显示模块：提供从服务器数据库查询和显示历史数据，分析注水井的

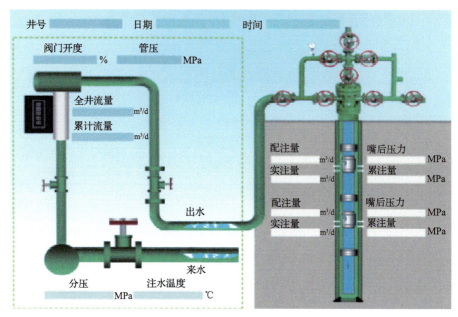

图 4.14   数据显示与管理模块界面

注水状态,并为测调中及时观察操作与执行情况提供实时数据信息。

(4)远程控制模块:为远程控制地面装置与井下配水器的指令管理与发送平台,具备对远程设备的指令操作或编码方案操作的功能。系统的编码方案操作以调用远程设备中的编码方案为操作基础。

4.2.2   工艺管柱

随着长庆油田开发层位的加深,分注井井深逐年增加,分注管柱的蠕动及起钻载荷增大,同时受井斜影响,封隔器密封胶筒受力不均,密封性能下降,造成分注管柱的使用寿命缩短,为此,开展了定向井分注管柱受力行为分析,优化分注管柱,提高分注工艺有效性。

1. 分注井封隔器密封影响因素

封隔器的有效密封对分层注水起决定性作用,影响封隔器密封性能的主要因素如下。

1)分注井井斜

长庆油田油水井 95%以上为定向井,井斜范围在 15°～35°,密封胶筒受力不均,密封性能下降,容易失效,缩短分注管柱的使用寿命。

2)分注管柱蠕动、伸缩

封隔器坐封后,受到注水压力变化、停注、反洗井等工况产生的活塞效应、鼓胀效应、弯曲效应等因素影响,管柱伸长或缩短,封隔器胶筒在套管上磨损,导致封隔器密封失效。

根据胡克定律公式推算出油管收缩量,以及井口坐封过程不同井深管柱伸长量

（图 4.15）。

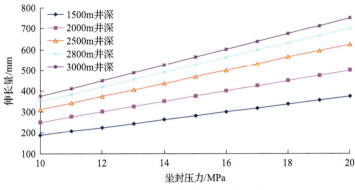

图 4.15　井口坐封过程不同井深管柱伸长量

井深 2000m 时，坐封压力由 18MPa 下降到 12MPa 时，油管收缩 150mm。

井深 2500m 时，坐封压力由 18MPa 下降到 12MPa 时，油管收缩 187mm。

井深 2800m 时，坐封压力由 18MPa 下降到 12MPa 时，油管收缩 210mm。

井深 3000m 时，坐封压力由 18MPa 下降到 12MPa 时，油管收缩 225mm。

3）层间压差

长庆油田储层非均质性强，存在层间压差，统计分析 300 多口井的分层压降测试数据，长 4+5、长 6 和长 8 储层层间压差 0~1MPa，长 4+5 和长 6 储层层间压差 0.5~1.5MPa。封隔器密封胶筒受压差影响，密封胶筒受力不均，长时间作用，导致胶筒变形，失去弹性，容易破损失效。

4）高压注水井和带压作业分注井

封隔器是依靠压差来推动坐封活塞压缩胶筒来坐封的，封隔器有效作用压差介于 7（启动压力）~18MPa。部分带压作业或高压注水井坐封时会因为坐封活塞内外压差不足，封隔器不完全坐封，影响封隔器密封性能。

5）注入水质

注入水质不达标、井筒结垢、油污，易造成封隔器反洗通道密封不严或堵死，封隔器胶筒上下连通而失效，影响分注效果。

2. 分注管柱受力分析

1）分注管柱三维力学模型建立

（1）井眼轨迹的几何描述。

井眼轨迹轴线是一条复杂的三维空间曲线，为了描述井眼轨迹对管柱受力及变形的影响，建立直角坐标系和自然坐标系描述井眼轨迹，并根据微分几何基本原理，用井眼轨迹几何参数描述管柱的几何特性。

采用直角坐标系 $OXYZ$ 和自然坐标系 O_STNB 两种坐标系描述井眼轨迹。各坐标系和描述井眼轨迹的基本参数概念如图 4.16 所述。

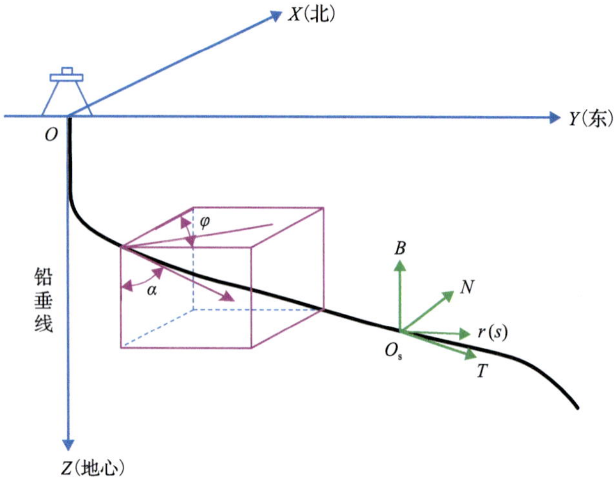

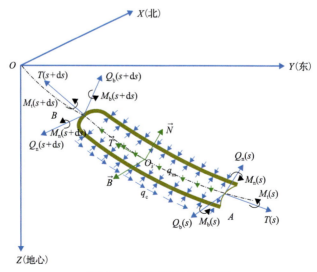

图 4.16   井眼轨迹空间几何关系示意图

直角坐标系：O 点位于井口；X 轴指向地理正北，单位矢量为 i；Y 轴指向地理正东，单位矢量为 j；Z 轴指向地心（铅垂方向），单位矢量为 k。

自然坐标系：原点 O_s 位于井眼轨迹线上的任意一点 $\vec{r}(s)$，T 指向该点的切线方向，单位矢量为 t；N 指向该点的主法线方向，单位矢量为 n；B 指向该点的副法向方向，单位矢量为 b。

（2）三维力学模型的建立。

根据注水管柱的工况特征，分注管柱在井眼内受到的载荷包括管柱自重、管柱与井壁的支撑力、摩擦阻力、内外流体压力、流体的黏滞摩阻、温度载荷等。因此，根据受力工况，对管柱微元段进行受力分析（图 4.17）。

图 4.17   微元段受力示意图

起点 A 的曲线坐标为 s，终点 B 的曲线坐标为 $s+ds$；M 为集中力矩；T 为温度载荷；Q 为流体压力；下标 t 为切线方向；下标 b 为副法向；下标 n 为主法线方向；q_c 为油管外的流体；q_m 为油管内流体

　　通过受力分析，可以建立力和力矩平衡方程，并结合管柱物理方程得到注水管柱力学模型。微元段所在井眼轴线相邻两测点为空间斜平面上的一段圆弧，因此井眼挠率始终位于密切面内，由密切面定义可知 $\tau = 0$，模型为

$$\begin{cases} \dfrac{\mathrm{d}T_t - \mathrm{d}P_i A_i + \mathrm{d}P_0 A_o}{\mathrm{d}s} + K'EI\dfrac{\mathrm{d}K'}{\mathrm{d}s} \pm \mu_\alpha N + f_\lambda - q_m\cos\alpha = 0 \\[2mm] \dfrac{\mathrm{d}M_t}{\mathrm{d}s} = \mu_t RN + 2\pi R^3\omega\left[\dfrac{\tau_f}{\sqrt{v^2 + (R\omega)^2}} + \dfrac{2\mu}{D_w - 2R}\right] \\[2mm] -EI\dfrac{\mathrm{d}^2 K'}{\mathrm{d}s^2} + K'T + N_n + \mu_t N_b + q_m\sin\alpha\dfrac{K_\alpha}{K'} = 0 \\[2mm] -K'\dfrac{\mathrm{d}M_t}{\mathrm{d}s} + \mu_t N_n - N_b - q_m\sin^2\alpha\dfrac{K_\varphi}{K'} = 0 \\[2mm] N^2 = N_n^2 + N_b^2 \end{cases}$$

式中，α 为井斜角，rad；K_α 为井斜变化率，rad/m；K_φ 为方位变化率，rad/m；K' 为井眼曲率，rad/m；P_i 为油管内压力，MPa；P_0 为油管内初始压力，MPa；A_i 为油管内(内径)截面积，m^2；A_o 为油管外(外径)截面积，m^2；q_m 为单位长度管柱浮重，kN/m；N_n 为主法线方向的正压力，kN；N_b 为副法线方向的正压力，kN；μ_t 为周向方向的摩擦系数；μ_α 为轴线方向的摩擦系数；τ_f 为流体结构力，N/m；μ 为流体动力黏度，N·s/m²；ω 为管柱转动角速度，rad/s；D_w 为井眼直径，m；R 为管柱外半径，m；v 为流体速度，m/s；E 为杨氏弹性模量，kN/m³；I 为管柱的惯性矩，m^4。

　　(3)不同工况下分注管柱力学及变形分析。

　　分层管柱在井下的受力状况十分复杂，工况不同时会受到胡克定律、活塞效应、鼓胀效应、温度效应、螺旋弯曲效应、黏滞摩阻、节流效应等的影响，管柱在这些效应力的作用下会发生横向和纵向形变。当管柱两端固定时，这种变形还会影响管柱内的轴力等的分布，同时还会影响到封隔器的受力。

　　(4)封隔器仿真分析。

　　目前分注井常用的封隔器是 Y341 型逐级解封封隔器、Y344 型封隔器、Y341 型封隔器、K344 型封隔器。下面对其进行了坐封仿真分析。

　　2)建立有限元计算模型

　　封隔器中心管、胶筒、套管以及隔环所受载荷均为轴对称分布，取过轴线的剖面建立计算模型(图 4.18)。

　　(1)给定计算模型几何和力学参数。

　　通过试验测得 Y341 型逐级解封封隔器、Y344 型封隔器和 Y341 型封隔器边胶筒和中胶筒的邵氏硬度分别为 80HA 和 70HA(表 4.5)，K344 型封隔器胶筒的邵氏硬度为 90HA。通过经验公式计算出的胶筒的穆尼-里夫林(Mooney-Rivlin)模型材料常数(表 4.6)。

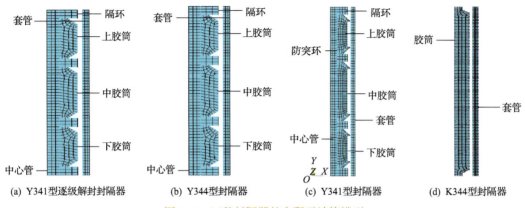

图 4.18　四种封隔器的有限元计算模型

表 4.5　Y341 型逐级解封型封隔器、Y344 型封隔器和 Y341 型封隔器橡胶模型材料参数

封隔器部件	弹性模量 E/MPa	材料常数 C_{10}	材料常数 C_{01}	泊松比
金属部件	2.01×10^5			0.25
边胶筒	9.3875	1.25167	0.31292	0.4996
中胶筒	5.5417	0.73889	0.18472	0.4996

表 4.6　K344 封隔器橡胶模型材料参数

封隔器	弹性模量 E/MPa	材料常数 C_{10}	材料常数 C_{01}	泊松比
金属部件	2.01×10^5			0.25
胶筒	20.925	2.79	1.395	0.4996

（2）仿真分析。

通过有限元分析,得出 15MPa 下的封隔器变形图（图 4.19）、等效应力云图（图 4.20）、接触应力云图（图 4.21）,计算出封隔器胶筒与井筒套管内壁的最大压力,具体结果见表 4.7。

表 4.7　封隔器仿真结果统计表

型号	最大位移/mm	最大等效应力/MPa	最大接触应力/MPa	最大压力/MPa
Y341 型逐级解封封隔器	78.054	19.525	17.301	16.454
Y344 型封隔器	78.006	23.290	16.771	16.649
Y341 型封隔器	57.931	87.794	60.525	17.124
K344 型封隔器	10.388	11.449	9.026	8.736

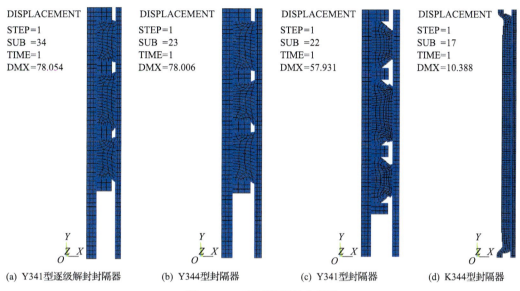

(a) Y341型逐级解封封隔器　　　(b) Y344型封隔器　　　(c) Y341型封隔器　　　(d) K344型封隔器

图 4.19　四种封隔器的变形图

DISPLACEMENT 为变形位移；STEP 为步骤；SUB 为子模型；TIME 为时间；DMX 为封隔器最大变形位移，mm；MX 表
示最大；MN 表示最小

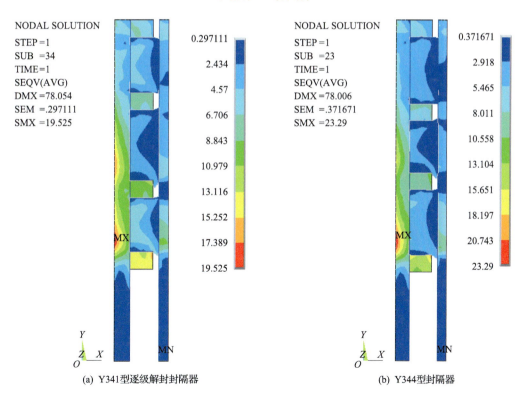

(a) Y341型逐级解封封隔器　　　　　　　　　　　(b) Y344型封隔器

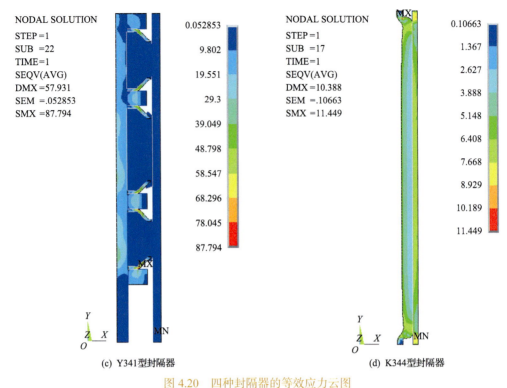

(c) Y341型封隔器

(d) K344型封隔器

图 4.20 四种封隔器的等效应力云图

SMX 为最大等效应力，MPa；SEM 为最小变形位移，MPa；MX 为 SMX 位置；MN 为最小 SEM 位置；NODAL SOLUTION 为节点结果；SEQV（平均）为等效应力

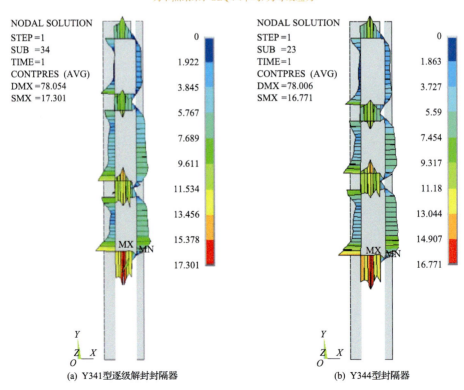

(a) Y341型逐级解封封隔器

(b) Y344型封隔器

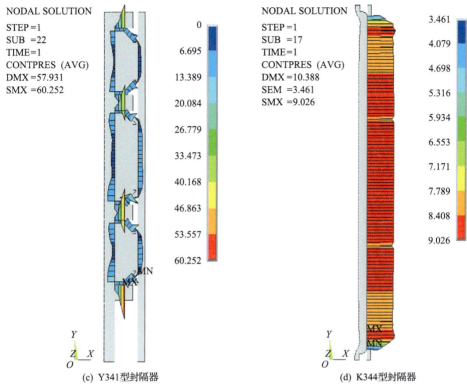

图 4.21　四种封隔器的接触应力云图

CONTPRES(AVG) 为(平均)接触压力

3. 研制定向井大压差双密封封隔器

针对井下封隔器，尤其是套管保护封隔器密封性问题，测试评价封隔器密封性能，开展井下新型密封工具研制，研发了定向井大压差双密封封隔器(图 4.22)。

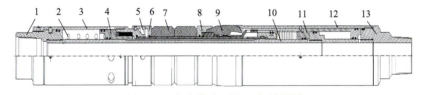

图 4.22　定向井大压差双密封封隔

1-上接头；2-复位弹簧；3-外筒；4-洗井活塞；5-扶正球；6-坐封头；
7-密封胶筒；8-推进套；9-承压胶筒；10-中心筒；11-推进活塞；12-压筒；13-下接头

1) 技术参数

定向井大压差双密封封隔器技术参数见表 4.8。

2) 技术原理

定向井大压差双密封封隔器随分注管柱下入井内，下到预定位置后，高压流体经中心筒下部的导压孔，推动推进活塞上移，密封胶筒压缩实现坐封，同时承压胶筒脱离压

表 4.8 定向井大压差双密封封隔器技术参数

总长/mm	最大外径/mm	最小通径/mm	工作压力/MPa	坐封启动压力/MPa	坐封压力/MPa	反洗启动压力/MPa	反洗最大排量/(L/min)	解封载荷/kN	皮碗密封压力/MPa
1415	114	50	30	5~7	15	1.2	600	50~70	1.5~4.5

筒自行弹开，形似倒喇叭口，支撑在套管壁上，阻隔注水压力波动对密封胶筒的破坏，扶正球突出封隔器本体外，支撑在套管壁上，使封隔器居中，实现双密封功能，大幅提高套管保护封隔器密封性能，延长分注管柱的使用寿命。

3）技术特点

(1)增加了扶正装置，坐封后四个扶正球突出封隔器本体，支撑在套管壁上，使封隔器居中，密封胶筒四周受力均匀，并降低管柱蠕动。

(2)增加承压胶筒装置，坐封后承压胶筒上移，脱离压筒，靠胶筒自身的弹性张开，形似倒喇叭口，支撑在套管壁上，阻隔注水压力波动对密封胶筒的破坏，大幅提升套管保护封隔器的密封性能。

(3)采用双液压坐封工作方式，具有坐封可靠、坐封自锁和反洗井功能。

4）室内试验

(1)坐封性能检测。

将封隔器置于试验装置内(图 4.23)，试压泵分别加内压 8MPa、12MPa、15MPa，各稳压 5min，升压至 15MPa，完成坐封，测得封隔器坐封启动压力 5~7MPa，封隔器坐封后，给封隔器胶筒下面加压，观察胶筒密封情况。按 5MPa、10MPa、15MPa、20MPa、25MPa、30MPa 等台阶打压，稳压 5min。结果表明，各压力段下套压没有变化，封隔器胶筒密封良好，同时扶正球突出封隔器本体外，起到支撑作用，指标达到设计要求。

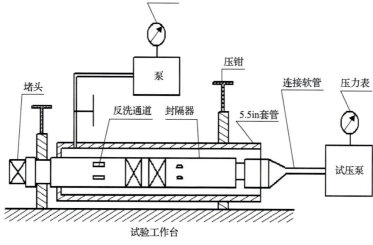

图 4.23 封隔器试验装置图

1in=2.54cm

（2）承压胶筒性能检测。

封隔器坐封后，承压胶筒弹出，试压泵分别加外下压 1MPa、2MPa、5MPa、10MPa、20MPa、30MPa、40MPa，各稳压 5min，验证承压胶筒密封性，反复 5 次。经反复测试，承压胶筒最低耐压为 1.5MPa，最高耐压为 45MPa，当压力低于 1.5MPa 时，其 4mm 的过盈配合不足以形成有效密封。结果表明：在正常注水时，可有效阻隔注水压力波动对密封胶筒的破坏。

（3）反洗井性能检测。

试压泵加外上压，泵入清水大排量反洗井，测试其启动泵压和最大排量，经反复测试，反洗活塞开启压力为 1.2MPa，反洗排量可达 600L/min，反洗井通道不限流。反洗井活塞在停泵后可以自动复位关闭。

（4）解封性能检测。

连接封隔器与标准套管等结构组成管柱下入模拟井内，装好井口，地面连接试验泵，试验泵管柱内加压，封隔器坐封后，用拉伸液缸上提管柱，测得解封销钉剪切力为 25kN，解封载荷为 60kN。解封力达到设计要求。

5）现场应用

长庆油田姬塬试验区现场实施 5 口井，最大井深 2371m，最大井斜 30.57°，注水压力 17.5MPa，持续跟踪现场测试九个月，其中 5 口井全部密封（表 4.9）。

表 4.9　现场试验数据表

序号	井号	分注井施工日期（年-月-日）	最大井斜/(°)	油压/MPa	套压/MPa	井口泄压后数据变化情况		密封状况
						套压变化	水量变化情况	
1	JY50-107	2017-07-27	17.6	15.5	14.5	套压降为零	泄压后，水量减少至零	密封
2	JY93-92	2017-07-20	30.57	11.0	10.5	套压降为零	泄压后，水量减少至零	密封
3	JY55-23	2017-07-15	16.83	6.0	5.5	套压降为零	泄压后，水量减少	密封
4	JY73-85	2017-07-18	30.20	13.0	13.0	套压降为零	泄压 15min，套压降至零，水量逐渐减少	密封
5	L54-12	2017-07-20	13.60	17.5	17.2	套压降为零	水量瞬间变为零	密封

4. 形成多种分层注水工艺管柱

分注井管柱设计时主要根据封隔器选型、井深、井斜、温度、耐压差、洗井要求、测试及调配等因素选择工具和管柱结构，对分注井管柱进行强度校核，结果见表 4.10。

表 4.10　分注井管柱强度校核表

钢级	壁厚/mm	外径/mm	内径/mm	自重/(kg/m)	抗滑扣/t	抗内压/MPa	坐封压力/MPa	安全系数	下入深度/m	备注
J55	5.51	73.03	62	9.52	32.96	50.10	18	1.3	2067	平式油管
N80	5.51	73.03	62	9.52	47.94	72.90	18	1.3	3208	平式油管

通过强度校核，提出分注井管柱方案：井深≤2000m 时，采用 Φ73.03mm 的 J55 钢级平式油管；井深＞2000m 时，采用 Φ73.03mm 的 N80 钢级平式油管。

（1）分注管柱组合。

通过开展分注管柱受力分析，当井深超过 2000m 时，分注管柱会发生超过 160mm 的蠕动，封隔器密封可靠性低，要求井深大于 2000m 时，分注管柱采用非金属水力锚锚定，防止管柱蠕动。

分注级数为三层时，采用常规 Y341 型封隔器解封时（解封力为 40～60kN），管柱起钻最大井口拉力会超过 35t，达到在用作业机额定载荷，但作业风险大，采用 Y341 型逐级解封封隔器可有效降低后期作业风险。

（2）分注管柱分类及选择。

根据分注特点及现有分注工艺技术，将分注工艺管柱分为三类。

Ⅰ类分注管柱为两层非锚定式分注管柱（井深≤2000m、层数=2）（图 4.24），主要由配水器、Y341-114 型封隔器、预置工作筒、井下附件组成。

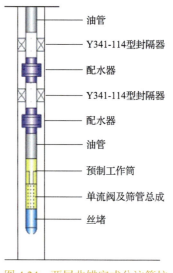

油管
Y341-114型封隔器
配水器
Y341-114型封隔器
配水器
油管
预制工作筒
单流阀及筛管总成
丝堵

图 4.24　两层非锚定式分注管柱
井深≤2000m、层数=2

Ⅱ类分注管柱是深井两层锚定式分注管柱（井深＞2000m、层数=2）（图 4.25），主要由非金属水力锚、配水器、Y341-114 型封隔器、预置工作筒、井下附件组成。

Ⅲ类分注管柱为分注层数≥3，主要由配水器、Y341-114 型逐级解封封隔器、预置工作筒、井下附件组成（图 4.26～图 4.28）。当单层卡距≤3m 时，需对坐封器位置进行磁定位或机械定位校深。

4.2.3　现场应用效果

为了更好地发挥项目示范和引领作用，依据长庆油田油藏特征，优选了具有代表性的超低渗油藏 B 153 试验区，开展了 140 口井现场试验，满足最大井深 2902m、最

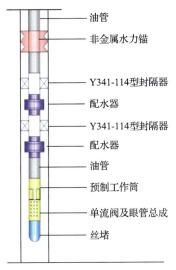

图 4.25　深井两层锚定式分注管柱
井深＞2000m、层数=2

油管
非金属水力锚
Y341-114型封隔器
配水器
Y341-114型封隔器
配水器
油管
预制工作筒
单流阀及眼管总成
丝堵

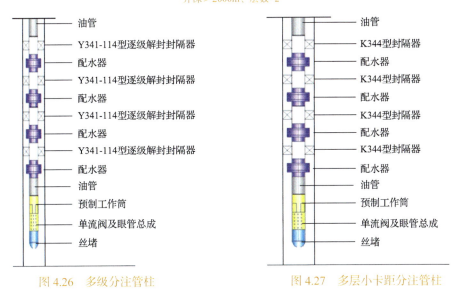

油管
Y341-114型逐级解封封隔器
配水器
Y341-114型逐级解封封隔器
配水器
Y341-114型逐级解封封隔器
配水器
Y341-114型逐级解封封隔器
配水器
油管
预制工作筒
单流阀及眼管总成
丝堵

图 4.26　多级分注管柱
层数≥3

油管
K344型封隔器
配水器
K344型封隔器
配水器
K344型封隔器
配水器
K344型封隔器
配水器
油管
预制工作筒
单流阀及眼管总成
丝堵

图 4.27　多层小卡距分注管柱

大井斜为 59.3°、最小单层配注量为 5m³、最多分注层级为 6 的要求，实现了地面与井下远距离无线双向通信和远程实时监控。试验区油井产量平稳，区块效果显著，开发形势良好。

1. 分层流量井下自动测调和生产动态远程连续监控

实现了井下自动测调、全天候达标分注和远程动态监控，注水量实时满足配注要求（图 4.29），试验前（桥式同心、桥式偏心）：2016 年 89 口分注井测调 182 井次，分注合格率 63.6%；试验后（数字式），井下自动测调，节省测调费用，分注合格率 90.3%，配注合格率 92.6%（图 4.30）。

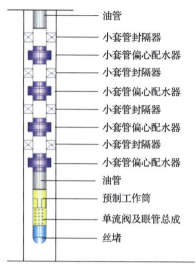

图 4.28　小套管分注管柱

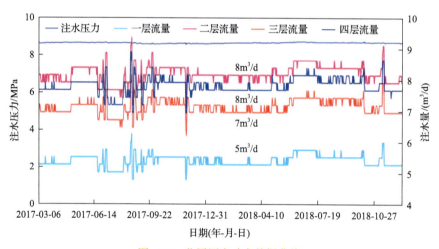

图 4.29　分层历史动态数据曲线

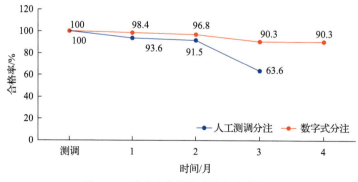

图 4.30　可对比井分注合格率变化曲线

2. 分层数据实时监测录取、回放查询，为区块精细注采调整提供依据

通过远程客户端实现历史数据查询功能，查看小层流量、压力阶段变化情况，为探索区块内测调周期、注采调整提供准确信息，实现远程发送指令、遥控井下配水器、调节注入量等功能(图 4.31)。

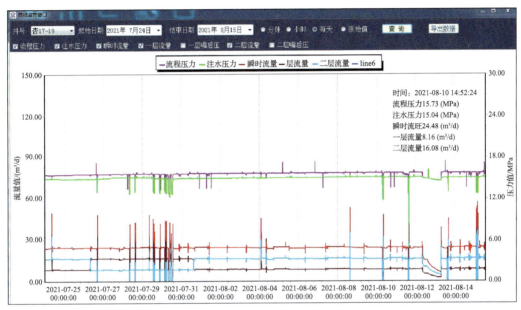

图 4.31　分层历史流量查询曲线

3. 区块和油藏注水动态监测的网络信息化

配水间实时监测分层流量、分层压力、分层累积注水量等信息；将井下传送到地面的数据接入油田内部数字化系统，传输到安装监控系统客户端的站控平台，实现远程实时监控(图 4.32)。

图 4.32　地面配水间实时数据

4. 试验区油藏效果

(1)试验区自然递减减小、含水上升率保持稳定。通过开展数字式分注试验，对比试验前，自然递减由 5.8% 下降至 2.1%，含水上升率由 3.5% 下降至 3.4%。

(2)水驱状况有所改善。试验区测试吸水剖面 15 口，平均吸水厚度由 19.3m 上升至 20.4m，水驱动用程度由 70.2% 上升至 70.9%。

(3)地层压力保持水平由 96.7% 上升至 97.4%。

对比试验前，试验区地层压力保持水平由 96.7% 上升至 97.4%；对比 B 153 试验区，试验区地层压力较全区高 0.6MPa，地层压力保持水平高 3.7%。

4.3　不动管柱在线增注技术

长庆姬塬油田长 8 储层为我国典型超低渗注水开发油藏，注水井超压欠注矛盾非常突出，降压增注措施刻不容缓。超低渗储层形成注水高压的原因很多，如储层本身的渗透率、储层岩石特征、储层孔隙及填隙物特征、注入液与储层岩石的配伍性、注入液与地层水的配伍性等。在不同油藏中，各因素对地层的伤害程度都有很大的差异。

基质酸化是提高注水井注入能力的重要技术手段，目前已经形成了多段塞注入的常规酸化模式。注水井采用常规酸化作业模式时，其典型施工程序为依次注入前置液、处理液、后置液三段酸液体系，但通过多井次的常规酸化作业发现常规酸化存在酸化作业时间长、作业程序复杂、作业环境要求高、起下管柱成本高和协调难度大等问题，同时动用大量酸罐、管汇等庞大设备，进行频繁的酸化解堵作业，不仅费时费力、费用昂贵，而且进行多井次、多层次几种酸化作业时，常规酸化模式往往由于注液过程复杂、注液量大等问题而显得力不从心[36-38]。通过大量的室内试验研究和技术攻关，提出了一种新型的适合注水井连续注入酸化工艺技术的酸液体系——螯合在线酸(chelate online acid，COA)酸液体系，该体系可有效解决注入水与地层水不配伍产生的结垢问题、注入水中的机械杂质堵塞、细菌堵塞等问题，此酸可以直接加入注入水中，随着注入水到达地层，在地层中释放 H^+ 进行酸化，可以达到深穿透的效果，此工艺能大大简化施工工艺，减少需要运输的储罐，提高酸液的使用效率，降低人力和资金成本等。

4.3.1　COA 酸液体系

COA 酸液体系是由盐酸、有机酸、有机磷酸、螯合酸、氢氟酸及相应氟盐等药剂配置而成，其为多元弱酸，适应于砂岩地层。其具有能同金属配合的 24 个 O、12 个 OH^- 和 6 个 PO_4^{3-}，属于多齿螯合剂，易形成多个螯合环，且络合物在广泛 pH 范围内皆具有极强的稳定性。COA 酸液体系中每个 P 原子上有两个易解离的羟基，它们同 P 原子的 π 键键合较弱，彼此间的影响较小，可以和金属离子配位，从而产生多核络合物。根据软硬酸碱"硬亲硬，软亲软"的原则，属于硬碱的有机酸和属于硬酸的 Ca^{2+}、Mg^{2+}、Al^{3+}、Fe^{3+}、Na^+ 金属阳离子能生成稳定的络合物。COA 酸液体系的分子中还含有 N、O 等杂原子，电负性较大，杂原子上有的未共用电子对能与金属缺电子 d 轨道反馈成键，与金属元素形成络合物，从而减少二次沉淀。

COA 酸液体系的水解平衡常数仅为 1.4×10^{-6} 左右，故水解平衡时氢氟酸的浓度很低，随着生成的氢氟酸消耗与黏土矿物的作用，平衡被破坏。为了保持水解平衡，COA 酸液体系不断地生成氢氟酸与地层砂岩矿物作用。由于 COA 酸液体系的水解反应速度很慢，可以在酸化中达到深穿透目的。

HCl 的酸度曲线只有一个突变点，而且曲线的突变部分是很陡峭的，几乎为直线，表明 HCl 是一元强酸，而且在溶液中 H^+ 是处于全部电离状态。COA 的酸度曲线有多个突变点，而且突变部分是平滑的，说明 COA 是多元弱酸，在溶液中 H^+ 是部分电离出来的，在加入 NaOH 的过程中随着 H^+ 的消耗，溶液中还会有 H^+ 逐渐电离以达到电离平衡。从 HCl 和 COA 的酸度曲线对比可以看出，HCl 的初始 pH 比 COA 低，就是说 HCl 溶液中 H^+ 浓度比 COA 高。COA 随着 H^+ 的消耗会逐渐再电离 H^+，而 HCl 不会再有 H^+ 电离出来(图 4.33)。

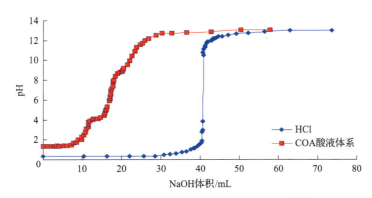

图 4.33　COA 酸液体系与 3%HCl 对比酸度曲线

1. 酸液浓度评价

酸对岩石的溶蚀特性表征的是酸液实际可溶解岩石量的多少，用溶蚀率表示。酸液不同，岩石不同，溶蚀率也不同。酸液浓度的高低决定了对储层可溶矿物的溶解量及酸化中酸的用量。对储层岩心进行溶蚀试验，主要了解各种酸液对岩心中可溶物的溶蚀率大小，从而初步确定酸液浓度。

溶蚀性试验是在理想试验情况下进行，反映的是酸液对地层的最大溶解性。然而在实际酸化操作中，与流动路径有关的每种矿物的岩石骨架中岩石结构和位置及温度等会导致矿物具有不同的溶解性。酸液浓度的确定除了通过溶蚀性确定外，还应根据储层岩石结构、储层流体特性等进行综合分析。

选取长庆岩粉样，在 COA 酸液体系下试验 2h，得到的溶蚀试验数据如表 4.11 所示。

由图 4.34 可以看出，COA 与水配比在 1∶1.5～1∶3，对单矿物的溶蚀率随酸液配比变化不大，推荐现场使用的酸液配比为 COA∶水=1∶1.5～1∶2。

表 4.11 溶蚀试验数据

岩石类型	酸液类型(体积比)	滤纸重量/g	黏土矿物重量/g	溶蚀后总重量/g	溶蚀率/%
蒙脱石	COA∶水=1∶3	0.937	5.033	4.793	23.39
	COA∶水=1∶2	0.913	4.932	4.586	25.53
	COA∶水=1∶1.5	0.940	5.040	4.387	31.61
伊利石	COA∶水=1∶3	0.915	5.080	5.720	5.41
	COA∶水=1∶2	0.932	5.011	5.638	6.09
	COA∶水=1∶1.5	0.941	5.049	5.510	9.51
高岭石	COA∶水=1∶3	0.918	5.000	4.531	27.74
	COA∶水=1∶2	0.903	5.020	4.464	29.06
	COA∶水=1∶1.5	0.942	4.998	4.319	32.43
绿泥石	COA∶水=1∶3	0.934	5.043	5.310	13.23
	COA∶水=1∶2	0.934	5.019	5.035	18.29
	COA∶水=1∶1.5	0.935	5.013	5.022	18.47
石英	COA∶水=1∶3	0.913	5.023	5.893	0.86
	COA∶水=1∶2	0.930	4.990	5.707	4.27
	COA∶水=1∶1.5	0.932	5.000	5.588	6.88
长石	COA∶水=1∶3	0.935	5.015	5.685	5.28
	COA∶水=1∶2	0.947	5.010	5.293	13.25
	COA∶水=1∶1.5	0.931	5.008	5.280	13.16

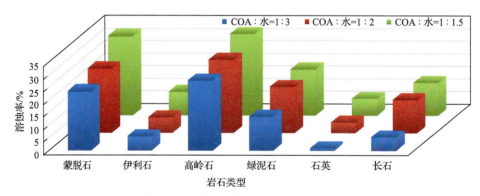

图 4.34 不同酸液体系的溶蚀速率柱状图

2. 酸液体系有效作用时间评价

1) 酸液体系有效作用时间研究

酸岩在地层温度条件下反应速度更快,这对酸液体系的有效作用时间提出了更高的要求,因此有必要研究酸液体系长效作用时间对溶蚀率的影响。长效作用时间分别为 1h、

2h、3h、4h，温度为 60℃。

　　从图 4.35 中可以看出：土酸(盐酸和氢氧酸的混合酸)溶蚀率为 16.45%～20.57%，当长效作用时间分别为 1h、2h、3h、4h 时，溶蚀率分别为 16.45%、17.36%、18.84%、20.57%，溶蚀较快，有效作用时间短。而 COA 酸液体系溶蚀率为 9.28%～16.47%，当长效作用时间分别为 1h、2h、3h、4h 时，溶蚀率分别为 9.28%、10.57%、13.48%、16.47%，表现出较强的缓速性能，有效作用时间长，有利于深部酸化。

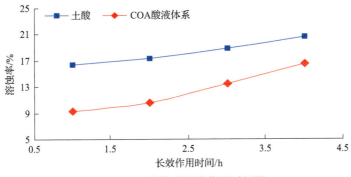

图 4.35　酸液体系长效作用时间图

2) 酸液有效作用时间微观分析

　　选择酸液类型时，首选考虑储层岩性、岩石矿物成分和伤害情况，并结合油井条件及工艺实施难度等因素综合考虑而定。砂岩储层一般由硅酸盐类颗粒、石英、长石、黏土、碳酸盐胶结物等组成。常用酸液来溶解胶结物、孔隙中充填的黏土矿物或堵塞物，达到改善储层渗流能力的目的。砂岩酸化通常采用 HCl 和 HF 或能产生 HF 的缓速酸液进行。在组成砂岩的矿物中，黏土的表面积非常大，与酸液的接触面积大，反应速度越快。HCl 主要溶解碳酸盐胶结物，HF 几乎可溶解所有砂岩矿物，尤其是对黏土矿物和胶结物具有高溶解性(表 4.12)。

表 4.12　各种黏土和微粒的主要元素组成及表面积　　　　　　(单位：m^2/g)

微粒矿物	主要元素组成	表面积
石英	Si、O	15
高岭石	Al、Si、O、H	22
绿泥石	Mg、Fe、Al、Si、O、H	60
伊利石	K、Al、Si、O、H	113
蒙脱石	Na、Mg、Ca、Al、Si、O、H	82

　　试验方案：称取 10g 黏土矿物(蒙脱石、伊利石、绿泥石、高岭石)，将其置于 105℃烘箱中 24h，然后置于干燥器中直至其冷却，再将酸液和黏土、岩粉按照 1∶10 的比例混合，在 95℃水浴锅中恒温处理 30min，将溶蚀后的黏土置于烘箱中烘干，并通过扫描电子显微镜对黏土矿物表面的微观结构进行分析，结合能谱分析对黏土表面生成的薄膜元素的种类和含量进行分析。

3) 试验结果

(1) 高岭石表面的薄膜。高岭石是最常见的黏土矿物，结晶较好的高岭石在扫描电子显微镜下呈全自形六方板状晶体，单个晶体大小为 1μm 左右，高岭石多分布在粒间，以粒间胶结物的形式产出，少量分布在粒表。高岭石的化学成分比较稳定，主要成分是 SiO_2 和 Al_2O_3。COA 酸液体系在高岭石表面生成的薄膜情况见图 4.36。

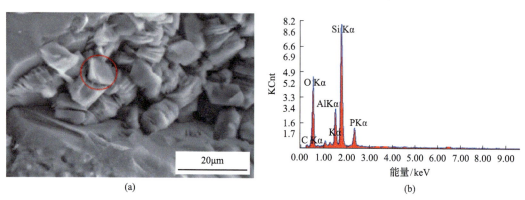

(a)   (b)

图 4.36   高岭石酸化后的 SEM 和能谱分析图

KCnt 表示信号强度，计数率

(2) 蒙脱石表面的薄膜。蒙脱石一般分布于粒表，有时也与高岭石或其他矿物分布于粒间孔中。它的主要形态有蜂窝状、网状、卷曲片状和絮状。蒙脱石中 K_2O 含量仅为 0.5%（质量分数）左右。COA 酸液体系在蒙脱石表面生成的薄膜情况见图 4.37。

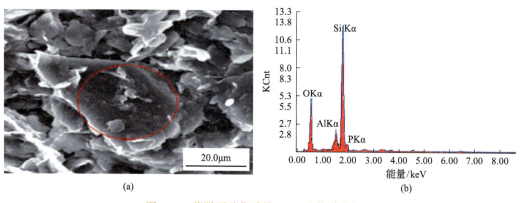

(a)   (b)

图 4.37   蒙脱石酸化后的 SEM 和能谱分析图

(3) 绿泥石表面的薄膜。绿泥石矿物在含油气盆地中一般分布在 2500m 以下，其形态多样，常见的有叶片状、绒球状、针叶状、玫瑰花状和叠层状等，绿泥石矿物或是分布在粒间，以粒间胶结物的形式出现，或是分布在粒表，与高岭石、石英等其他矿物共存。其主要成分为 SiO_2、Al_2O_3、FeO 和 MgO。COA 酸液体系在绿泥石表面生成的薄膜情况见图 4.38。

(4) 伊利石表面的薄膜。伊利石矿物在沉积岩中分布较广，具有随埋深增加而增多的趋势，伊利石的主要形态有片状、丝状和杂乱毛发状等，其主要成分为 SiO_2、K_2O 和

Al_2O_3，K_2O 含量高是伊利石矿物的重要的鉴定标志。COA 酸液体系在伊利石表面生成的薄膜情况见图 4.39。

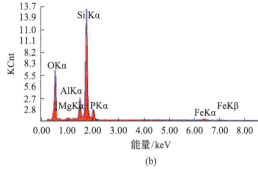

(a)　　　　　　　　　　　　　　　　(b)

图 4.38　绿泥石酸化后的 SEM 和能谱分析图

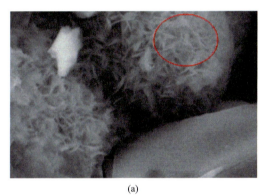
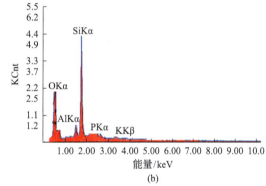

(a)　　　　　　　　　　　　　　　　(b)

图 4.39　伊利石酸化后的 SEM 和能谱分析图

能谱分析图谱中横坐标为元素跃迁能级，纵坐标为计数率，积分面积(红色区域)为元素含量(结果见表 4.13)。以上 SEM 图和能谱图说明，COA 酸液体系黏土矿物反应后都生成了薄膜，该薄膜的元素组成为 O、P、Si、Al，资料表明该薄膜为铝-硅-磷酸盐物质，它能紧密吸附在黏土矿物表面，暂时阻止酸岩反应，有效提高活性酸液穿透深度，保护岩石骨架的完整性。

表 4.13　COA 酸液体系在各黏土矿物表面上生成薄膜的元素含量　(单位：%)

元素	高岭石		蒙脱石		伊利石		绿泥石	
	质量分数	原子分数	质量分数	原子分数	质量分数	原子分数	质量分数	原子分数
C	0.56	0.90	0.00	0.00	0.00	0.00	0.00	0.00
O	30.36	38.15	39.45	49.52	40.74	51.19	29.58	39.21
Al	16.83	12.52	0.97	5.90	10.42	7.76	16.78	13.62
Si	46.87	33.54	48.77	34.88	36.87	26.39	39.98	30.16
P	5.38	1.94	3.85	1.39	8.15	2.94	7.26	2.43
Mg	0.00	0.00	0.00	0.00	1.44	1.18	0.00	0.00
K	0.00	0.00	0.00	0.00	0.00	0.00	6.4	2.43

3. 新型复合型螯合剂评价

螯合是指配体与金属离子间的一种络合，配体通常可以提供一个或多个基团与金属离子进行配位而形成稳定的空间环状结构。二、三次沉淀的生成往往与金属离子有关，因此在对沉淀进行抑制性能评价时，必须要对金属离子的螯合能力进行研究。COA 是一种氨基酸类有机酸，其与金属离子间的相互作用是一种螯合反应(图 4.40)。

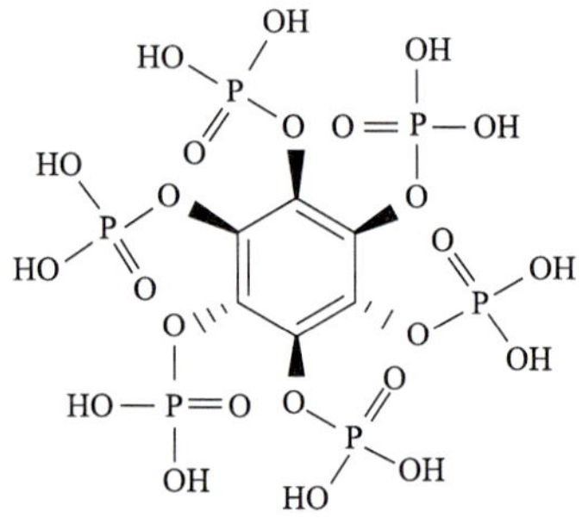

图 4.40　COA 分子结构

金属离子的螯合能力主要评价酸液对酸化过程中可能出现的金属离子的稳定能力，重点对钙、镁、铁的稳定能力进行研究，由于有机土酸体系和 COA 酸液体系中抑制沉淀物的物质类型不一样，评价方式是通过两种不同的方法进行的。

1) 钙离子螯合能力评价

(1) 土酸体系对钙离子螯合能力测定。

取 50mL 土酸放置于锥形瓶中。向酸液中分别加入一定量的 1mol/L 的 NaOH 溶液，调节 pH 到 2，再将 1g CaCl$_2$ 固体加入锥形瓶溶液中，观察酸液的沉淀情况，放在 90℃高温下 2h，然后将酸液进行过滤。

通过表 4.14 可知，在 pH 调高的情况下生成 CaF$_2$ 沉淀，理论生成沉淀量为 0.7027g，实际生成沉淀量为 0.6781g，经计算可得土酸对钙离子沉淀抑制能力(螯合能力)为 0.252mg/g，说明土酸不具备螯合钙离子的能力。

表 4.14　钙离子沉淀抑制率测定结果

酸液类型	理论生成沉淀量/g	滤纸质量/g	烘干重/g	沉淀量/g	钙离子螯合能力/(mg/g)
12%HCl+2%HF	0.7027	0.9742	1.6523	0.6781	0.252

注：烘干重指沉淀+滤低烘干后的重量。

(2) COA 酸液体系对钙离子螯合能力测定。

准确称取 2.0g COA 原酸，加入去离子水并定容至 500mL 容量瓶，用移液管吸取 100mL 至锥形瓶中，加入 NH$_3$-NH$_4$Cl 缓冲溶液调节 pH 为 10 左右，再加 1~2 滴混合指示剂，用乙酸钙标准溶液滴定至溶液变为紫红色。

NH$_3$-NH$_4$Cl 缓冲溶液：取 54g 氯化铵与 350mL 氨水，用水定容至 1000mL，溶液 pH=10。

乙酸钙标准溶液浓度：0.25mol/L。

混合指示剂：氯化钾、萘酚绿、酸性铬蓝 K(质量比为 40:2:1)。

螯合钙的能力用样品螯合 Ca^{2+} 的量表示，数值单位为 mg/g，按下式计算：

$$\omega(Ca) = \frac{C_1 \times V_1 \times M}{m_1 \times V_2 \times V_3}$$

式中，C_1 为乙酸钙溶液浓度，mol/L；V_1 为消耗乙酸钙体积，mL；M 为钙的摩尔质量，g/mol；m_1 为样品质量，g；V_2 为 500mL 容量瓶校准后的准确体积数值，mL；V_3 为 100mL 移液管校准后的准确体积数值，mL。

综合上面两组试验可以看出(表 4.15)，土酸基本没有螯合钙离子的能力，而 COA 酸液体系对钙离子螯合能力很强，通过三次滴定试验结果可以看出，COA 酸液体系对钙离子的螯合能力最高达到 255mg/g，平均为 253.3mg/g。

表 4.15　钙离子螯合能力

样品编号	乙酸钙体积/mL	钙离子螯合能力/(mg/g)	平均值/(mg/g)
1	10.1	252.5	
2	10.2	255	253.3
3	10.1	252.5	

2)镁离子螯合能力评价

(1)土酸体系对镁离子螯合能力的测定。

取 50mL 配置好的土酸放置在锥形瓶中。向酸液中加入一定量的 1mol/L 的 NaOH 溶液，调节 pH 到 2，再将 1g $MgCl_2$ 固体加入锥形瓶溶液中，如果没有产生沉淀，则继续加入，观察酸液的沉淀情况。

可知，在 pH 调高的情况下，生成 $MgCl_2$ 沉淀，理论生成沉淀量为 0.6526g，实际生成沉淀量为 0.6354g，经计算可得土酸对 Mg^{2+} 的沉淀抑制能力(螯合能力)为 0.1332mg/g，说明土酸不具备螯合镁离子的能力(表 4.16)。

表 4.16　Mg^{2+}离子沉淀抑制率测定结果

酸液类型	理论生成沉淀量/g	滤纸质量/g	烘干重/g	沉淀量/g	镁离子螯合能力/(mg/g)
12%HCl+2%HF	0.6526	0.9816	1.6170	0.6354	0.1332

(2)COA 酸液体系对镁离子螯合能力的测定。

称取 2g COA 原酸，用水稀释到 50mL，加 5mL NH_4Cl-NH_3(pH=11)的缓冲溶液。用 0.5mol/L 的 Mg^{2+} 标准溶液滴定至浑浊(持续 30s 以上)，即为终点，记录所消耗的镁标准溶液的体积 V(mL)。

0.5mol/L 标准溶液:准确称取结晶氯化镁($MgCl_2 \cdot 6H_2O$)101.5g，用蒸馏水稀释至 1L。

NH_4Cl-NH_3(pH=11)的缓冲溶液:用蒸馏水溶解 6g 纯 NH_4Cl 和 414mL 氨水，该缓冲溶液 pH 为 11，用容量瓶定容到 1000mL。

结果处理：

$$\omega(\text{Mg}) = \frac{12V}{W}$$

式中，V 为消耗的 Mg^{2+} 标准溶液的体积，mL；W 为样品重量，g。

通过三次滴定试验结果可以看出，COA 酸液体系对铁离子的螯合能力最高达到 159.0mg/g，平均为 158.0mg/g（表 4.17）。

表 4.17 Mg^{2+}螯合能力

编号	标准液体积/mL	Mg^{2+}螯合能力/(mg/g)	平均值/(mg/g)
1	26.5	159.0	
2	26.2	157.2	158.0
3	26.3	157.8	

3）铁离子螯合能力评价

（1）土酸体系对铁离子的螯合能力的测定。

取 50mL 配置好的土酸放置于锥形瓶中。向酸液中分别加入一定量的 1mol/L 的 NaOH 溶液，调节 pH 到 2，再将 1g $FeCl_2$ 固体加入锥形瓶溶液中，观察酸液的沉淀情况。

在 pH 调高的情况下，生成 $FeCl_3$ 沉淀，理论生成沉淀量为 0.7401g，实际生成沉淀量为 0.7249g，经计算可得土酸对铁离子的沉淀抑制能力（螯合能力）为 0.3040mg/g，说明土酸不具备螯合铁离子的能力（表 4.18）。

表 4.18 铁离子沉淀抑制率测定结果

酸液类型	理论生成沉淀量/g	滤纸质量/g	烘干重/g	实际生成沉淀量/g	铁离子螯合能力/(mg/g)
12%HCl+2%HF	0.7401	0.9771	1.7020	0.7249	0.3040

（2）COA 酸液体系对铁离子螯合能力的测定。

称取 2g COA 原酸，加入去离子水并定容至 500mL 容量瓶，取 5mL 混合溶液置于 250mL 锥形瓶中，加入 50mL 去离子水，移取 10mL $NH_4Fe(SO_4)_2 \cdot 12H_2O$ 溶液和两滴 $C_7H_6O_6S \cdot 2H_2O$（磺基水杨酸）指示剂，用乙二胺四乙酸（EDTA）标准溶液滴定至溶液变为黄色结束。

标准溶液：0.1mol/L 十二水硫酸铁铵溶液；0.05mol/L EDTA 标准溶液；2%磺基水杨酸溶液。

结果处理：

$$\omega(\text{Fe}) = \frac{(V_b - V_a) \times C_2 \times 0.0559 \times 10^3}{m_2 \times V_d / V_c}$$

式中，V_a 为消耗 EDTA 标准溶液体积，mL；V_b 为空白试验消耗 EDTA 标准溶液体积，mL；C_2 为 EDTA 标准溶液浓度，mol/L；m_2 为样品质量，g；V_c 为 500mL 容量瓶校准后体积，mL；V_d 为 5mL 移液管校准后体积，mL。

通过三次滴定试验结果可以看出，COA 对铁离子的螯合能力最高达到 447.2mg/g，平均值为 442.5mg/g（表 4.19）。

表 4.19　铁离子螯合能力

编号	消耗 EDTA 体积/mL	空白 EDTA 体积/mL	铁离子螯合能力/(mg/g)	平均值/(mg/g)
1	15.2	18.4	447.2	
2	15.3	18.4	433.2	442.5
3	15.2	18.4	447.2	

4）螯合剂螯合能力对比评价

将新型 COA 酸液体系与常规的螯合剂对 Ca^{2+}、Mg^{2+}、Fe^{3+} 的螯合性能进行对比，结果如表 4.20 所示。

表 4.20　各种螯合剂对 Ca^{2+}、Mg^{2+}、Fe^{3+} 的螯合情况　　　（单位：mg/g）

螯合剂类型	Ca^{2+} 螯合能力	Mg^{2+} 螯合能力	Fe^{3+} 螯合能力
羟乙基乙二胺三乙酸盐	140	65	145
二羟乙甘氨酸盐	116	70	165
水解聚马来酸酐	146	55	215
柠檬酸铵	104	104	115
COA	253	158	442.5

从表 4.20 中的数据可以看出：COA 对 Ca^{2+}、Mg^{2+}、Fe^{3+} 的螯合能力最强，尤其对 Ca^{2+}、Fe^{3+} 的螯合能力远高于其他的螯合剂，对 Ca^{2+}、Fe^{3+} 的高效螯合能够防止酸化过程中 Ca^{2+}、Fe^{3+} 的二次沉淀。

4. COA 酸液体系沉淀抑制性能评价

砂岩酸化过程中二次沉淀的生成是不可避免的，在常规基质酸化处理过程中，首先注入前置液，是为了降低二次沉淀的产生。当矿物与氢氟酸反应时，有许多二次产物形成。酸液随着反应的进行不断消耗后，引起 pH 升高，从而进一步增大沉淀生成的可能性。因此二次沉淀的抑制性能成为连续注入酸液体系研究的重点。通过对二次沉淀、三次沉淀的归纳和分析，可将沉淀分为金属氟化物、氟硅酸盐、氟铝酸盐、氢氧化物四类，因此本节重点研究有机土酸、COA 对这四类沉淀的抑制能力。砂岩酸化过程中最常用的为土酸体系，因此本节对沉淀抑制能力评价过程中以土酸为基准，计算其他酸液相对土酸的抑制能力。

1）金属氟化物沉淀抑制性能研究

砂岩储层酸化可能会生成的金属氟化物主要有 CaF_2、MgF_2、NaF、KF，其中 NaF 在常温下的溶解度为 4.06g，KF 在 20℃下的溶解度为 94.9g。这类沉淀可在酸化开始阶段的酸性环境中生成，沉淀生成区域接近井眼附近，对于酸化作用范围和储层伤害都有较大的影响,此研究中以 NaF 为主。

试验方法:分别取土酸、氟硼酸、多氢酸、有机土酸体系及 COA 溶液各 20mL 放置在试管中(表 4.21),五种酸液有效含氟量一致(氟电极测定),在五种酸液中分别加入 1g Na_2CO_3,然后再加入 1g Na_2CO_3,观察两次加入 Na_2CO_3 后的沉淀情况,再将五个试管放置在 90℃水浴锅中 2h,观察沉淀的变化情况。待反应完毕后进行过滤、烘干并称重,计算沉淀抑制率。

表 4.21 不同酸液沉淀抑制性能研究

酸液类型	未加 Na_2CO_3		第一次加 Na_2CO_3		第二次加 Na_2CO_3	
	pH	有无沉淀	pH	有无沉淀	pH	有无沉淀
土酸	0.5	无	1.5	浑浊	2.05	浑浊
氟硼酸	0.65	无	2.36	无	4.38	逐渐生成沉淀
多氢酸	0.5	无	1.5	无	1.85	乳浊液
有机土酸	0.4	无	0.87	无	1.65	乳浊液
COA	0.5	无	0.98	无	1.5	乳浊液

由图 4.41 可知,有机土酸、COA 和多氢酸酸液体系对沉淀具有良好的悬浮性,且有机土酸体系、COA 在高温下表现出良好的抑制二次沉淀的作用。

图 4.41 淀抑制性能

由图 4.41 和表 4.22 可知,常温下各酸液体系中均有氟化物沉淀生成,在加入相同质量的 Na_2CO_3 后,土酸最开始产生沉淀,其次为氟硼酸。各种酸液类型对氟化物的沉淀抑制率大小为:COA>有机土酸>多氢酸>氟硼酸>土酸。由表 4.22 可知,有机土酸体系和 COA 对氟化物沉淀表现出良好的抑制性,尤其是 COA。

表 4.22 NaF 沉淀抑制率测定

酸液类型	滤纸质量/g	烘干重/g	沉淀量/g	沉淀抑制率/%
土酸	1.0405	1.5990	0.5585	0
氟硼酸	1.0525	1.3814	0.3289	41.11
多氢酸	1.0514	1.3694	0.318	43.06
有机土酸	1.0455	1.297	0.2515	54.97
COA	1.0635	1.2237	0.1602	71.31

2）氟硅酸盐沉淀抑制能力研究

当 Na^+、K^+、Ca^{2+}、Mg^{2+} 等离子浓度足够高时，氟硅化合物或氟铝化合物就能与黏土和正长石中释放的金属离子反应，从而生成氟硅酸盐和氟铝酸盐沉淀。因此，试验过程中必须要进行氟硅酸盐沉淀抑制的评价，常见的生成氟硅酸盐和氟铝酸盐的反应方程式如下所示：

$$2Na^+ + SiF_6^{2-} \rightleftharpoons Na_2SiF_6, \quad K_{sp} = 4.4 \times 10^{-5}$$

$$2K^+ + SiF_6^{2-} \rightleftharpoons K_2SiF_6, \quad K_{sp} = 2 \times 10^{-8}$$

$$3Na^+ + AlF_3 + 3F^- \rightleftharpoons Na_3AlF_6, \quad K_{sp} = 8.7 \times 10^{-18}$$

$$2K^+ + AlF_4 + F^- \rightleftharpoons K_2AlF_5, \quad K_{sp} = 7.8 \times 10^{-10}$$

式中，K_{sp} 为溶度积常数。

试验方法：分别配置土酸、氟硼酸、多氢酸、有机土酸及 COA 溶液各 20mL 放置在试管中，在五种酸液中分别加入 1mol/L 的 Na_2SiO_3 溶液，观察沉淀的产生情况。然后将五种酸液于 90℃水浴锅中水浴 2h，然后观察沉淀情况（表 4.23）。

表 4.23　加入不同体积的 Na_2SiO_3 溶液后的混合液沉淀情况

酸液类型	加入不同体积的硅酸钠溶液后的混合液沉淀情况					
	1mL	2mL	3mL	4mL	5mL	6mL
土酸	澄清、透明	澄清、透明	微浑	沉淀	沉淀	沉淀
氟硼酸	澄清、透明	澄清、透明	澄清、透明	微浑	沉淀	沉淀
多氢酸	澄清、透明	澄清、透明	澄清、透明	澄清、透明	微浑	沉淀
有机土酸	澄清、透明	澄清、透明	澄清、透明	澄清、透明	微浑	浑浊
COA	澄清、透明	澄清、透明	澄清、透明	澄清、透明	微浑	微浑

通过在五种酸液中加入硅酸钠溶液，发现五种酸液对氟硅酸盐沉淀的抑制能力为：COA＞有机土酸＞多氢酸＞氟硼酸＞土酸，其中 COA 对沉淀抑制能力最强，其次为有机土酸。

3）氟铝酸盐沉淀抑制能力研究

氟铝酸盐是三次反应后形成的沉淀，其典型反应式如下：

$$AlF_2^+ + M\text{-}Al\text{-}Si(铝硅酸盐) + 4H^+ + H_2O \longrightarrow 2AlF^{2+} + M^+ + Si(OH)_4 \downarrow$$

根据氟铝酸盐产生的离子反应式，可得出 AlF_3 的产生对氟铝酸盐沉淀的产生至关重要。因此对 AlF_3 沉淀的产生情况进行研究，可以间接反映出氟铝酸盐的沉淀情况，分别配置五种酸液，然后分别取 20mL 酸液置于试管中，各加入 1g 的 $Al_2(SO_4)_3$ 固体，拍照后将五个试管放置在 90℃的水浴锅中 2h，2h 后观察沉淀的变化情况。将反应后的液体过滤并称重，计算溶解率。

由图 4.42 和表 4.24 可以看出，五种酸液对 AlF_3 沉淀的抑制率大小为：有机土酸>多氢酸>COA>氟硼酸>土酸，其中有机土酸对 AlF_3 沉淀的抑制能力最强。因此，可以间接反映出有机土酸对氟铝酸盐沉淀的抑制能力最强。

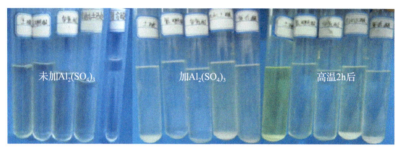

未加 $Al_2(SO_4)_3$　　加 $Al_2(SO_4)_3$　　高温 2h 后

图 4.42　氟铝酸盐沉淀抑制能力评价

表 4.24　AlF_3 沉淀抑制率测定

酸液类型	滤纸重/g	烘干重/g	沉淀量/g	沉淀抑制率/%
土酸	0.9684	1.0494	0.081	0
氟硼酸	0.9663	1.0325	0.0662	18.27
多氢酸	0.9685	1.0231	0.0546	32.59
有机土酸	0.9646	1.0090	0.0444	45.19
COA	0.9516	1.0123	0.0607	25.06

4）氢氧化物沉淀抑制能力研究

砂岩储层酸化过程中，氢氧化物沉淀以 $Fe(OH)_3$ 及 $Al(OH)_3$ 最为常见，研究表明在酸化后期当 pH 上升时，$Fe(OH)_3$ 在 pH 大于 2.2 时即会沉淀，而 $Al(OH)_3$ 在 pH 为 3 时开始沉淀。

试验方法：分别配置 0.5mol/L 的 $FeCl_3$、$AlCl_3$ 溶液，然后准备四种酸液——盐酸、有机酸、多氢酸、COA（每种酸液均将 pH 调至 0.5 左右），各种酸液和盐类各取 30mL 混合，用 1mol/L 的 NaOH 溶液进行滴定，直到产生沉淀为止，记录 NaOH 溶液的用量。同时，将滴定后产生沉淀的液体进行过滤，并计算溶解率。

（1）$Al(OH)_3$ 沉淀抑制性。

当四种酸液体系滴定到相同的 pH 情况下，COA 产生的沉淀量较小，溶液较澄清，而其他三种酸液可以看到比较明显的浑浊现象，从表 4.25 中的数据可以看出：COA 在 pH 为 4.5 时才开始产生沉淀，而盐酸在 pH 为 3 时即已产生沉淀，有机酸与多氢酸在 pH 为 3.5 开始产生沉淀（图 4.43）。可以看出除 COA 相比于盐酸对沉淀的抑制率达到 79.22%，当酸化过程中酸液 pH 逐渐升高后，COA 能够很好地抑制沉淀物的产生。四种酸液体系

对 $Al(OH)_3$ 的抑制能力大小为：COA>多氢酸>有机酸>盐酸（表 4.25）。

图 4.43　不同酸液 $Al(OH)_3$ 沉淀抑制照片

表 4.25　$Al(OH)_3$ 沉淀抑制情况

酸液类型	开始沉淀时的 pH	沉淀量/g	沉淀抑制率/%
盐酸	3	6.7691	0
有机酸	3.5	2.9153	56.93
多氢酸	3.5	2.0690	69.43
COA	4.5	1.4069	79.22

（2）$Fe(OH)_3$ 沉淀抑制性。

当四种酸液体系滴定到相同的 pH 时，COA 产生的沉淀颜色较浅，盐酸产生的沉淀颜色很深，从表 4.26 中的数据看出：COA 在 pH 为 4 时才开始明显观察到沉淀产生，而盐酸在 pH 为 2.5 左右时，可明显观察到有沉淀产生，有机酸与多氢酸在 pH 为 3 时观察到沉淀产生，多氢酸比有机土酸略好（图 4.44）。通过分析可知 COA 对 $Fe(OH)_3$ 的抑制能力很强，同时相比于盐酸对沉淀的抑制率达到 51.54%，当酸化过程中酸液 pH 逐渐升高后，COA 能够很好地抑制沉淀物的产生。四种酸液体系对 $Fe(OH)_3$ 的抑制能力大小为：COA>多氢酸>有机酸>盐酸（表 4.26）。

表 4.26　$Fe(OH)_3$ 沉淀抑制情况

酸液类型	开始沉淀时的 pH	沉淀量/g	沉淀抑制率%
盐酸	2.5	4.2354	0
有机酸	3	2.9382	30.63
多氢酸	3	2.8219	33.37
COA	4	2.0523	51.54

5. COA 酸液体系综合性能评价

在确定了酸液浓度之后，必须对酸液体系的综合性能进行评价。一般对酸液配方的基本性能要求是：与地层流体配伍、稳定铁离子性能强、防膨性能好、腐蚀性能较低。

1）COA 配伍性能评价

（1）试验条件。

图 4.44 不同酸液 Fe(OH)$_3$ 沉淀抑制照片

试验温度：室温、60℃（地层温度 60℃）。

添加剂：缓蚀剂、铁离子稳定剂、黏土稳定剂、助排剂和破乳剂。

酸量：10mL。

（2）试验结果。

试验结果见表 4.27。

表 4.27 配方酸液的配伍性试验结果

酸液类型	酸液配方（体积比）	温度	颜色	透明度	沉淀	分层
盐酸	12%HCl+添加剂	室温	茶色	透明	无	无
		90℃	茶色	透明	无	无
COA	COA：水=1：2	室温	红棕色	透明	无	无
		90℃	红棕色	透明	无	无

由表 4.27 可以看出：加入各种添加剂后，COA 均与添加剂具有良好的配伍性，在一定的时间内，具有较好的稳定性。

2）COA 表面张力测定

（1）试验条件。

试验仪器：JZHY-180 界面张力仪。

试验温度：室温。

（2）试验结果。

分别对四种酸液进行表面张力测定，试验结果见表 4.28。

表 4.28 配方酸液的表面张力测定

酸液类型	配方酸液	表面张力/(mN/m)	
		鲜酸	残酸
盐酸	12%HCl+添加剂	21.5	22.6
有机酸	12%HCl+2%HF+添加剂	21.8	22.1
COA	COA：水=1：2	20.2	21.4

试验结果表明，COA 酸液体系具有较低的表面张力。

3）COA 防膨性能评价

试验仪器：WZ-1 型页岩膨胀仪。

试验采用 COA 系列酸液配方进行，试验结果见表 4.29。

表 4.29　不同黏土稳定剂防膨效果筛选　　　　　　　　　　　　（单位：%）

酸液类型	配方酸液	24h 膨胀率	最终膨胀率降低值
淡水		97.85	
盐酸	12%HCl+添加剂	60.23	38.44
有机酸	12%HCl+2%HF+添加剂	59.30	39.40
COA	COA：水=1：2	47.20	51.76

COA 酸液体系 24h 膨胀率为 47.20%，最终膨胀率降低 51.76%，降低幅度最大，说明 COA 酸液体系的性能优于有机酸和盐酸。

4）COA 稳定铁离子性能评价

试验方法：邻菲罗啉法。

试验仪器：722 型光栅分光光度计、分析天平、自动滴定仪等。

酸液类型：COA：水=1：2。

在酸液中加入铁离子稳定剂，测定酸液 pH=3.5 时各种铁离子稳定剂稳定铁离子的能力。试验方法按照《酸化用铁离子稳定剂性能评价方法》（SY/T 6571—2012）标准（表 4.30）。

表 4.30　不同铁离子稳定剂稳定铁离子的能力试验结果

酸液类型	pH=0.5 时酸液含铁总量/(mg/L)	铁离子稳定剂类型	铁离子稳定剂加量/%	pH=3.5 时稳定铁量/(mg/L)	稳定铁离子的能力/%
盐酸	1284.19	无		597.15	46.5
有机酸	1320.12	无		648.18	49.1
COA	1367.41	无		928.47	67.9
盐酸		1	1%	1171.87	85.7
有机酸		2	1%	1196.48	87.5
COA		3	1%	1126.75	82.4

未加铁离子稳定剂的盐酸和有机酸酸液稳定铁量低，分别只有 46.5%和 49.1%，而 COA 未加铁离子稳定剂时稳定铁离子能力达到了 67.9%；加入 1%铁离子稳定剂后，稳定铁离子的能力达到了 85.2%，表现出较好的稳定铁离子能力，说明 COA 的稳定铁离子的性能明显优于盐酸和土酸酸液。

5）COA 缓蚀性能评价

试验方案。

(1)试验条件。

试验类型：常压静态。

试验温度：60℃。

试验钢片：N80钢片。

酸液体系：有机酸、12%HCl+2%HF。

COA：水(体积比)=1：2。

(2)试验步骤。

酸液是具有较强腐蚀性的液体，对设备和管柱都有腐蚀作用，因此必须加入一定量与之配伍的缓蚀剂后，在试验室进行腐蚀试验，以便更好地了解酸液的缓蚀性能。根据目标储层温度，确定试验温度为60℃，试验具体内容如下。

(3)试验方法。

利用失重法，试验程序和标准参照《酸化用缓蚀剂性能试验方法及评价指标》(SY/T 5405—2019)。

①在石油醚中用软刷清洗N80钢片，去除油污，并将N80钢片在无水乙醇中浸泡1min后取出用冷风吹干，放入干燥器20min后称重，测量其尺寸并记录。

②配置所需的酸液，将其置于烧杯中。

③将N80钢片放入烧杯中，保证其不和杯壁接触，且全部淹没在酸液中。

④密封，将其放入所需温度的水浴锅中，静置4h。

⑤待试验结束后，取出N80钢片，观察后立即用蒸馏水冲洗，再用软刷刷洗；最后用丙酮、无水乙醇清洗，并将其放在滤纸上，待称重。

(4)数据处理。

腐蚀速率按下式计算：

$$V_t = \frac{10^6 \Delta m_t}{A_t \cdot \Delta t}$$

式中，V_t为钢片腐蚀速率，$g/(m^2 \cdot h)$；Δt为反应时间，h；Δm_t为钢片腐蚀失重量，g；A_t为钢片表面积，m^2。

(5)酸液缓蚀效果分析。

N80钢片在常压静态条件下进行试验，其结果如表4.31所示。

表4.31　缓蚀剂的缓蚀性能评价

酸液类型	酸液配方	编号	缓蚀剂浓度/%	试验温度/℃	平均腐蚀速率/[g/(m²·h)]	腐蚀现象
土酸	12%HCl+2%HF	1	1%	60	1.9865	均匀腐蚀
		2	1%	60	2.0465	均匀腐蚀
		3	1%	60	2.0312	均匀腐蚀
COA	COA：水=1：2	1	1%	60	0.8617	均匀腐蚀
		2	1%	60	0.7744	均匀腐蚀
		3	1%	60	0.9679	均匀腐蚀

有机酸对 N80 钢片的平均腐蚀速率为 2.0214g/(m² · h)，腐蚀过后钢片表面失去金属光泽，腐蚀较严重；COA 酸液体系的平均腐蚀速率为 0.8680g/(m² · h)，明显低于土酸，达到行业一级标准；腐蚀均匀，未出现坑蚀现象，且钢片表面依然保持金属光泽，说明 COA 酸液体系具有较好的缓蚀性能(图 4.45)。

酸液类型	酸液配方	酸腐蚀前			酸腐蚀后		
		1	2	3	1	2	3
土酸	12%HCl +2%HF						
COA	COA：水=1：2		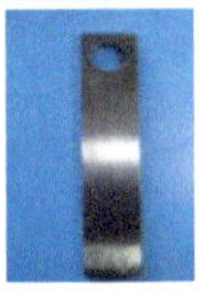		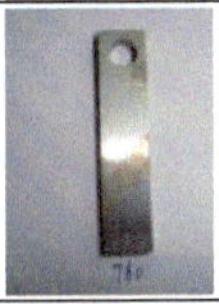		

图 4.45　N80 钢片腐蚀前后照片对比

6) 酸液岩心流动试验

利用高温、高压岩心酸化效果试验仪在一定温度、压力条件下，分别将有机酸、COA 酸液体系在室内模拟现场施工顺序连续注入岩心，再根据酸化前后岩心渗透率的变化分析对比酸化效果。

(1)试验方案。

试验温度：60℃。

驱替压力：根据实际驱替情况确定。

试验围压：始终高于驱替压力 1.5～2MPa。

酸液体系：

处理液：COA：水(体积比)=1：1.5～1：2。

基液：3%NH₄Cl。

基液：$3\%NH_4Cl$。

(2)试验步骤。

启动前检查：检查恒流泵、夹持器、加热箱电源是否连接好；装置中各高压阀是否处于关闭状态(图 4.46)。

运行前准备：取处理好的岩心放入夹持器中施加相应围压，按要求调节温度控制仪温度，将夹持器加热至预定温度；注液前将储罐内活塞提出，先注入一定量的清水，根据所配制的各种液体体积量预留出相应的储罐空间，将各种液体注入相应储罐中，1 号罐注入基液，2 号罐注入处理液。

开启恒流泵，驱替基液储罐活塞，排出管线中的空气，根据岩心渗透率大小选定驱替压力。

按选定的注液顺序进行驱替试验，在一定的压差下测定基液通过岩心流动时的渗透率；待流量稳定后，关闭基液储罐，储罐注入处理液，同样，注入处理液时随时观察岩

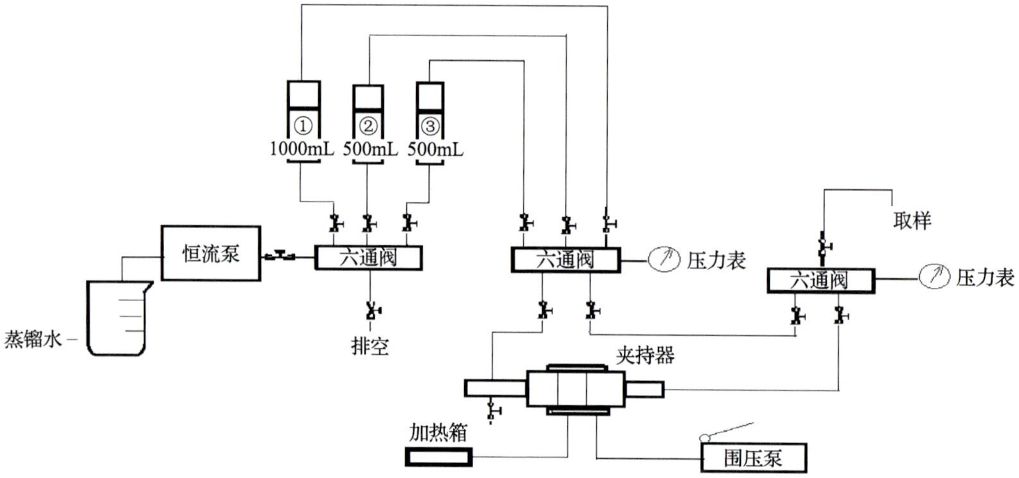

图 4.46　流动试验示意图

心渗透率变化，待注入处理液达到要求的 PV 数且驱替稳定后，倒罐注入基液；用基液继续进行驱替，以确定酸化后地层渗透率的改善情况。

试验时记录岩心入口压力 P_1(注入压力)、出口压力 P_2(驱替回压)、围压，测定流出流量 V_i 和取样时间 Δt_i。

采用地层水(基液)测得的渗透率为基准渗透率 K_0；其他液体测得的渗透率为 K_i；作出 K_i/K_0-PV_i 关系曲线，分析 K_i/K_0-PV_i 的变化，即可分析该注酸顺序下的酸化效果。

关闭恒流泵、夹持器、加热箱；排出各储罐余液并清洗储罐，卸围压，取出岩心。

(3)数据处理。

岩心渗透率按下式计算：

$$K = \frac{V_i \mu L}{A \Delta P} \times 10^{-3}$$

式中，K 为岩心渗透率，μm^2；ΔP 为岩心两端压差，MPa，$\Delta P = P_1 - P_2$；μ 为液体黏度，mPa·s；L 为岩心长度，cm；A 为岩心横截面积，cm^2；V_i 为 Δt_i 时间内流出液体体积，cm^3，其中 Δt_i 为取样时间，s。

$$PV = V_1 / V_0$$

式中，V_0 指孔隙体积 PV 为用孔隙体积倍数(PV 数)表示的累积注入液量。

采用基液(3%NH$_4$Cl)测定的渗透率为基准渗透率为 K_0；其他液体测得的渗透率为 K；用计算机绘制 K/K_0-PV 关系曲线，分析 K/K_0-PV 变化，即可分析该注酸顺序下的酸化效果。

7)有机酸岩心酸化流动试验

试验选用的酸液为土酸体系(12%HCl+2%HF)，酸化效果试验 K/K_0 与孔隙体积倍数 PV 的关系如图 4.47 所示。

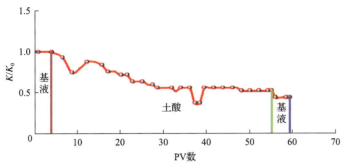

图 4.47　1 号岩心土酸酸化效果曲线

试验结果表明，当土酸作为单步酸时，注入土酸阶段渗透率逐渐降低，酸液流过 1 号岩心时，渗透率明显低于初始渗透率，可能是酸液与储层岩石接触后溶解 $CaCO_3$、$MgCO_3$ 等矿物形成 CaF_2、MgF_2 等沉淀造成孔隙堵塞，随着注液过程的进行，渗透率进一步降低，最终渗透率降为原始渗透率 0.44，酸化效果很差（表 4.32）。

表 4.32　土酸酸化渗透率恢复结果

岩心编号	温度/℃	K/K_0		
		正驱基液（第 1 阶段）	正驱有机酸（第 2 阶段）	正驱基液（第 3 阶段）
1 号	60	1	0.52	0.44

8）COA 酸化流动试验

试验选用 COA 酸液体系浓度为 COA：水为 1：1.5 和 1：2 时，酸化效果试验 K/K_0 与孔隙体积倍数 PV 的关系曲线如图 4.48、图 4.49 所示。

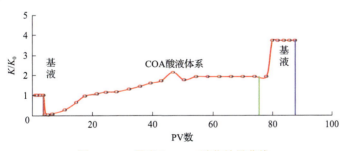

图 4.48　2 号岩心 COA 酸化效果曲线

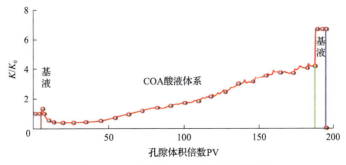

图 4.49　3 号岩心 COA 酸化效果曲线

采用 COA 作为连续注入酸化酸液,COA 与注入水按照 1∶1.5 和 1∶2(体积比,下同)混配进行岩心酸化流动试验(表 4.33)。

表 4.33　COA 酸化渗透率恢复结果

岩心编号	温度/℃	注入酸液浓度(COA∶水)	K/K_0		
			正驱基液(第 1 阶段)	正驱 COA(第 2 阶段)	正驱 COA(第 3 阶段)
2 号	60	1∶2	1	1.89	3.7
3 号	60	1∶1.5	1	4.2	6.7

试验结果表明,2 号岩心采用混配比例为 COA∶注入水=1∶2,酸驱替后渗透率降低幅度较大,之后渗透率逐步升高,最终渗透率提高 3.7 倍;3 号岩心采用混配比例为 COA∶注入水=1∶1.5,酸驱替后渗透率降低幅度较大,但之后渗透率一直升高,最终渗透率提高 6.7 倍,酸化改造效果显著。说明 COA 酸液体系可以作为连续注入酸化酸液体系。

4.3.2　不动管柱在线注入酸化工艺

目前国内外解堵增注技术采用的化学降压增注方法有土酸酸化、多氢酸酸化、缓速酸酸化等,但该类方法由于酸液浓度高(pH 小于 1),腐蚀严重,必须起下生产管柱,采用专用的酸化管柱才能施工,不然会造成油管破漏、断裂等安全生产事故。

为了保证措施增注效果,常用的酸化增注工艺多采用"前置酸+处理液+后置液+返排洗井"的施工工艺,其中前置酸的作用主要用于溶解碳酸岩盐、隔离地层水、维持较低的 pH、防止沉淀产生;处理液为溶解堵塞物的主要酸液;后置液为净化反应带,防止二次沉淀,保证酸化效果;返排洗井是将残酸和地层中的溶蚀产物返排出井筒,防止污染储层,缺点是增注措施施工复杂、施工周期长。为克服这一困难,研发了一种用于环江油田的连续注入酸化工艺,将酸液与注入水混合后直接注入地层,对井筒附近的堵塞物进行有效溶解,扩大渗流通道[39,40]。

1. 注入设备

结合长庆油田姬塬油田长 8 油藏注水压力高(19~22MPa)的特点,配套了"小排量、移动式"在线注入设备,该设备由五部分组成:液压双隔膜计量泵、酸液储罐、控制系统、高压耐酸管线及特种卡车(表 4.34)。

表 4.34　注入设备组成设备性能表

序号	名称	性能特点
1	液压双隔膜计量泵	功率 P_r=22kW,排量 Q_{max}=650L/h,泵压=40MPa
2	酸液储罐	最大容量 5m³
3	控制系统	启停计量泵、调控排量大小
4	高压耐酸管线	承压 50MPa
5	特种卡车	解放 J60 卡车

2. 施工工艺优化

1) 不同浓度的酸液溶蚀性能评价

酸液与矿物的溶蚀试验表明,当 COA:水为 1:1.5~1:3 时,矿物溶蚀度较好,且当 COA:水=1:1.5 时,矿物的溶蚀率最佳(图 4.50)。

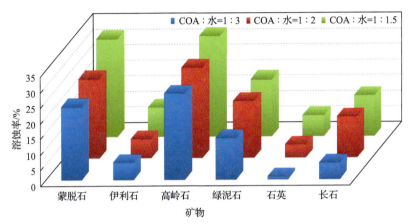

图 4.50　不同浓度螯合酸与单矿物的溶蚀试验对比

2) 不同浓度的酸液岩心流动性试验

螯合酸在两种浓度下的岩心流动试验表明,当 COA:水为 1:1.5 时,岩心渗透率提高了 12.61 倍,酸化效果显著(表 4.35)。因此将最佳酸水比设为 1:1.5。

表 4.35　COA 酸化岩心渗透率恢复结果表

岩心编号	COA:水	温度/℃	K/K_0		
			正驱基液(第 1 阶段)	正驱 COA(第 2 阶段)	正驱基液(第 3 阶段)
1 号	1:2	60	1	4.37	10.73
2 号	1:1.5	60	1	5.11	12.61

3) 开展风险源辨识,制定操作规程

从生产历史资料收集、工艺参数设计及技术要求等方面对资料录取、施工步骤、质量安全环保等进行规范,制定《连续注入酸化增注作业规程》,确保施工安全。

4) 确定选井选层标准

根据 COA 酸液体系的作用机理及施工工艺特点,结合长庆油田环江油田长 8 油藏特征,提出并制定了以下选井选层标准。

(1)固井质量好、套管完好的水井。

(2)注水井网完善,油水对应关系良好。

(3)初期满足配注,后期近井地带堵塞。

(4)井筒良好,检串小于 3 年,油套连通。

(5)井口阀门开关灵活,不刺不漏。

(6)前期酸压、压裂无效井不适合该工艺。

4.3.3 现场试验效果

不动管柱在线注入酸化工艺在姬塬、环江、镇北等油田现场应用 469 井次,有效率 89.8%,平均措施有效期 217 天,最长可达 400 余天,累积增注 $50.0 \times 10^4 m^3$,对应油井 1795 口,见效油井 1176 口,累积增油 $7.9 \times 10^4 t$。不动管柱在线注入酸化工艺将原有的常规酸化多步法作业简化为"一步法"在线施工,作业周期由 1 周以上缩短到 10h,单井节约成本 8 万元,降本增效效果显著;发明的在线酸化酸液满足冬季施工,改变了常规酸化酸液冬季无法正常使用的问题,对确保冬季稳产具有积极意义。

第 5 章

低产井体积压裂技术

如第 2 章所述，以华庆油田长 6 储层为典型代表的超低渗油藏，储层渗透率低(0.3～1.0mD)、压力系数低(0.85)、启动压力高、渗流能力差；同时受储层微裂缝及初次压裂缝影响，注水开发油藏难以建立有效的压力驱替系统，水驱呈条带状分布，侧向油井水驱动用程度低，剩余油富集，整体呈现"低采出程度、连片低产井"的现状，开发效果不理想，急需通过技术手段提高单井产量，从而为此类油藏的高效开发和持续稳产奠定基础[41,42]。

这类低产井单井控制地质储量 5 万～6 万 t，开发近 10 年单井产量递减至 1t/d 以下，地质储量采出程度 3%～5%，仍然具有巨大的增产潜力。通过剩余油分布、储层应力变化等特征分析，开展低产井体积压裂工艺研究，优化压裂参数，配套研发压裂液、关键堵剂材料及工具，形成低产井缝端暂堵体积压裂工艺，实现大幅提高超低渗油藏单井产量和难动用储量的有效挖潜。

5.1 超低渗油藏剩余油分布特征

5.1.1 井组三维地质模型的建立

所谓地质模型是指能定量表示地下地质特征和各种油藏参数三维空间分布的数据体。地质模型不仅要求忠实于控制点的实测数据，而且还要对井间数据作一定精度的内插和外推。最终得到尽可能真实反映地下储层物性特征、沉积特征和油水分布特征的三维模型，为认识油藏及开发油藏构建平台。

目前储层地质模型可以分为三大类，即概念模型、静态模型和预测模型。它们分别体现不同开发阶段、不同开发研究任务所要求的不同精细程度的储层地质模型[42,43]。

1. 地质建模方法

建模方法与技术是储层建模的重要支柱。三维建模方法主要是指井间参数的预测和插值，主要包括确定性建模方法和随机建模方法两大类。通常所用的线性插值、克里金方法、地震储层预测都属于确定性建模。这类方法的特点是输入一组参数只能输出一个结果，除了克里金方法以外，其他方法不能反映不同成因类型的储层特点，预测精度取决于已知数据点的多少。克里金方法可以体现不同成因类型砂体的变差函数特征，但是砂体各种参数的变化是非常复杂的，并不是一个变差函数图所能概括的，因此确定性建模不能满足人们对地下地质情况的认识，从而发展了一项在地质统计学基础上发展起来的随机建模方法。随机建模方法就是利用一个地质体某一属性已知的结构统计特征，通过一些随机算法来模拟未知区这一属性的分布,使其与已知的统计特征相同,从而达到模拟储层非均质性,预测井间参数分布的目的。因此,随机建模得到的不是一个确定的结果,而是多个可能的结果,一般称为(地质)实现。

随机建模方法很多,总体可分为两大类:基于目标的随机建模和基于像元的随机建模。前者主要为标点过程(布尔模型),而基于像元的随机建模包括高斯模拟、截断高斯模拟、指示模拟、分形随机模拟、马尔可夫随机域及二点直方图。在诸多方法中,用于沉积相随机建模的方法主要有标点过程、截断高斯模拟、指示模拟等。

2. 建模思路与数据准备

根据地质建模流程图资料要求,需要井组的资料如下。

(1)坐标数据:包括井点坐标、深度海拔等。

(2)分层数据:各井的层组划分对比数据、标志层面构造数据等。

(3)相控数据:砂体厚度分布数据等。

(4)测井数据:各井测井解释数据包括孔隙度、渗透率、含油饱和度、含水饱和度等。

建模以随机建模为基础,采用确定性建模约束和多参数协同建模的思路进行,通过多个实现,优选模型,最终建立精确的构造模型、属性模型(孔隙度模型、渗透率模型)。地质建模流程图如图 5.1 所示。

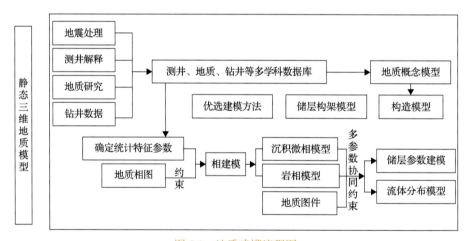

图 5.1 地质建模流程图

针对典型井组的地质特征,采用井点分层数据为约束建立各个层面的构造模型。

属性模型的预测应用适用于连续变量模拟的序贯高斯模拟算法,结合典型井组的特点,采用如下建模策略。

(1)确定性建模和随机建模相结合。

(2)两步法建模策略。

(3)相控与多参数协同模拟。

在孔隙度建模过程中,参考地质概念模式来估计变差函数的各项参数,即根据河道发育的方位、延伸长度、河道宽度、纵向沉积单元厚度来确定主方向、主次变程。

在求取变差函数过程中要考虑沉积特征、河道方向及河道宽度特征。在求取变差函数的前提下，利用岩相约束下的序贯高斯模拟对孔隙度做了多个实现并进行优选。

孔隙度和渗透率具有一定的相关性，因此渗透率的长轴方位与孔隙度及微相的展布方向是一致的。另外，渗透率的影响因素比较多，其变化剧烈程度比孔隙度大，因此相同微相、相同层位的孔隙度的变程要略大于渗透率的变程，即孔隙度的空间连续性要好一些。这样的结果是合理的，也是可信的。因此，可以应用上述变差分析的成果进行渗透率的多参数协同建模。

在进行渗透率数据分析及变差函数求取之后，利用孔隙度作为协调分布参数，建立渗透率模型的多个实现并进行优选。

在属性模型建立的基础上，根据已有的孔隙度、渗透率下限，通过计算得到井组的有效厚度模型。

5.1.2　油藏数值模拟

油藏数值模拟技术是目前油田开发与储层动态研究的最有效方法，是定量研究储层三维空间油水分布的最佳手段。数值模拟方法是高性能计算在油气田开发中的重要应用（图 5.2），是目前油田开发论证与油藏精细描述最经济有效的方法，是油田开发后期进行挖潜、寻找剩余油分布、提高采收率的重要手段。

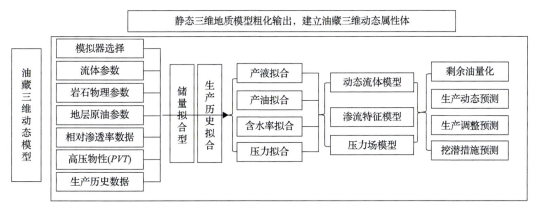

图 5.2　油藏数值模拟技术方法图

1. 油藏开发生产历史拟合

为了取得与油藏实际动态相一致的一组油藏参数，可以把模拟计算的动态与实际动态相比较进行油藏参数调整，这种方法叫历史拟合。历史拟合过程实际上是参数校正的过程，主要拟合内容包括油藏原油储量、油藏的边底水能量与和油藏的接触关系、油藏测压历史、油田日产油气水量及其累积动态、单井产油气水量、含水饱和度变化与井底压力动态等。

2. 历史拟合调参原则

油藏数值模拟中的历史拟合是根据已知实际动态参数反求油层物性参数，从而修正、调整模型中的参数。目前历史拟合主要是通过试凑法，人工修改调整参数。为保证参数调整的客观性和有效性，我们确定如下参数调整的原则。

1）资料收集齐全

历史拟合过程中涉及地质、测井、试井等多方面的资料，资料的掌握程度直接关系到拟合结果的精度，因此在进行历史拟合的过程中，要用全资料、用好资料。

2）不确定优先

拟合前必须先研究所取得的各油层物性参数的可靠性，尽可能调整不确定性比较大的物性参数（如不易测定或因资料短缺而借用的资料），不调或少调比较可靠的参数。

3）敏感优先

历史拟合过程中，要随时掌握油层物性参数对目标函数的影响的大小，在条件允许的范围内，尽可能调整较为敏感的参数。

4）先整体，后单井

优先调整对全局动态有普遍影响的参数（如相对渗透率曲线、纵向渗透率、压缩系数等），其次修正那些局部参数（如某井附近的渗透率分布等）。

5）参数的调整要从整体考虑

有时一种物性参数的调整会引起多种动态指标产生变化，因此在拟合某一动态指标而调整该项物性参数时，要考虑对别的动态指标所造成的影响是否合适。由于模型参数的数量较多，可调自由度大，而实际油藏动态数据种类和数量有限。为了避免或减少修改参数的随意性，必须确定参数的可调范围。

孔隙度为确定性参数。对于一个实际油田，孔隙度的变化范围较小，层内孔隙度的变化更小，一般不作修改或允许改动的范围很小。

渗透率为不确定性参数。任何油田的渗透率的变化范围较大，其原因有两点：测井解释，岩心分析和试井解释的渗透率值相差很大；井间渗透率的分布具有不确定性，因此，渗透率的修改范围较大。

有效厚度为确定性参数，一般不允许调整。当个别井点没有提供厚度解释值时，可以适当调整。

岩石和流体压缩系数为不确定性参数，岩石和流体压缩系数是在实验室内通过试验测定的。实际开发过程中，受其中饱和流体和应力变化的影响，同时非均质性及砂层内部的非有效部分也存在一定的孔隙度并产生弹性作用，因此岩石压缩系数可以放大1倍。

初始压力和流体分布为确定性参数，必要时，允许作少量的修改。

油气水的压力、体积、温度（PVT）性质为确定性参数。

相对渗透率数据为不确定性参数。油藏模拟模型中的网格较大，网格内部存在严重的非均质性，实际相渗关系与由均质岩心获得的数据差别加大。因此所有模拟计算中通常把相渗关系作为重点修改对象。

油水或者气油界面为确定性参数。在资料不多的情况下，允许在一定范围内对其进行修改。水体性质为不确定性参数，调整较多。对于不同油田进行历史拟合，油田的地质情况不同，获得参数的条件和途径也不同，可调参数范围可能不尽相同。

5.1.3　典型井组数值模型的建立

华庆油田 B153 长 6 油藏为典型的超低渗油藏，以下以该油藏为例建立数值模型。

1. 流体模型

流体模型主要描述油藏中流体的物理性质，包括高压物性特征、相对渗透率曲线和毛细管压力曲线等，一般通过室内实验测得。本油藏流体模型主要参数值(表 5.1)取自该地区地层流体分析实验；相对渗透率曲线(图 5.3)取自该地区岩心水驱油实验数据。

表 5.1　B153 长 6 油藏流体模型主要参数表

参数名称	数值
原始地层压力/MPa	15.8
饱和压力/MPa	9.64
地下原油黏度/(mPa·s)	2.53
地层原油密度/(g/cm³)	0.845
原油体积系数	1.341
原始溶解气油比	112.3
原油压缩系数/MPa^{-1}	8.9
岩石压缩系数/MPa^{-1}	2.74×10^{-4}
地层水压缩系数/MPa^{-1}	1.0×10^{-4}

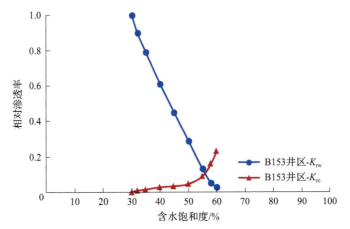

图 5.3　B153 井区油水相对渗透率曲线

K_{rw} 为水相渗透率；K_{ro} 为油相渗透率

2. 生产动态模型

生产动态模型描述整个油藏开发的动态变化过程。生产数据以月为时间步长，描述生产变化过程。生产指标预测时以一年为一个时间单元建立生产数据，描述整个生产历史。

在历史拟合时，要输入各生产井的产油量和注水井的注水量。对动态数据的处理主要分为如下几个方面。

1) 劈产劈注

产量劈分：由于考虑计算速度及计算量的限制，选取的是典型井组及其邻井进行建模及历史拟合。对于菱形反九点井网存在边角井的问题，根据油水井以及相对位置，将模型外侧井分为 4 类进行劈产劈注，见图 5.4。

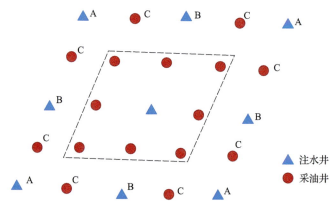

图 5.4 模型劈产劈注边角井示意图

A 类井为模型外边界的角井，是注水井，根据注水井受效井数确定此类井的注水速度 $V_{inj}=V_{REL} \times 3/8$，其中，$V_{REL}$ 为实际注水速度；V_{inj} 为劈注之后的注水速度。

B 类井为模型外边界的边井，是注水井，根据注水井受效井数确定此类井的注水速度 $V_{inj}=V_{REL} \times 5/8$。

C 类井为模型外边界的边井，是生产井，根据生产井受效注水量确定此类井的产液速度 $V_l=V_{lREL} \times 0.5$，其中，V_l 为劈产后的产液速度；V_{lREL} 为实际的产液速度。

2) 无效注水的处理

储层天然裂缝发育，压裂过程中可能穿层，导致实际开发过程中油井生产过程出现存水率高、用于驱油的水较少的情况。而在数值模拟工作中只能考虑注入储层的有效注水，需要对现场所提供的注水数据进行折算，折合为有效注水量。较准确处理无效注水能够对数值模拟的精准性起到关键作用。压力测试显示注入水对地层压力保持效果较好，并没有出现剧烈的压力波动，因此通过对注入量进行多次处理，每次处理后都代入数值模拟中计算确定各点的压力，直到测试压力与计算压力匹配以确定实际有效注水量。B153 区无效注水处理后日产液量与日注水量关系见图 5.5。

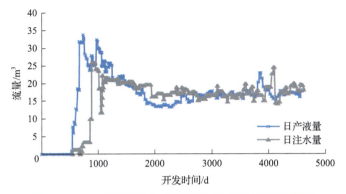

图 5.5　B153 区无效注水处理后日产液量与日注水量图

3）斜井井位的处理

几乎所有的模拟软件井位定位都采用网格坐标，即根据该井在模拟区的相对位置和生产层段确定某层 i 方向第几个网格、j 方向第几个网格被钻穿。对于直井而言，每口井每层的网格坐标是相同的，处理起来相对要简单得多。对于定向斜井，需要根据每口井钻遇每层时的大地坐标确定该井在该层的网格坐标。

调层的处理：根据每口井开关井、调层、补孔、封堵数据修改动态数据文件，准确给定各油水井的动态属性。

将三维地质模型、流体模型、生产动态模型相结合就可以建立数值模拟所需的四维油藏模型，利用该模型就可以对区块进行历史拟合和动态预测。

5.1.4　典型井组历史拟合

油藏历史拟合就是通过对比动态指标（如压力、含水率等）的模拟计算值与实际值，不断修正建立的地质、流体模型，最终达到准确认识储层参数的空间分布和地下流体流动的主要特征；同时，模拟出目前剩余油和压力的分布，为后续开发方案优选与动态预测提供初始化条件。

拟合遵循的原则：①只调节那些相对不可靠的油藏参数，而对那些相对可靠的或可靠程度较高的参数尽量不调节或只作微小调节；②避免硬凑，避免为追求个别指标拟合的高精度而将油藏参数调节得面目全非。另外，数值模拟方法尽量考虑多种因素，但总会有一定的局限性，如对于注水过程中的"指进""窜流"现象，模拟所采用的渗流模型就很难描述和反映。

本次拟合时生产井定产液量，注水井定注入量，拟合的主要指标包括地质储量、井区综合含水率、单井含水率、累积产液量、累积产油量、累积产水量、累积注水量、日产油量、日产水量、日注水量等生产指标。拟合过程中认为孔隙度、渗透率、有效厚度和原始含油饱和度分布与油、气、水的 PVT 是确定性参数，不做修改。主要修正岩石压缩系数、油水相对渗透率、油气相对渗透率、采油井分层采油指数和注水井分层注水指数。

以井组拟合为例，其主要指标包括全区综合含水率、累积产液量、累积产水量、累积注水量等生产指标。

储量拟合过程中对结果影响较大的参数包括有效厚度、孔隙度、油水界面等。在拟合过程中，孔隙度一般不做改动，一般通过调整有效厚度及油水界面来拟合储量。

在历史拟合过程中，对于地质储量拟合不上的情况，可以按照检查模型有效净毛比(NTG)分布情况、检查孔隙度分布情况、检查原油密度及体积系数、检查岩石压缩系数的顺序依次进行相关参数的检查及调整，然后结合测井资料及油层动态等信息，将对结果影响较为明显的参数进行合理调整，使初始化处理后的计算储量与实际地质储量较为接近，地质储量拟合部分便可顺利完成。

由地质储量拟合结果可知(表 5.2)，井组实际地质储量与模型地质储量误差在可接受的范围以内，满足拟合精度要求。

表 5.2   各个研究井组地质储量拟合

井组	计算含油面积/km²	模型地质储量/10⁴t	实际地质储量/10⁴t	地质储量相对误差/%
B153	1.68	141.75	137.8	2.79

在模拟过程中，油井定液量生产，水井按每月实际注入量注入，这样在区块产油量、注水量与实际值基本一致的情况下，由拟合结果可以观察到，区块累积产油量、产水率与实际值近似一致，可以保证所模拟的结果的可靠性。在井组拟合的基础上，对单井的生产动态进行历史拟合，单井拟合率达到 90%以上，符合项目要求。井组生产动态拟合率见表 5.3。

表 5.3   井组生产动态拟合率表   (单位：%)

井组	拟合率		
	日产液量	日产油量	含水率
B153	100	92	91

5.1.5 典型井组剩余油分布特征规律

1. 天然裂缝发育情况

裂缝对注水开发效果的影响十分显著，主要表现在注入水沿裂缝快速推进，裂缝方向上油井过早见水、水窜甚至水淹，而侧向上油井见效过慢。

由于地质条件的复杂性和多解性，以及各种方法的局限性，很难只用一种方法就解决裂缝识别和评价的全部问题，普遍以地质研究为基础，结合样品的实验分析、测井、动态等资料的综合研究，充分利用多项参数在获取信息上的互补性，运用多种技术方法进行联合攻关，方可取得较好的应用效果。以下重点运用注水动态分析，对各研究井组裂缝的平面分布进行有效识别。

以 B153 长 6 油藏为例，根据水驱波及形态判断该井区中部研究井组见水方向为NE45°，研究井组、井排方向边井见水早，侧向井见水较晚。因此，根据生产动态判断天然裂缝方向为 NE45°。

2. 天然裂缝等效介质模型

为建立天然裂缝较发育时的特低渗砂岩油藏的等效介质模型(图 5.6)，引入裂缝的线连续性系数 C_l：

$$C_l = \frac{\sum a}{\sum a + \sum b} \tag{5.1}$$

式中，$\sum a$ 为岩体中某一截面内任一直线上裂缝面各段长度之和；$\sum b$ 为岩体中某断面内任一直线上完整岩石各段长度之和；C_l 的数值变化于 $0\sim1$，C_l 越大说明裂缝的连续性越好，$C_l=1$ 时，裂缝为贯通裂缝。

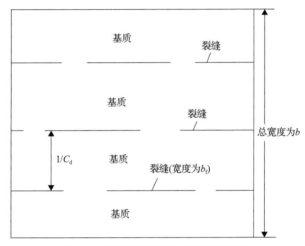

图 5.6　裂缝油藏渗透率的等效处理

裂缝的线密度是指一组裂缝法线方向上平均单位长度内该组裂缝交切的数目。如以 C_d 代表裂缝的线密度，l 代表该组裂缝法线方向上测线的长度，n 代表 l 长度内交切裂缝的数目，则线密度 C_d 的计算见式(5.2)：

$$C_d = \frac{n}{l} \tag{5.2}$$

实际油藏中，低渗油藏中裂缝密度为 $1\sim2$ 条/m，在对裂缝型岩心进行测量时，含裂缝岩心的尺寸一般较小，直径多为 $20\sim50$mm。因此裂缝型岩心的实验室测定的渗透率、孔隙度数值并不代表整个裂缝型油藏的孔隙度和渗透率数值，而仅代表包含裂缝窄条区域内的渗透率和孔隙度值，我们称该渗透率为裂缝岩块渗透率。裂缝所在窄条区域的宽度等于含裂缝试件的宽度。现考虑低渗介质中有一裂缝，基质的渗透系数为 K_m，总宽度为 b_m。含裂缝岩心的渗透系数为 K_f，总宽度为 b_c。则可导出对于地层中发生的水平层面的流动，总流量为基质与裂缝流量之和：

$$Q = Q_c + Q_m = K_f b_c \frac{\Delta\varphi}{L} + K_m b_m \frac{\Delta P}{L} = (K_f b_c + K_m b_m)\frac{\Delta\varphi}{L} \tag{5.3}$$

式中，Q 为总流量；Q_c 为基质流量；Q_m 为裂缝流量；ΔP 为裂缝型岩心两端压差；L 为裂缝型岩心长度。

设试件的平均宽度为 b_f，裂缝的线密度为 C_d，单元总宽度为 b，则含裂缝岩心的总宽度 b_c 的表示见式(5.4)：

$$b_c = C_d b b_f \tag{5.4}$$

则基质的总宽度见式(5.5)：

$$b_m = b - C_d b b_f = (1 - C_d b_f) b \tag{5.5}$$

如果假定存在一个等效的渗透系数，使在相同压力梯度作用下，传导相同的流量 Q，则等效裂缝平面渗透系数可定义为

$$k^p = \frac{K_f b_c + K_m b_m}{b_c + b_m} = K_m + (K_f - K_m) C_d d_f \tag{5.6}$$

类似地，可以导出垂直层面方向的流动，等效的垂向渗透系数 k^n 见式(5.7)和式(5.8)：

$$\frac{b}{k^n} = \frac{b_c}{K_f} + \frac{b_m}{K_m} = \frac{C_d b b_f}{K_f} + \frac{(1 - C_d b_f) b}{K_m} \tag{5.7}$$

$$k^n = \frac{K_f K_m}{K_f - (K_f - K_m) C_d b_f} \tag{5.8}$$

通常实验室所测的裂缝渗透率为贯通裂缝，其渗透率假设为 K_t，实际油藏的裂缝大多为非贯通裂缝，因此可用线连续性系数 C_l 加以修正。则裂缝岩心的渗透率 K_f 见式(5.9)：

$$K_f = C_l K_t \tag{5.9}$$

故 k^p 及 k^n 又可表示为式(5.10)和式(5.11)：

$$k^p = K_m + (C_l K_t - K_m) C_d b_f \tag{5.10}$$

$$k^n = \frac{C_l K_t K_m}{C_l K_t - (C_l K_t - K_m) C_d b_f} \tag{5.11}$$

$k^p \neq k^n$，因此具有裂缝介质的岩心在 k^p 和 k^n 方向存在各向异性，其主轴方向为裂缝方向和裂缝垂直方向。设裂缝在某一计算坐标系中的角度为 θ，则等效的渗透率可写成二阶张量 $\boldsymbol{K}_{ij}$，见式(5.12)～式(5.14)：

$$K_{11} = \frac{k^p + k^n}{2} + \frac{k^p - k^n}{2} \cos 2\theta \tag{5.12}$$

$$K_{22} = \frac{k^p + k^n}{2} - \frac{k^p - k^n}{2} \cos 2\theta \tag{5.13}$$

$$K_{12} = K_{21} = -\frac{k^{\mathrm{p}} - k^{\mathrm{n}}}{2}\sin 2\theta \qquad (5.14)$$

B153 井区的平均基质渗透率为 0.31mD，假设裂缝的渗透率为 200mD，天然裂缝方向与 x 方向一致，天然裂缝密度取 0.005~0.8 条/m，考虑隐裂缝和钻井或压裂诱导裂缝的存在，线连续性系数 C_l 为 0.7，则根据上述方法，就可以计算出不同方向上的等效渗透率 K_x、K_y。

1) 天然裂缝密度对不同方向上等效渗透率的影响

在相同的基质渗透率(0.31mD)下研究不同裂缝密度对不同方向上等效渗透率的影响，计算结果见表 5.4。

表 5.4 不同裂缝密度下等效连续介质参数

裂缝密度/(条/m)	等效渗透率		K_x/K_y
	K_x	K_y	
0.005	2.46	1.78	1.38
0.01	3.15	1.79	1.76
0.05	8.68	1.86	4.67
0.1	15.59	1.96	7.95
0.2	29.42	2.21	13.31
0.4	57.06	2.93	19.47
0.8	112.35	8.42	13.34

不同方向的等效渗透率随裂缝密度的增大而增大，且平行于裂缝方向上的等效渗透率呈线性增大，而垂直于裂缝方向上的等效渗透率增加幅度较小(图 5.7)。

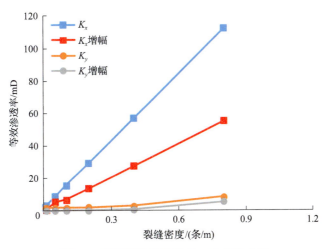

图 5.7 不同裂缝密度时 K_x、K_y 变化曲线

2) 不同基质渗透率对不同方向上等效渗透率的影响

当裂缝密度为 0.2 条/m 时，研究不同基质渗透率对不同方向等效渗透率的影响，计

算结果见表 5.5。

表 5.5 不同基质渗透率下等效连续介质参数

基质渗透率/mD	等效渗透率		K_x/K_y
	K_x	K_y	
0.1	28.08	0.12	234.00
0.5	28.4	0.62	45.81
1	28.8	1.25	23.04
2	29.6	2.49	11.89
3	30.4	3.73	8.15
5	32	6.19	5.17
8	34.4	9.86	3.49
10	36	12.28	2.93

从表 5.5 中可以看出，不同方向等效渗透率随着基质渗透率的增大线性增大，平行于裂缝方向的渗透率增大幅度较小，垂直于裂缝方向的渗透率增大幅度较大。

同时将裂缝密度与基质渗透率进行归一化处理转化为无因次值，回归出无因次参数与 K_x 的线性关系曲线(图 5.8)。

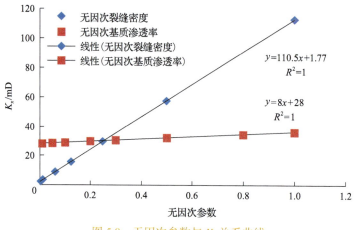

图 5.8 无因次参数与 K_x 关系曲线

由图 5.8 中的关系式可以看出裂缝线密度(即裂缝发育程度)对主向渗透率的影响程度明显大于基质渗透率对主向渗透率的影响程度。

3. 剩余油分布特点及见水分析

以 B153 井区为例，该油藏最大主应力方向为 NE67°，其开发井网为菱形反九点井网(图 5.9)，井距 480m，排距 130m，采油井压裂，注水井不压裂。

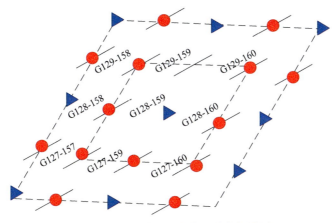

图 5.9　B153 井区研究井组井位部署图

1) 见水分析

通过对研究井组生产动态进行分析 (图 5.10)，发现 B153 井区目前只有主向井水淹严重，主向井含水率超过 70%，侧向井几乎未见水 (表 5.6)。

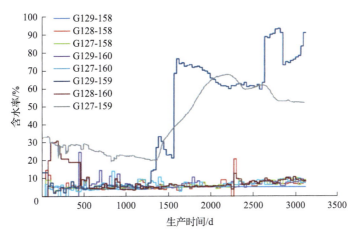

图 5.10　B153 井区研究井组含水率随时间变化图

表 5.6　B153 井区研究井组含水率及影响因素分析表

井名	见水时间/d	影响因素分析
G129-159	1330	主向井、高渗条带
G127-159	1400	主向井

2) 剩余油分布特点

B153 井区属于裂缝型水淹，天然裂缝方位 NE45°，为反九点井网，井排方向边井水淹严重，水驱前缘形态呈不规则纺锤状，剩余油主要富集在侧向井周围 (图 5.11)。

综合 B153 井区研究井组的平面非均质性、井网布控及剩余油分布情况，可总结出以下几种剩余油富集模式。

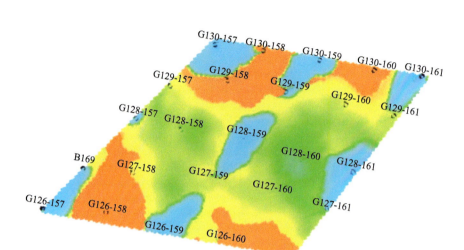

图 5.11 B153 研究区长 6_3^{1-1} 小层剩余油分布

(1)高渗条带优先见水，低渗区剩余油富集。该类型井位于低渗区侧向，如 G127-157 井渗流阻力大，大片剩余油分布在低渗区侧向井裂缝周围(图 5.12)。

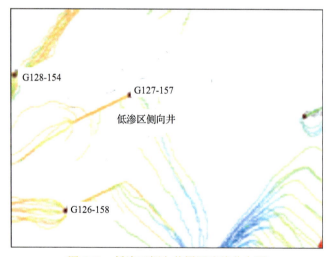

图 5.12 低渗区侧向井周围流线分布图

(2)天然裂缝方向控制剩余油分布。天然裂缝与边井方向一致，注入水沿天然裂缝突进，主向井流线密集，主向井侧向流线稀疏，同时主向井见水早，侧向井见水晚，剩余油在主向井人工裂缝侧向及侧向井处富集(图 5.13)。

(3)井网不完善导致区域剩余油富集。例如，G127-160 井东南方向注采井网不完善(图 5.14)，导致剩余油在东南方向区域富集。

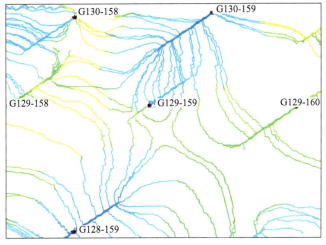

图 5.13　主向井周围流线分布图

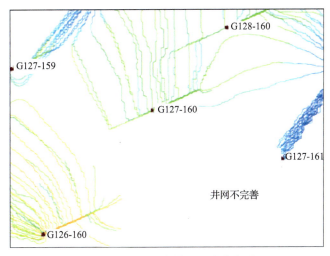

图 5.14　井网不完善区流线分布图

5.2　长期注采条件下应力场变化特征

地应力场计算包括平面应力场和纵向应力剖面计算两个方面，平面地应力场决定了水力压裂裂缝的扩展方向和形态，纵向应力剖面对裂缝高度影响显著。应力场数据是压裂设计过程中必不可少的基础资料，准确的应力场数据可有效提高压裂设计的精度和针对性。

5.2.1　平面应力场研究

随着注采的进行，地层中的油水饱和度发生动态变化，岩石骨架在水侵与油侵作用下，其岩石力学参数将不断发生变化，从而造成应力场的动态变化。因此，掌握油水饱和度作用下的岩石力学参数变化规律对重复压裂施工措施的制定有着极为重要的指导意义。

1. 不同油水饱和度作用下的岩石力学参数变化测试

为研究长期注采条件下储层岩石力学性质的变化特征,对 B153 井区取心,并进行不同油水饱和度条件下的岩石力学试验,得到老油田注采不同时间后的岩石力学性质变化规律。首先对实验所用试件进行水饱和处理,其次进行岩石力学参数实验,包括岩石声波测试、岩石压缩实验和岩石抗拉实验,根据实验数据给出长期注采条件下储层岩石力学性质的变化特征。

1)油-水对岩石力学性质影响的理论模型

不同饱和度油-水条件下的岩石力学实验主要考虑的影响因素如下。

一是吸附作用降低岩石表面能。当岩石孔隙中含有孔隙流体时,岩石骨架通过吸附孔隙流体分子降低自身表面能,进而使岩石能量降低;能量越低,破坏所需的外部能量越小,体现为强度降低。

二是毛细管力作用。岩石内部油水饱和度增加,岩石颗粒间毛细管力降低,导致颗粒间的吸引力降低,从而导致岩石强度及弹性模量降低、泊松比提高。

三是水化作用。孔隙中的流体可与岩石矿物发生微弱的化学反应,对岩石矿物的侵蚀、溶解、交换等作用增强,改变了岩石的组成、结构,从而降低了岩石强度。

2)试验方案

研究中选取清水与煤油,对制备好的试件进行一定时间的浸泡,用于模拟砂岩地层被水与油渗入后的状态。分别将试件置于空气中,实时监测试件的质量变化,使试件达到不同程度的饱和状态,分别进行单轴压缩试验与巴西劈裂试验,获得不同油水饱和度对岩石弹性参数及抗压强度的影响。

对于岩石的抗拉强度不容易直接测量,岩石的抗拉强度一般比较低且脆性特性明显,对其直接施加拉应力不具有可行性。因此,采取用劈裂法间接测量岩石抗拉强度的方法。

由弹性理论可以证明,圆柱形试件劈裂时的抗拉强度可由式(5.15)确定:

$$\sigma_t = \frac{2P}{\pi D t} \tag{5.15}$$

式中,σ_t 为岩石的抗拉强度,MPa;P 为试件破坏时的最大载荷,N;D 为试件的直径,mm;t 为试件的厚度,mm。

应用此公式时,认为试件破坏面上的应力为均匀拉应力,实际上在试件的接触点处,一开始压应力值大于拉应力值 12 倍以上,然后迅速下降。在距离圆柱形试件中心 80%半径处,应力值变为零,然后变为拉应力,直至试件中心附近拉应力达到最大值。因此,在做劈裂试验时,常在圆柱试件的中心处最先产生拉伸断裂。

2. 测试结果

选取华庆油田超低渗长 6 油藏岩心,对 10 组不同油水饱和度的标准试件进行单轴压缩试验和巴西劈裂试验(抗拉强度试验),根据试验结果,绘制抗压强度、弹性模量、泊松比以及抗拉强度随油水饱和度变化的散点图(图 5.15～图 5.18),并量化变化规律,得到不同油水饱和度作用下的岩石力学参数变化规律，即油水饱和度每增长 10%，弹性模量减少 0.68GPa，抗压强度减少 1.20MPa，抗拉强度减少 0.21MPa，泊松比增加 0.01。

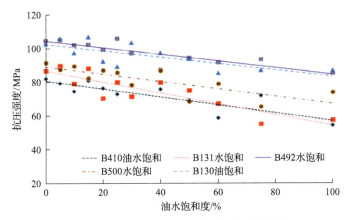

图 5.15　抗压强度与油水饱和度相关关系

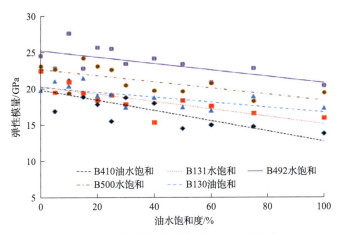

图 5.16　弹性模量与油水饱和度相关关系

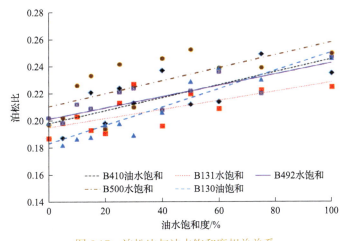

图 5.17　泊松比与油水饱和度相关关系

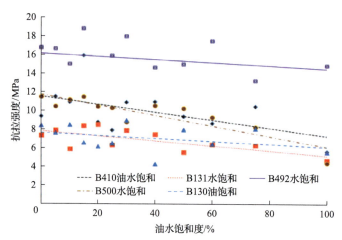

图 5.18   抗拉强度与油水饱和度相关关系

通过以上测试分析，弹性模量、抗拉强度、抗压强度与油水饱和度成反比，泊松比与油水饱和度成正比。

3. 平面应力场变化规律研究

油藏地应力场动态变化过程实际上是注水和采油过程中地层变形和流体流动的耦合过程。在注水和采油过程中，地层中的流体流动引起孔隙压力发生变化，会使地层变形，主要体现在两个水平地应力的变化上；对于垂向，地面没有约束可以自由变形，因此垂向应力一般来说不受注水和油井生产的影响。地层的地应力发生变化后，会改变地层渗流参数，如渗透率、孔隙度、压缩系数等，进而影响流体的流动规律。因此，通过室内不同孔压、不同油水饱和度条件下岩石力学参数的测试结果，可建立地层变形和流体流动的流固耦合模型，并通过数值算法进行计算，获得实际注采过程中地层应力场的变化，从而有效指导重复压裂裂缝优化设计。

地应力研究主要包括两部分，一是地层地应力大小测试；二是区域地应力分布及随着油田生产造成的区域地应力变化。

1) 凯塞效应测地应力

声发射凯塞(Kaiser)效应实验可以测量地层岩石曾经承受过的最大压应力。该类实验一般要在压机上进行，可测定单向应力。岩石在轴向加载过程中声发射率突然增大的点所对应的轴向应力即地层在该岩样钻取方向上曾经承受过的最大压应力。

根据 Kaiser 效应原理，在声发射信号曲线图上找出声发射信号明显突增的点，记录下此点处的应力大小，即岩石在该岩样试件轴向方向所对应的地应力。声发射法测地应力测试系统框图如图 5.19 所示。

由三轴压缩试验和声发射监测得到的 Kaiser 点应力值，计算得到对应华庆油田超低渗长 6 油藏的地应力值(表 5.7)。

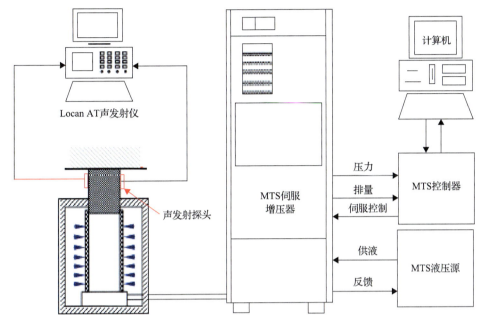

图 5.19　声发射法测地应力测试系统框图

MTS 为岩石力学测试试验机

表 5.7　Kaiser 点测试结果表

井号	取心深度/m	Kaiser 点应力/MPa	角度/(°)	最小水平地应力/MPa	最大水平地应力/MPa
B412	2114.60	26.27	0	27.47	31.89
	2114.34	23.26	45		
	2114.45	24.09	90		
B413	2174.10	27.21	0	28.39	32.97
	2173.90	23.35	45		
	2173.70	28.76	90		
B493	2205.85	29.58	0	28.97	33.16
	2174.60	22.96	45		
	2203.90	23.56	90		
B491	2172.97	27.52	0	27.87	32.03
	2172.60	23.56	45		
	2172.85	25.38	90		

2) 原始地应力场

地应力的分析能影响到油田的勘探开发、井网的部署、注水方式、射孔方式、钻井修井等一系列工作，因此分析油田的地应力分布状况是十分有必要的。本节将使用 ANSYS 程序对地应力场进行二维数值模拟分析。将模拟分析值与实际测量值进行对比，其结果相似度在 90%以上，因此用有限元法分析地应力场是合适的。

用有限元法分析构造地应力场时主要是利用岩土工程中的反演理论，方法为根据现场实测数据建立所要研究的区域的地质模型和力学模型；再根据几口不同方向分布的井点数据反演出研究区域的边界条件、加载方式、载荷大小等；再根据反演出的条件对模型进行计算，若计算结果与实际测量点相似度在 90%以上则反演条件可用，模型地应力分布计算正确。若计算结果与实际测量点相似度比较小，则反演条件不可用，需重新反演出所研究区域的边界条件、加载方式和载荷大小，然后再进行地应力场分布计算直至计算结果符合要求。

构造地应力场的有限元数值模拟流程图如图 5.20 所示。

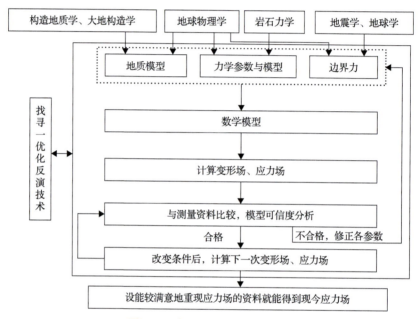

图 5.20　有限元数值模拟流程图

在实际工作中对二维地应力反演的具体操作步骤如下。

(1)在同一地层选择不在同一直线上的 3 个点作为反演的测试点，用试验的方法测得其最大、最小主应力大小与方向。再计算得到这 3 个点的 σ_x、σ_y、τ_{xy} 的大小。例如，给出 3 个不同方向节点 1、2、3 的应力值，得到三个节点的应力值(表 5.8)。

表 5.8　三个节点的应力值

节点号	σ_x	τ_{xy}	σ_y
1	28.25	30.27	15.68
2	30.56	35.48	25.55
3	24.67	30.25	26.54

(2)设有 m 个边界载荷参数(该步骤中边界载荷参数越多，计算越精确)，它们是 $i=1$, 2, 3, …, m。用 ANSYS 对 m 个基本载荷工况进行分析，即计算在假设的 100MPa 外部压力条件下工况内的应力场分布，假设的 100MPa 也可以为其他值(图 5.21)。在两种工况

条件下，得到 m 组基本压力场 $\sigma_x^{(i)}$、$\sigma_y^{(i)}$、$\tau_{xy}^{(i)}$。

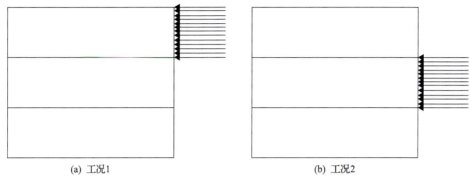

(a) 工况1　　　　　　　　　　　　　(b) 工况2

图 5.21　两种工况条件

不同压力场下节点的压力分布情况表为 m 组不同的压力场下节点 1、2、3 的压力分布情况，此算例中给出了 8 组载荷工况的结果(表 5.9)。

表 5.9　不同压力场下节点的压力分布情况表　　　　　　(单位：MPa)

节点	应力	工况 1	工况 2	工况 3	工况 4	工况 5	工况 6	工况 7	工况 8
	σ_x	11.3	4.66	−3.77	−12.19	−10.74	−21.73	−31.47	−36.06
1	τ_{xy}	5.32	−0.72	−2.81	−1.87	−2.41	−1.85	0.57	3.69
	σ_y	−46.97	−33.38	−16.61	−3.04	−13.49	−1.93	6.12	9.3
	σ_x	10.38	5.21	−3.17	−12.42	−9.49	−21.27	−32.05	−37.2
2	τ_{xy}	6.07	−0.44	−3.26	−2.38	−2.86	−2.49	0.55	4.81
	σ_y	−43.96	−33.43	−18.5	−4.56	−13.25	−2	6.04	9.21
	σ_x	7.02	5.11	−1.99	−10.14	−13.18	−23.91	−31.22	−31.69
3	τ_{xy}	9.43	−0.5	−5.31	−3.62	−4.76	−3.42	1.55	6.63
	σ_y	−40.53	−34.34	−19.48	−5.64	−11.51	−0.43	5.76	6.17

(3)若用 $\lambda_i (i=0, 1, 2, \cdots, m)$ 来表示某个基本载荷工况的放大系数，即载荷参数。将这些基本工况应力乘以相应的放大系数并相加，得到在 m 个载荷工况共同作用下的应力场的表达式：

$$\sigma(x) = \sum_{i=1}^{m} \sigma_i^{c}(x) \lambda_i \tag{5.16}$$

式中，$\sigma_i^{c}(x)$ 为某个基本工况应力。

引入矢量 $\boldsymbol{\lambda}$ 和矩阵 $\boldsymbol{J}$：

$$\boldsymbol{\lambda} = [\lambda_1 \lambda_2 \cdots \lambda_m]^{\mathrm{T}} \tag{5.17}$$

$$\boldsymbol{J} = [\sigma_1(x) \quad \sigma_2(x) \cdots \sigma_m(x)] \tag{5.18}$$

式(5.16)可写成如下的矩阵形式：

$$\sigma(x) = J\lambda \qquad (5.19)$$

式中，$\sigma(x)$ 为实验所测的数据，为已知数据；J 矩阵为 ABAQUS 计算得出的数据。

根据上述公式可计算得出载荷边界系数矩阵 λ。将载荷边界系数乘以 100MPa 即得出应力场的边界条件。计算得出的载荷边界系数矩阵 λ 见表 5.10。

表 5.10　载荷边界系数矩阵 λ

参数	值							
λ	8.934	−28.275	54.7262	−45.1488	−24.8967	34.5258	−22.3964	14.0412

(4)根据反演计算出的边界条件计算地层整体应力场分布，与实验所测得的 3 个点的应力值进行核对分析，若精度不够，可增加边界工况个数，直至计算结果与实验值吻合。

三维地应力反演具体步骤和二维情况相似，其不同之处在于在三维模型边界上施加的是线性变化的力，其方法如下。

先在三维模型中施加均匀的边界载荷，计算边界系数。再根据边界力随深度变化而产生的变化给边界力进行定义，考虑重力影响，进行计算。

根据油井相对坐标、初次压裂数据和测井数据，得到各采油井对应的地应力及注水井在该储层对应的地应力，通过上述反演方法反演出菱形反九点井网所在区域的原始应力场。研究井所在井网的最大地应力取 33MPa，研究井所在井网的最小地应力取 28MPa，将其作为后续地应力场模拟的基础。

3)长期注采条件下的地应力变化

通过数值模拟，研究注采一定时间后的地应力分布规律。

假设所有井排距条件下原始应力场分布相同，相应角井产量相同。菱形反九点井网的数值分别为：井距 a'=480m，排距 d'=130m。井网内各油井产量汇总见表 5.11，将不同时期油井产量平均化后认为是该油井一天的产量，油井编号与图 5.22 中序号相同。

表 5.11　各油井产量汇总　　　　　　　　　　　　(单位：m³/d)

油井编号	产量
G125-160	1.30
G126-160	1.55
G127-160	1.61
G127-161	1.45
G127-162	1.22
G126-162	1.38
G125-162	1.36
G125-161	0.95

通过油藏模拟程序得到相应井排距下该井网在不同注采阶段的孔压变化情况，再使用模拟软件进行应力场计算，得到该井网注采一定时间后的应力场分布。

通过油藏模拟软件和地应力场模拟程序模拟 a'=480m，d'=130m 时的地应力场，生产 8 年时间，给出每年应力场的变化情况，其中包括最大水平地应力、最小水平地应力、水平应力差分布，并给出注采相应时间的地应力场变化规律。

开采 8 年后，区块最大水平地应力、最小水平地应力和水平应力差均呈带状分布。以水平应力差为例，计算得到了注采 8 年后的水平应力差分布（图 5.22，井排距为 480m×130m）。

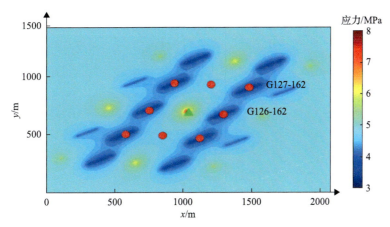

图 5.22　注采 8 年后水平应力差分布（井排距为 480m×130m）

G127-162 井有如下特征：开采第一年，油井产量相对较高，水平应力差下降幅度最大，约 1MPa；注采 8 年，水平应力差下降约 1MPa。第一年影响范围约为 15m，第 8 年明显影响范围约为 30m（图 5.23）。

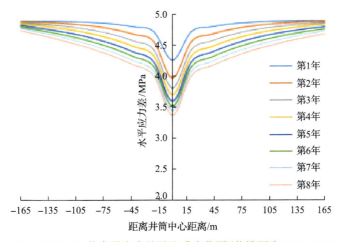

图 5.23　G127-162 井水平应力差随注采变化图（井排距为 480m×130m）

5.2.2　纵向应力场研究

本节进行了平面均质垂向非均质（VTI）地应力模型研究，建立了 VTI 地应力模型以及模型参数求解方法。

1. VTI 地应力模型的建立

非常规储层由于层间非均质性的差异对地应力剖面影响较大,国际上普遍采用 VTI 地应力模型来描述(图 5.24)。在该模型中,需要 5 个独立的声波速度,一般是垂向横波速度、垂向纵波速度、平面横波速度、平面纵波速度和 45°方向的纵波速度,来求解得到 5 个弹性参数,其中 $C_{12}=C_{11}-2C_{66}$(C_{12}、C_{11}、C_{66} 均为弹性系数)。得到弹性参数后,再根据公式求取岩石的平面模量、泊松比以及垂向杨氏模量、泊松比。最后再根据公式求解得到储层的最小水平主应力[44-50]。

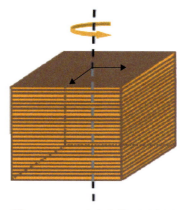

图 5.24　VTI 地应力模型示意图

各向同性模型的应力-应变本构关系满足式(5.20):

$$
\begin{bmatrix} \sigma_x \\ \sigma_y \\ \sigma_z \\ \tau_{yz} \\ \tau_{xz} \\ \tau_{xy} \end{bmatrix} = \begin{bmatrix} C_{11} & C_{12} & C_{12} & 0 & 0 & 0 \\ C_{12} & C_{11} & C_{12} & 0 & 0 & 0 \\ C_{12} & C_{12} & C_{11} & 0 & 0 & 0 \\ 0 & 0 & 0 & C_{44} & 0 & 0 \\ 0 & 0 & 0 & 0 & C_{44} & 0 \\ 0 & 0 & 0 & 0 & 0 & C_{44} \end{bmatrix} \begin{bmatrix} \varepsilon_x \\ \varepsilon_y \\ \varepsilon_z \\ \gamma_{yz} \\ \gamma_{xz} \\ \gamma_{xy} \end{bmatrix} \tag{5.20}
$$

刚度张量 $\boldsymbol{C}_{ij}$ 有两个独立的刚度参数 C_{11} 和 C_{44}。刚度参数 C_{12} 为非独立参数,满足 $C_{12} = C_{11} - 2C_{44}$。

VTI 地应力模型的应力-应变本构关系满足式(5.21):

$$
\begin{bmatrix} \sigma_x \\ \sigma_y \\ \sigma_z \\ \tau_{yz} \\ \tau_{xz} \\ \tau_{xy} \end{bmatrix} = \begin{bmatrix} C_{11} & C_{12} & C_{13} & 0 & 0 & 0 \\ C_{12} & C_{11} & C_{13} & 0 & 0 & 0 \\ C_{13} & C_{13} & C_{33} & 0 & 0 & 0 \\ 0 & 0 & 0 & C_{44} & 0 & 0 \\ 0 & 0 & 0 & 0 & C_{44} & 0 \\ 0 & 0 & 0 & 0 & 0 & C_{66} \end{bmatrix} \begin{bmatrix} \varepsilon_x \\ \varepsilon_y \\ \varepsilon_z \\ \gamma_{yz} \\ \gamma_{xz} \\ \gamma_{xy} \end{bmatrix} \tag{5.21}
$$

刚度张量 C_{ij} 有五个独立的刚度参数 C_{11}、C_{33}、C_{44}、C_{66}、C_{13}。刚度参数 C_{12} 为非独立参数，满足式(5.22)：

$$C_{12} = C_{11} - 2C_{66} \tag{5.22}$$

当 $C_{11} = C_{33}$，$C_{44} = C_{66}$，$C_{12} = C_{13}$ 时，VTI 地应力模型退化为各向同性模型。

2. VTI 地应力模型参数及地应力计算方法

采用 VTI 地应力模型计算最大水平主应力 σ_H、最小水平主应力 σ_h 的公式见式(5.23)：

$$\sigma_H = \frac{E_h}{E_v}\frac{v_v}{1-v_h}(P_v - \alpha_v P_p) + \alpha_h P_p + \frac{E_h}{1-v_h^2}\varepsilon_H + \frac{E_h v_h}{1-v_h^2}\varepsilon_h$$
$$\sigma_h = \frac{E_h}{E_v}\frac{v_v}{1-v_h}(P_v - \alpha_v P_p) + \alpha_h P_p + \frac{E_h}{1-v_h^2}\varepsilon_h + \frac{E_h v_h}{1-v_h^2}\varepsilon_H \tag{5.23}$$

式中，E_h 为水平杨氏模量；E_v 为垂向杨氏模量；v_h 为水平泊松比；v_v 为垂向泊松比；α_v 和 α_h 为各向异性毕奥(Biot)系数；P_p 为孔隙压力；P_v 为上覆岩层压力；ε_H 和 ε_h 分别为最大、最小水平构造应变。

最大、最小水平主应力的计算归结为四个弹性参数 E_h、E_v、v_h 和 v_v 的计算。弹性参数与刚度参数满足式(5.24)~式(5.27)：

$$E_v = \frac{C}{C_{11} + C_{12}} \tag{5.24}$$

$$E_h = \frac{(C_{11} - C_{12})C}{C_{11}C_{33} - C_{13}^2} \tag{5.25}$$

$$v_v = \frac{C_{13}}{C_{11} + C_{12}} \tag{5.26}$$

$$v_h = \frac{C_{12}C_{33} - C_{13}^2}{C_{11}C_{33} - C_{13}^2} \tag{5.27}$$

$$C = C_{33}(C_{11} + C_{12}) - 2C_{13}^2 \tag{5.28}$$

5 个独立的刚度参数 C_{11}、C_{33}、C_{44}、C_{66} 和 C_{13} 可以通过声波测井和密度测井来计算，见式(5.29)~式(5.33)：

$$C_{33} = V_p(0°)^2 \rho \tag{5.29}$$

$$C_{44} = V_{SH}(0°)^2 \rho = V_{SV}(90°)^2 \rho \tag{5.30}$$

$$C_{66} = V_{SH}(90°)^2 \rho \tag{5.31}$$

$$C_{11} = V_P(90°)^2 \rho \tag{5.32}$$

$$C_{13} = -C_{44} + \sqrt{\left[4\rho V_P(45°)^4 - 2\rho V_P(45°)^2 (C_{11}+C_{33}+2C_{44}) + (C_{11}+C_{44})(C_{33}+C_{44}) \right]} \tag{5.33}$$

式中，0°表示与对称轴 z 轴夹角为 0°；ρ 为地层密度；V_P 为纵波波速（压缩波）；V_{SH} 为横波波速（剪切波）。

从式(5.29)～式(5.33)可以看出 $V_P(0°)$、$V_P(45°)$、$V_P(90°)$、$V_{SH}(0°)$、$V_{SH}(90°)$ 是地层的五个独立声波速度，可以用来描述地层的声学各向异性特征。

标准的声波测井一般只提供纵波 $V_P(0°)$ 和横波 $V_{SH}(0°)$，条件允许的话可以通过先进的声波测量工具解释出第三种波的速度，但是很难直接测量出五个独立的声波波速来计算所需的五个独立的弹性参数，因此，需要通过引入一些假定或通过实验室、现场的统计数据来计算剩余的独立声波速度或弹性参数，下面介绍三种模型来计算五个独立的刚度参数，并最终计算地应力剖面。

1）单直井模型

针对通过单直井声波测井和密度测井给出纵波 $V_P(0°)$、横波 $V_{SH}(0°)$、地层密度 ρ 及斯通莱(Stoneley)波 V_{ST} 的情形，我们可以通过式(5.29)和式(5.30)计算 C_{33} 和 C_{44}，通过 Stoneley 波计算刚度参数 C_{66}，见式(5.34)：

$$C_{66} = \frac{\rho_{mud}}{\dfrac{1}{V_{ST}^2} - \dfrac{1}{V_{mud}^2}} \tag{5.34}$$

式中，V_{mud} 为钻井泥浆的声波波速；V_{ST} 为 Stoneley 波波速；ρ_{mud} 为泥浆密度。

C_{66} 对 V_{ST} 和 V_{mud} 非常敏感，不同的值造成 C_{66} 差异比较大，建议选取 V_{ST} 变化不大的深度区域进行分析。

另外，引入 ANNIE 近似计算 C_{13} 和 C_{12}，见式(5.35)：

$$\begin{cases} C_{13} = C_{33} - 2C_{44} \\ C_{12} = C_{13} \end{cases} \tag{5.35}$$

进而通过式(5.22)计算出 $C_{11} = C_{12} + 2C_{66}$。至此获得所需的五个刚度参数 C_{11}、C_{33}、C_{44}、C_{66} 和 C_{13}，结合式(5.23)～式(5.27)计算地应力。

2）基于室内实验的单直井模型

对于常规声波测井和密度测井，仅给出纵波 $V_P(0°)$、横波 $V_{SH}(0°)$、地层密度 ρ 的情形，我们通过室内岩心七分量声波测试实验建立起非垂直层理面的声波波速[$V_P(90°)$、$V_{SH}(90°)$、$V_P(45°)$]与垂直层理面的声波波速[$V_P(0°)$、$V_{SH}(0°)$]的拟合函数关系式，具体通过以下步骤实现。

获取储层中不同深度一定数量(10 块以上)的标准岩心柱，要求直径 25mm，长度 50mm，取心垂直或平行于层理面。

假定岩石为横观各向同性材料，其对称轴垂直于岩石层理面。运用各类声波收发探头，测量岩心柱在储层条件下的孔压、围压下的各向异性声波波速 $V_P(0°)$、$V_{SH}(0°)$、$V_P(90°)$、$V_{SH}(90°)$、$V_P(45°)$，该角度（指 $0°$、$45°$、$90°$）为声波矢量与对称轴的夹角。具体地，通过带曲面楔块 $45°$ 角度声束探头测量 $45°$ 方向纵波 $V_P(45°)$；通过组合纵波/横波模式探头测量岩心柱轴向纵波（V_P）和快、慢横波（V_{SH}、V_{SV}）；通过带曲面楔块组合纵波/横波模式探头测量岩心柱径向纵波和快、慢横波。

以垂直取心的岩心柱为例[图 5.25(a)]，轴向所测纵波波速为 $V_P(0°)$，所测快、慢横波波速为 $V_{SH}(0°)$ 和 $V_{SV}(0°)$；径向所测纵波波速为 $V_P(90°)$，所测快、慢横波波速为 $V_{SH}(90°)$ 和 $V_{SV}(90°)$。由于所假定岩心柱为横观各向同性材料，其波速应该满足 $V_{SH}(0°)=V_{SV}(0°)=V_{SV}(90°)$，实际中由于岩石的各向异性特征，上述等式在大多数情况下不成立，可取三者的平均值作为所需的 $V_{SH}(0°)$。

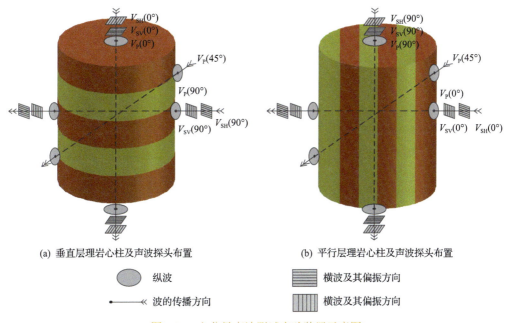

(a) 垂直层理岩心柱及声波探头布置　　　　　(b) 平行层理岩心柱及声波探头布置

　　　　纵波　　　　　　　　　　　　　　横波及其偏振方向

——≪ 波的传播方向　　　　　　　　　　横波及其偏振方向

图 5.25　七分量声波测试实验装置示意图

以水平取心的岩心柱为例[图 5.25(b)]，轴向所测纵波波速为 $V_P(90°)$，所测快、慢横波波速为 $V_{SH}(90°)$ 和 $V_{SV}(90°)$；径向所测纵波波速为 $V_P(0°)$，所测快、慢横波波速为 $V_{SH}(0°)$ 和 $V_{SV}(0°)$。同样地，取 $V_{SH}(0°)$、$V_{SV}(0°)$、$V_{SV}(90°)$ 三者的平均值作为所需的 $V_{SH}(0°)$。

通过有孔压三轴压缩实验测量岩心柱的静态弹性模量、泊松比、Biot 系数。将各岩心柱室内实验所得静态弹性模量、泊松比作为对应地层深度弹性模量、泊松比的标定值，计算所测系列岩心柱 Biot 系数的平均值作为地层的 Biot 系数。

通过岩心各向异性声波数据拟合，建立起非垂直层理面的声波波速[$V_P(90°)$、$V_{SH}(90°)$、$V_P(45°)$]与垂直层理面的声波波速[$V_P(0°)$、$V_{SH}(0°)$]的函数关系式：

$$\begin{cases} V_{\mathrm{P}}(90°) = C_1 \times V_{\mathrm{P}}(0°) + D_1 \\ V_{\mathrm{P}}(45°) = C_2 \times V_{\mathrm{P}}(0°) + D_2 \\ V_{\mathrm{SH}}(90°) = C_3 \times V_{\mathrm{SH}}(0°) + D_3 \end{cases} \tag{5.36}$$

式中，C_1、C_2、C_3、D_1、D_2、D_3 为关系式系数，均为常数。

得到岩心非垂直层理面声波波速和垂直层理面声波波速关系后，结合常规声波测井记录 $[V_{\mathrm{P}}(0°)$、$V_{\mathrm{SH}}(0°)]$，利用拟合关系式 (5.36) 获得所需的五种声波速度 $[V_{\mathrm{P}}(0°)$、$V_{\mathrm{SH}}(0°)$、$V_{\mathrm{P}}(90°)$、$V_{\mathrm{SH}}(90°)$、$V_{\mathrm{P}}(45°)]$，再利用式 (5.19)～式 (5.30) 计算地应力。

同时，利用七分量声波测试装置，建立起纵、横波的拟合关系式，见式 (5.37)：

$$V_{\mathrm{P}}(0°) = C_4 \times V_{\mathrm{SH}}(0°) + D_4 \tag{5.37}$$

式中，C_4、D_4 为关系式系数，均为常数。

3）基于多井分析的单直井模型

对于常规声波测井和密度测井，仅给出纵波 $V_{\mathrm{P}}(0°)$、横波 $V_{\mathrm{SH}}(0°)$、密度 ρ 的情形，可以给出另一种基于多井分析的单直井模型。假定同一平台至少有一口直井和斜井 (图 5.26)，目的层段地层没有起伏且直井和斜井的声波测井数据与密度测井数据处于同一垂深。

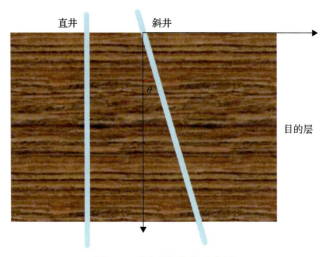

图 5.26　同平台多井示意图

需要 Thomsen 各向异性参数作为中间参数来计算五个独立的刚度参数。纵横波波速与 Thomsen 各向异性参数 $(\alpha, \beta, \gamma, \varepsilon, \delta)$ 及井斜角 (θ') 的关系如式 (5.38) 和式 (5.39) 所示：

$$V_{\mathrm{SH}}(\theta') = \beta \sqrt{1 + 2\gamma \sin^2 \theta'} \tag{5.38}$$

$$\frac{V_{\mathrm{SV}}^2(\theta')}{\alpha^2} = 1 + \varepsilon \sin^2 \theta' - \frac{f}{2} - \frac{f}{2} \sqrt{1 + \frac{4 \sin^2 \theta'}{f}(2\delta \cos^2 \theta' - \varepsilon \cos 2\theta') + \frac{4 \varepsilon^2 \sin^4 \theta'}{f^2}} \tag{5.39}$$

$$\frac{V_\mathrm{P}^2(\theta')}{\alpha^2} = 1 + \varepsilon \sin^2\theta' - \frac{f}{2} + \frac{f}{2}\sqrt{1 + \frac{4\sin^2\theta'}{f}(2\delta\cos^2\theta' - \varepsilon\cos 2\theta') + \frac{4\varepsilon^2\sin^4\theta'}{f^2}} \tag{5.40}$$

式中，$f = 1 - \dfrac{\beta^2}{\alpha^2}$。

具体步骤如下所述。

步骤 1：Thomsen 各向异性参数 $(\alpha,\beta,\gamma,\varepsilon,\delta)$ 计算。

(1) 根据式 (5.38)～式 (5.40)，建立通过直井声波测井计算 α、β 的公式：

$$\alpha = V_\mathrm{P}(0°) \tag{5.41}$$

$$\beta = V_\mathrm{SH}(0°) = V_\mathrm{SV}(0°) = V_\mathrm{SV}(90°) \tag{5.42}$$

(2) 根据上一步得到的 α、β 计算 $f = 1 - \dfrac{\beta^2}{\alpha^2}$；通过斜井声波测井计算 γ、ε、δ。

(3) 通过将式 (5.38) 重新排列计算 γ，可得

$$\gamma = \frac{\dfrac{V_\mathrm{SH}^2(\theta')}{\beta^2} - 1}{2\sin^2\theta'} \tag{5.43}$$

VTI 地应力模型中 ε、γ 总是大于零，且一般情况下小于 1。$\gamma > 0 \Rightarrow V_\mathrm{SH}(\theta') > V_\mathrm{S}(0)$。

(4) 通过将式 (5.39) 和式 (5.40) 重新排列，计算 ε 得

$$\varepsilon = \frac{\dfrac{V_\mathrm{P}^2(\theta') + V_\mathrm{SV}^2(\theta')}{\alpha^2} - 2 + f}{2\sin^2\theta'} \tag{5.44}$$

(5) 通过将式 (5.42) 和式 (5.43) 重新排列计算 δ，得到式 (5.45)：

$$\delta = \frac{\dfrac{\left[V_\mathrm{P}^2(\theta') - V_\mathrm{SV}^2(\theta')\right]^2}{\alpha^4} - A}{2f\sin^2 2\theta'} \tag{5.45}$$

式中，$A = f^2 - 4f\varepsilon\sin^2\theta'\cos 2\theta' + 4\varepsilon^2\sin^4\theta'$。

步骤 2：绘制 Thomsen 各向异性数 $(\gamma,\varepsilon,\delta)$ 与同垂深直井声波测井数据 $V_\mathrm{P}(0°)$、$V_\mathrm{SH}(0°)$ 以及地层密度 ρ 的交会图 (图 5.27)，并拟合 $(\gamma,\varepsilon,\delta)$ 与 $(V_\mathrm{P}(0°)$，$V_\mathrm{SH}(0°)$，$\rho)$ 的函数关系式，目的是将此函数关系式推广到整个区块。

(1) 横波各向异性参数 γ 随着竖向剪切波速的减小而增加；剪切波速随着孔隙度、黏土含量、固态有机质、孔隙压力、裂缝、微裂缝的增加而减小。可能的函数关系式如式 (5.46) 所示：

$$\gamma = \frac{C_{66} - C_{44}}{2C_{44}} = \frac{1}{2}\frac{C_{66}}{\rho}\frac{1}{V_\mathrm{SH}(0°)^2} - \frac{1}{2} = \frac{A_1}{\rho}\frac{1}{V_\mathrm{SH}(0°)^2} - B_1 \tag{5.46}$$

此时需要沿垂深分布的 γ、ρ、$V_\mathrm{SH}(0°)$ 通过大量的数据拟合出系数 A_1、B_1。

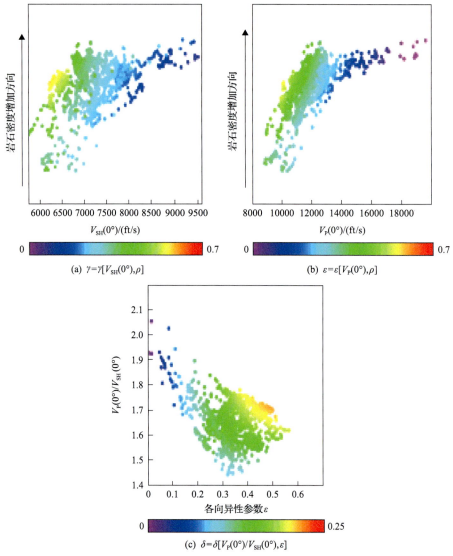

图 5.27　各向异性数、声波测井数据及地层密度交会图与函数关系式

1ft=3.048×10⁻¹m

(2)类似地，对于纵波各向异性参数 ε ，可能的函数关系为

$$\varepsilon = \frac{C_{11}-C_{33}}{2C_{33}} = \frac{1}{2}\frac{C_{11}}{\rho}\frac{1}{V_{P}(0°)^2} - \frac{1}{2} = \frac{A_2}{\rho}\frac{1}{V_{P}(0°)^{22}} - B_2 \tag{5.47}$$

此时需要沿垂深分布的 ε 、 ρ 、 $V_{P}(0°)$ 通过大量的数据拟合出系数 A_2 和 B_2。

(3)对于纵波变异系数 δ ，可能的函数关系为

$$\delta = \delta\left[V_{P}(0°)/V_{SH}(0°),\varepsilon\right] \tag{5.48}$$

需要分析观察收集的数据才能确定具体函数形式。

通过式(5.41)、式(5.42)、式(5.45)、式(5.47)和式(5.48)，我们可以根据常规直井声波测井$[V_P(0°)、V_{SH}(0°)、\rho]$计算得到五个独立的 Thomsen 各向异性参数$(\alpha, \beta, \gamma, \varepsilon, \delta)$。

步骤 3：将 Thomsen 各向异性参数代入五个刚度参数C_{11}、C_{33}、C_{44}、C_{66}、C_{13}中，见式(5.49)～式(5.53)：

$$C_{33} = \rho\alpha^2 \tag{5.49}$$

$$C_{44} = \rho\beta^2 \tag{5.50}$$

$$C_{66} = C_{44}(2\gamma + 1) \tag{5.51}$$

$$C_{11} = C_{33}(2\varepsilon + 1) \tag{5.52}$$

$$C_{13} = \sqrt{2\delta C_{33}(C_{33} - C_{44}) + (C_{33} - C_{44})^2} - C_{44} \tag{5.53}$$

C_{13}需大于零，否则泊松比会小于零。

至此获得所需的五个刚度参数C_{11}、C_{33}、C_{44}、C_{66}、C_{13}，结合式(5.23)～式(5.27)计算地应力。

3. VTI 地应力模型计算结果验证

根据上面的数学模型编制了计算程序，分别计算定向井 VTI 地应力结果。同时，依据油井相同的测井资料，采用常用的 StimPlan 压裂软件中的地应力模块，对油井应力剖面进行计算，结果表明 VTI 模型地应力计算值与 StimPlan 计算值误差为 4.4%～6.1%，两个模型地应力剖面变化趋势具有很好的一致性，且运用 VTI 地应力模型计算地应力剖面分辨率更高，应力变化数据点比各向同性模型增加 48%～69%，VTI 地应力模型对薄层识别率更好(表 5.12，表 5.13，图 5.28)。

表 5.12　VTI 地应力模型与 StimPlan 软件计算地应力值对比

井号	VTI 地应力模型最小水平主应力平均值	StimPlan 最小水平主应力平均值	差值	误差/%
HJ1-2 井	23.99	25.09	1.1	4.6
X237-36 井	30.3	28.9	1.4	4.6
X236-61 井	26.1	24.5	1.6	6.1
Y45 井	31.5	30.1	1.4	4.4

表 5.13　VTI 地应力模型与 StimPlan 软件计算地应力剖面小层辨别情况对比(HJ1-2 井)

井段/m	VTI 地应力模型应力剖面变化点数量	各向同性模型应力剖面变化点数量
1500～1550	63	36
1550～1600	62	29
1600～1650	59	31

续表

井段/m	VTI 地应力模型应力剖面变化点数量	各向同性模型应力剖面变化点数量
1650～1700	51	32
1700～1750	69	37
1750～1800	65	31
1800～1850	62	36
1850～1886	48	23
平均	60	32

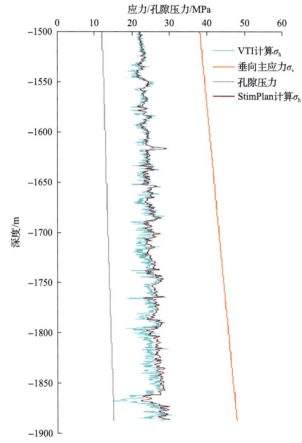

图 5.28　HJ1-2 井地应力剖面计算

σ_h-最小水平主应力，MPa；σ_v-垂向主应力，MPa

5.3　老井体积压裂裂缝带宽优化

近年来，随着压裂技术的不断发展，体积压裂技术已成为非常规油气藏提高单井产量、改善油藏开发效果的重要技术。国外体积压裂主要应用于新油气田的开发，国内在部分致密、页岩油气体积压裂技术方面也取得了重要进展。但老井体积压裂重复改造方面尚未有规模应用的范例。

与常规压裂裂缝相比，体积压裂在裂缝带宽、裂缝带长等方面明显增加。考虑老井重复压裂是在既定井网、长期注采条件下开展，因此体积压裂在老井中的应用面临以下挑战：一是超低渗油藏受初次压裂裂缝及长期注采等因素导致的地应力场动态变化对复杂裂缝的影响；二是受注采井网限制，如何实现"复杂裂缝"与井网的适配；三是在老井已有老裂缝的基础上如何产生新的复杂裂缝。

5.3.1 老井合理裂缝带宽的计算方法

老井体积压裂后裂缝改造区面积大大增加，当裂缝带宽过大时，容易引起水淹；裂缝带宽较小时，对油井产能增加效果较差。因此，对于重复压裂，裂缝带宽的范围确定显得尤为重要。通过设置不同的裂缝带宽，利用数值模拟技术模拟重复改造后的产油量、累积产油量、含水变化，确定超低渗油藏最优裂缝带宽。

最小带宽设计理念：由于超低渗油藏低孔低渗及启动压力梯度的存在，其初次压裂极限泄油面积受限，难以建立有效的驱替系统。考虑基于油藏工程方法研究压裂井泄油半径，采用数值模拟的方法确定重复带宽与泄油面积的关系图版。体积重复压裂可以通过降低渗流阻力使压力降突破初次压裂极限泄油半径，提高产能，从而确定重复压裂最小带宽。

最大带宽设计理念：重复压裂容易导致油井含水率上升过快，基于控制侧向井暴性水淹以及累积产油量的最大化，通过数值模拟确定重复压裂裂缝最大带宽。

假设圆形均质油藏中心有 1 口油井，稳态渗流，以定产量稳态生产，储层处在刚性渗流条件及低速非达西渗流状态。典型低渗油藏非线性渗流曲线如图 5.29 所示。

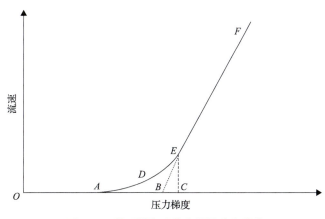

图 5.29 典型低渗油藏非线性渗流曲线

渗流速度计算方法见式(5.54)：

$$v = -\frac{K}{\mu}\left(\frac{\mathrm{d}P}{\mathrm{d}r} - \gamma_{启动压力}\right) \tag{5.54}$$

式中，K 为储层渗透率，$10^{-3}\mu m^2$；μ 为流体黏度，$mPa\cdot s$；$\dfrac{dP}{dr}$ 为该点压力，MPa；$\gamma_{启动压力}$ 为启动压力梯度，MPa/m。

存在启动压力时单井产量计算公式见式(5.55)：

$$q = \frac{2\pi Kh(P_e - P_w)}{\mu \ln \dfrac{r_e}{r_w}}\left[1 - \frac{\gamma(r_e - r_w)}{P_e - P_w}\right] \tag{5.55}$$

式中，h 为储层厚度，m；P_e 为油藏压力，MPa；P_w 为井底流压，MPa；r_e 为任意一点距井筒径向距离，m；r_w 为井筒半径。

驱替压力梯度公式见式(5.56)：

$$\frac{dP}{dr} = \frac{1}{r}\frac{(P_e - P_w)}{\ln \dfrac{r_e}{r_w}}\left[1 - \frac{\gamma(r_e - r_w)}{P_e - P_w}\right] + \gamma \tag{5.56}$$

式中，γ 为启动压力梯度。

当油井的产量等于零，液体质点不再流动时，对应的半径为油井的极限控制半径，见式(5.57)：

$$r_{极限} = \frac{P_e - P_w}{\gamma_a} \tag{5.57}$$

式中，γ_a 为任一点启动压力梯度，MPa/m。

通过实验得到了压敏效应的数学表达式、最小启动压力梯度与流度的关系式，见式(5.58)～式(5.61)：

$$K = K_i e^{-\alpha_k P} \tag{5.58}$$

$$SI = \frac{K_i - K}{K_i} \tag{5.59}$$

$$SI = 0.3534 K^{-0.166} \tag{5.60}$$

$$\gamma_{最小} = 0.43\left(\frac{K}{\mu}\right)^{-1.3} \tag{5.61}$$

式中，α_k 为应力敏感常数；$\gamma_{最小}$ 为最小启动压力梯度，MPa/m；K_i 为原始储层渗透率。

将式(5.57)～式(5.60)代入式(5.61)，整理得到极限半径计算公式，见式(5.62)：

$$R_{\max} = \frac{(Pe - Pw)(e^{-1.3\alpha_k P_w} - e^{-1.3\alpha_k P_e})}{\gamma_a} \tag{5.62}$$

式中，

$$\alpha_k = -\frac{\ln(1 - SI)}{10}$$

超低渗油藏极限泄油面积较小，主要依赖于压裂裂缝增大泄油面积，同时还应通过注水开发增大驱替压差来增加驱替半径。对于低渗油藏压裂直井，裂缝周围渗流区域形状近似椭圆，椭圆短半轴的距离等于低渗透基质未压裂所能驱动的极限半径 $R_{\max}$，椭圆长半轴为短半轴长加裂缝半长，计算公式见(5.63)和式(5.64)。

椭圆长半轴长：

$$a = R_{\max} + L_f \tag{5.63}$$

式中，L_f 为裂缝半长，m。

椭圆短半轴长：

$$b = R_{\max} \tag{5.64}$$

根据各个井区油藏启动压力梯度实验测量结果，B153 井区启动压力梯度为 0.695MPa/m，白 209 井区启动压力梯度为 0.752MPa/m。

参数取值：裂缝半长 120m，渗透率取各井目标层渗透率，启动压力梯度取各区块启动压力梯度值。

压裂井的泄油面积呈椭圆状，且压裂裂缝半长、生产压差、渗透率、启动压力梯度对椭圆形态起到重要影响。启动压力梯度大、渗透率低造成单井泄油面积普遍较小。

5.3.2　最小裂缝带宽范围的确定

由于超低渗油藏启动压力梯度的存在，当流体压力梯度小于启动压力梯度时，地层孔隙流体不能流动：

$$V_a = \begin{cases} -\dfrac{KK_{ra}}{\mu}\left(1 - \dfrac{G}{|\nabla p_a|}\right)\nabla p_a, & |\nabla p_a| > G \\ 0, & |\nabla p_a| \leqslant G \end{cases} \tag{5.65}$$

式中，V_a 为任一点的渗流速度，m/s；K 为储层渗透率，mD；K_{ra} 为任一点的渗透率，mD；μ 为流体黏度，mPa·s；G 为储层压力梯度，MPa/m；∇p_a 为流体压力梯度，MPa/m。

基于连续性方程及运动方程，运用 COMSOL 数值模拟软件，求解有限导流裂缝下的压力方程。

根据不同储层渗透率下裂缝带宽与极限泄油半径的关系图可以看出(图 5.30)，在给定的工作制度下，泄油椭圆长轴受地层渗透率及裂缝缝长影响，泄油椭圆短轴受裂缝带宽及地层渗透率的影响。当裂缝带宽较小时,泄油短轴长基本不变,裂缝带宽增加到一定值,压力梯度降至启动压力梯度以下,使泄油半径增加幅度变大。因此,考虑以此拐点处的带宽作为重复压裂最小带宽。

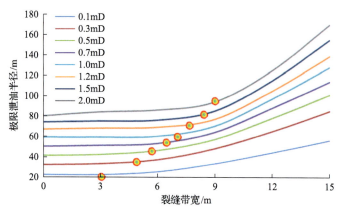

图 5.30　不同储层渗透率下裂缝带宽与极限泄油半径的关系
启动压力梯度为 0.43MPa/m

5.3.3　最大裂缝带宽范围的确定

体积重复压裂(简称复压)中,带宽直接影响了裂缝与基质的接触范围与窜流情况,带宽过小会导致渗流区域狭窄,无法达到最大程度的增产;带宽过大则容易导致油井含水率上升快,影响最终采收率。因此,明确重复压裂裂缝最大带宽的合理界限显得十分重要。基于控制侧向井暴性水淹及累积产油量的最大化,通过数值模拟确定重复压裂裂缝最大带宽。

考虑区块渗透率差异及天然裂缝方位等因素,分主向井、侧向井两种类型进行差异化设计,采用数值模拟方法,结合含水率上升及产油情况对不同带宽下的研究井进行分析,对部分井不同带宽下的重复压裂生产动态进行预测(图 5.31,图 5.32)。

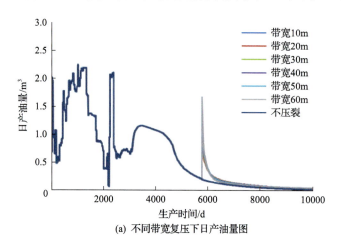

(a) 不同带宽复压下日产油量图

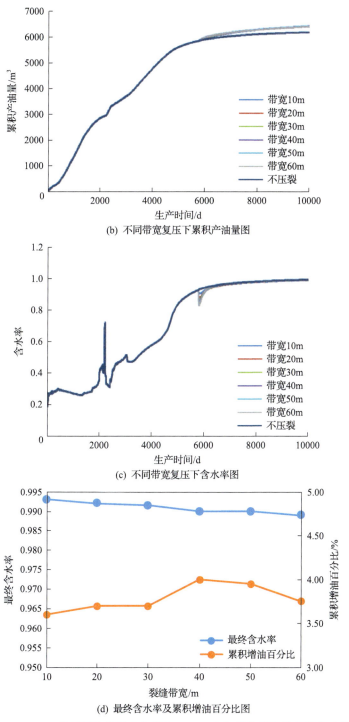

(b) 不同带宽复压下累积产油量图

(c) 不同带宽复压下含水率图

(d) 最终含水率及累积增油百分比图

图 5.31　B153 井区研究井组主向井 (G127-159) 合理的最大带宽确定过程图

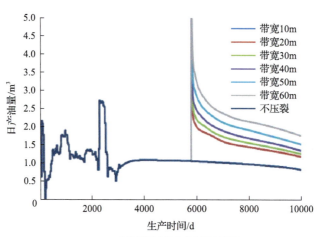

(a) 不同带宽复压下日产油量图

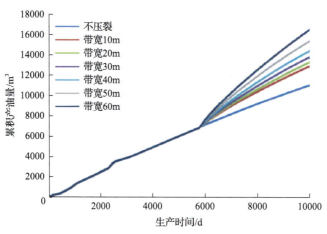

(b) 不同带宽复压下累积产油量图

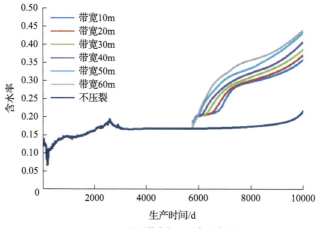

(c) 不同带宽复压下含水率图

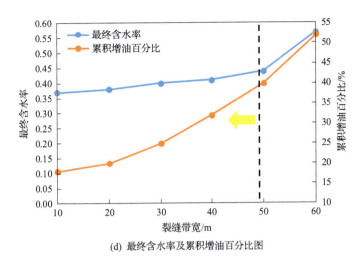

(d) 最终含水率及累积增油百分比图

图 5.32　B153 井区研究井组侧向井 (G127-160) 合理的最大带宽确定过程图

侧向井处剩余油较多，复压增产潜力更大；主向井由于水淹程度较为严重，复压效果并不明显；最大带宽受渗透率影响较大，低渗储层水线波及晚，剩余油富集，复压能提高基质与裂缝之间的窜流能力，增产效果明显，随着储层渗透率的增加，最大合理带宽减小。

根据研究区合理的最大及最小带宽研究成果，归纳出不同渗透率条件下井组的合理复压带宽范围为 13～46m (图 5.33)。

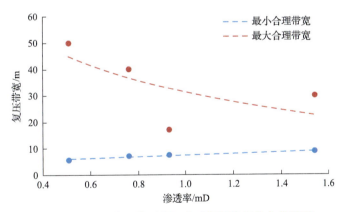

图 5.33　B153 井区典型井组合理复压带宽分布范围图

最小带宽与储层渗透率呈正相关，即储层渗透率越高，合理的最小复压带宽越大。最大带宽与储层渗透率呈负相关，即储层渗透率越高，储层见水更快，复压最大带宽越小。同时可以看出，最大复压带宽对储层渗透率更加敏感。

根据超低渗油藏不同井网、不同开发阶段，建立了排距 130～220m、开发时间 5～15 年不同油藏的裂缝形态图版，为优化工艺参数提供了指导 (表 5.14)。

表 5.14 压裂裂缝优化结果表 （单位：m）

排距/m	含水率20%		含水率40%		含水率60%	
	裂缝半长	带宽	裂缝半长	带宽	裂缝半长	带宽
130	200	60	200	50	200	40
160	200	80	200	70	200	50
190	200	100	200	90	200	60
220	200	120	200	100	200	70

5.4 缝端暂堵体积压裂工艺

5.4.1 裂缝向高应力区延伸的力学条件

经研究发现：注采一段时间后，储层内应力场、地层流体饱和度、岩石力学性质出现条带状分布(图 5.34)，重复压裂裂缝延伸有 5 种可能的路径(图 5.35)，出现具有代表

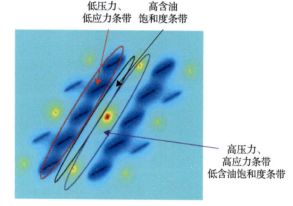

图 5.34 注采后地应力场分区示意图

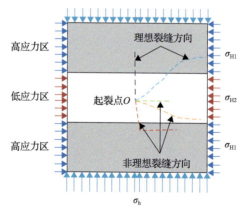

图 5.35 重复压裂裂缝延伸的 5 种可能路径示意图

σ_{H1} 为高应力区最大水平主应力，MPa；σ_{H2} 为低应力区最大水平主应力，MPa

性的三个条带：低压力、低应力条带，高含油饱和度条带，高压力、高应力条带。其中低压力、低应力条带为人工裂缝存在区域，含油量较低；高压力、高应力条带为水井所在区域，含油量较低；中间高含油饱和度条带地应力较高。本节将通过物理模拟实验模拟焖井过程后的重复压裂过程，并尝试给出重复压裂人工裂缝带形成条件。

针对实际出现的低应力区、高应力区特征，给出物理模拟实验设计思路、具体物理模拟实验方案和实验结果，在此基础上给出侧向形成新缝的力学条件。考虑现场实际生产过程，在进行重复压裂时，主要影响因素为压裂方式、排量和应力差条件。

针对重复压裂过程中可能的扩展路径，通过实验研究人工裂缝由低应力区扩展至高应力区的条件。设计物理模拟实验方案(图 5.36)，根据实验结果给出由低应力区向高应力区扩展的力学条件及人工干预措施。

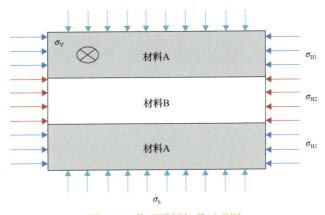

图 5.36　物理模拟加载示意图

物理模拟实验设计思路：其中材料 A、材料 B 所对应的区域分别为高应力区与低应力区，在实验室条件下采用不同配比的灰水泥、白水泥和砂进行模拟。采用试件分层加不同应力的方式模拟低应力区、高应力区。将试件分为三层：底层与顶层施加相同的地应力，中间层施加较小地应力，呈现出底层与顶层为高应力区、中间层为低应力区。加载应力满足以下关系：

$$\sigma_{H1} > \sigma_{H2}$$

实验考虑应力差、排量、压裂方式三个因素对裂缝侧向延伸的影响，在相同应力差下进行了常规压裂和暂堵压裂物理模拟实验。实验表明，当高应力区应力差为 5MPa、低应力区应力差为 3 MPa 时，常规压裂(试件 1)形成的裂缝在低应力区扩展，未能实现由低应力区向高应力区扩展，而暂堵压裂(试件 2)形成的裂缝实现了由低应力区向高应力区扩展(表 5.15)。

由上述物理模拟实验可知(图 5.37)，当应力差≤3MPa 时，提高施工排量，就可以使缝内净压力达到 3MPa，产生侧向新裂缝；当应力差>3MPa 时，需结合暂堵技术，可使缝内净压力提升至 5MPa。对于平均水平两向应力差为 5.0MPa 的 B 区块而言，裂缝

表 5.15　物理模拟实验参数及结果汇总表

编号	三向应力/MPa	高应力区应力差/MPa	低应力区应力差/MPa	压力曲线	试件照片
1	17-14-9	5	3		
2	17-14-9	5	3		

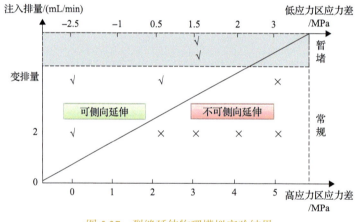

图 5.37　裂缝延伸物理模拟实验结果

要从近井地带的低应力区延伸到剩余油富集的高应力区通过常规压裂是难以实现的,需要借助暂堵技术,抑制初次压裂裂缝缝长进一步延伸,提高缝内净压力,才能使裂缝从低应力区向高应力区扩展。

针对以上实验结果,可以发现以下规律:在应力差低于 2MPa 时,变排量、大排量压裂更易使得裂缝由低应力区向高应力区扩展。变排量压裂时,小排量条件下,低应力区井眼附近可产生多个破裂点,随排量突然增加,水力裂缝沿破裂点动态扩展,依靠压裂液"惯性"使裂缝由低应力区延伸至高应力区。在应力差为 5MPa 时,采用暂堵技术可使裂缝由低应力区向高应力区扩展,促使老裂缝侧向产生新的裂缝,扩大油藏改造体积。

5.4.2　缝端暂堵体积压裂工艺的优化

缝端暂堵体积压裂是在体积压裂的基础上,结合老油田长期注采、固有井网条件,集成和优化了缝端暂堵技术、缝内多级暂堵技术和体积压裂技术,主要表现为:一是在携砂液前期阶段通过纤维暂堵为主+降低排量为辅实施裂缝端部封堵,抑制裂缝缝长延伸,提高缝内净压力,开启侧向新缝;二是通过缝内多级暂堵为主+提高排量为辅,进一步提高缝内净压力,压开侧向新缝或开启天然裂缝,扩大裂缝带宽,达到侧向引效的目的[51-56]。

1. 暂堵工艺优化

压裂造缝的根源在于岩石的破坏机制,即对应于岩石中的新缝开启或者老裂缝重启,实现造缝的条件对应于岩石内某处发生破坏(破裂)的临界条件。因此,对暂堵压裂造缝机理的研究应该从岩石基本破坏机制出发,综合考虑客观因素(油气藏地质特征及物性参数等)以及主观因素(完井方式、开采因素、压裂工艺等)对岩石破坏的影响。如果原始最大水平主应力和最小水平主应力差值小,则地应力场越容易转向。依据前期注采条件下应力场的模拟计算结果,长庆油田超低渗油藏在原始水平两向应力差为 6MPa 的条件下,后期注采应力差为 1.7～4.0MPa,人为提高缝内净压力到一定程度后,有利于地应力场的反转。

1977 年 Abrams 提出 1/3 架桥规则,即选择有足够量粒径大于 1/3 平均储层空隙直径的颗粒作为优选暂堵剂。结合长庆油田目前应用的支撑剂规格,计算出不同规格支撑剂进入裂缝时所需的最小动态缝宽和最小砂比(图 5.38)。

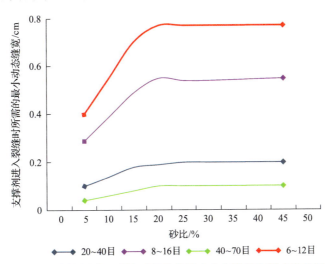

图 5.38　支撑剂进入裂缝时所需的最小动态缝宽和最小砂比图

20 世纪 90 年代初期,国内学者罗平亚等在 1/3 架桥理论的基础上进一步提出了屏蔽暂堵理论和 2/3 架桥准则,即固相颗粒在地层孔喉处的屏蔽桥堵原理,当固相粒子的尺寸为缝宽尺寸的 2/3 时,可稳定架桥于堵塞裂缝,当固相粒子尺寸为缝宽的 1/3 时,固相粒子可深入裂缝内部堆积形成桥塞。两者结合,便能有效而牢固地形成桥堵,挡住后续颗粒前进的道路形成堆积,随着后续固体颗粒的继续加入,产生桥堵和堆积的颗粒越来越多,在裂缝主通道形成一定厚度和长度的堵塞带,阻碍和限制了裂缝的继续延伸和发展,随着后续携砂液的继续加入,处于井筒和堵塞带之间的裂缝缝内净压力不断升高,当裂缝净压力达到微裂缝开启压力或新缝破裂压力时,微裂缝或新缝就会开启,随后续携砂液的继续加入,微裂缝或新缝就会延伸和扩展成为新的支裂缝。

对已有井利用 StimPlan 进行相同液量、相同砂量、不同排量(2m³/min、4m³/min、6m³/min、8m³/min)、不同泵注程度分析计算可见,超低渗油藏中裂缝动态缝宽随着时间的推移呈现增长趋势,随着排量的增加而增宽(图 5.39),计算的裂缝动态缝宽达到 0.4cm以上;结合长庆超低渗储层深度、管柱结构、施工压力、工具工作压力确定施工排量大于等于 3.0m³/min;依据不同粒径支撑剂进入裂缝的最小动态缝宽和计算的裂缝动态缝宽数据,同时结合支撑剂的现场组织情况,确定了实现支撑剂桥堵作用要采用的支撑剂为8~16 目规格,且支撑剂的砂比大于等于 20%,支撑剂进入裂缝的最小动态缝宽为 0.5cm,暂堵阶段的施工排量小于等于 6m³/min;再结合超低渗油藏注采条件下的应力变化、净压力上升情况、储隔层应力差确定暂堵阶段的施工排量小于等于 5m³/min。主要表现在以下两个方面。

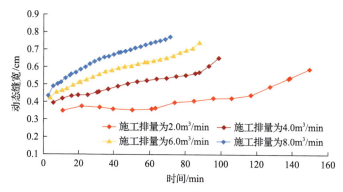

图 5.39　施工排量-动态缝宽计算结果图

1) 缝端暂堵阶段

(1)确定了缝端暂堵阶段的暂堵时机为 20min 以内,且采用降排量模式。

(2)为控制裂缝长度,结合初次压裂的造缝规模,前置液量优化为 20m³。

(3)采用 3.5in 油管注入方式时排量要控制在 3.0~5.0m³/min。

(4)暂堵剂采用组合粒径的 KDD-1,砂比大于等于 20%,为了更进一步提升暂堵效果,采用 CDD-3+CDD-4 组合堵剂。

(5)为了保证支撑剂运送到裂缝的端部,优化采用纤维压裂液。

2) 缝内多级暂堵阶段

(1)确定了缝端暂堵阶段的暂堵时机为 40~60min,且采用降排量模式。

(2)采用 3.5in 油管注入方式时排量要控制在 3.0~5.0m³/min。

(3)暂堵剂采用 KDD-2,砂比大于等于 20%。

(4)为了保证支撑剂和暂堵剂的沉降,优化采用纤维压裂液。

采用以上暂堵技术手段,缝内净压力提高 3.0MPa 以上。

2. 压裂参数优化

优化压裂工艺参数,主压裂阶段排量 3.0~6.0m³/min,净压力达到 2~3MPa,建立了不同储层厚度下净压力与施工排量关系曲线(图 5.40)；结合前期暂堵技术手段，缝内净压力提高 5Pa 以上，满足开启侧向新缝净压力技术条件。

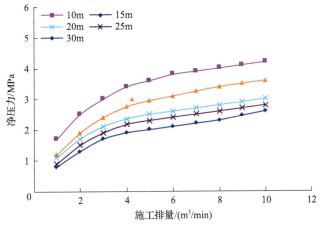

图 5.40　不同储层厚度下净压力与施工排量关系曲线

根据井下微地震监测结果标定，按照裂缝穿透比 0.4 进行计算。在相同缝长、缝高条件下入地液量与裂缝带宽标定关系图如图 5.41 所示。

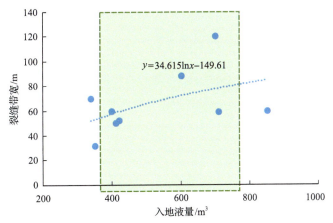

$y=34.615\ln x-149.61$

图 5.41　相同缝长、缝高条件下入地液量与裂缝带宽标定关系图

缝长 400m，缝高 40m

低渗油藏压裂生产井随着开采时间的增长，普遍面临地层能量过低及油井产量急剧下降等问题，需要开展重复压裂作业，为剩余油的开采提供新的输油通道。然而由于长时间的开采，油井附近普遍形成低压带，重复压裂作业形成的新缝需要从低压区延伸至高压区，即从已开采区域延伸至未开采区域，难度较大；另外，由于低渗油藏储层的地质特征，水力裂缝形态相对单一，难以形成复杂裂缝网络。为此，提出压裂前注入大量前置液进行焖井储能的新压裂理念，以期解决低渗油藏重复压裂所面临的棘手问题。

油井生产一段时间后，受注采作用影响，老裂缝附近孔隙压力降低、地应力值减小，形成了低应力区，但储层岩石的渗透率低，低应力区的影响范围较小，因此可以通过注入大量前置液充填老裂缝，使老裂缝储层附近的孔隙压力增加，进而增加老裂缝附近的地应力值，降低水平应力差值，从而辅助重复压裂产生的新裂缝顺利延伸至高应力区。B 区块研究井组原始地层压力 15.8MPa，平均采出液量 3809m³，目前地层压力 12～13MPa，计算在压裂前需要注入 2000～4000m³ 驱油压裂液才能使地层压力恢复至原始地层压力（图 5.42）。

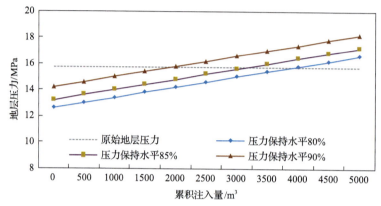

图 5.42   累积注入量与地层压力恢复关系曲线图

通过前置液增能提高地层孔隙压力，地层孔隙压力从近井地带向地层扩散的同时，会大幅加剧天然裂缝胶结面的错动和分离，有利于后期实施重复压裂，天然裂缝发生剪切和拉伸破坏，提高裂缝复杂程度；前置液增能的另一机理在于通过孔隙压力场的扩散，扰动和开启远端天然裂缝，远端天然裂缝的开启虽然不能提高水力裂缝复杂程度，但是却可以显著提高地层渗透率，加速剩余油向水力裂缝流动，从而进一步提高油井产量。以注采过程地应力模拟得到的应力场为基础，计算泵注 2000m³ 前置液过程中裂缝周围孔隙压力变化，从而明确老裂缝周围孔隙压力变化规律（图 5.43）。

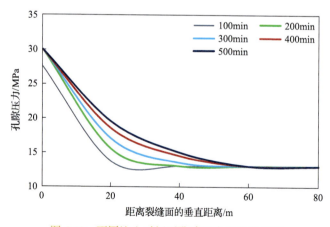

图 5.43   不同注入时间下孔隙压力变化曲线图

计算结果表明距离老裂缝面 0～30m 区域呈现孔隙压力迅速降低的趋势，降低 10MPa 左右，30m 以外区域孔隙压力趋于 14MPa，说明孔隙压力的有效影响范围约为 30m，可以增加低应力区孔隙压力，从而降低低应力区与高应力区的应力差值，使重复压裂裂缝易于向高应力区延伸。

根据超低渗油藏压力保持水平，优化工艺技术和参数体系，形成了超低渗油藏缝端暂堵体积压裂改造技术和两种工艺模式(表 5.16)。

表 5.16　超低渗油藏缝端暂堵体积压裂改造技术模式表

压力保持水平	改造思路	工艺对策	配套堵剂	压裂材料	改造参数
≥90%	产生侧向新缝、增加裂缝带宽	缝端暂堵体积压裂	低密度堵剂+纤维	滑溜水+交联液 20/40 目+40/70 目石英砂	加砂：40～55m³ 排量：3.0～6.0m³/min 入地液量：400～550m³
<90%	提高地层能力、产生侧向缝	补能+缝端暂堵体积压裂		驱油压裂液+滑溜水+交联液 20/40 目+40/70 目石英砂	补能入地液量：500～1000m³ 加砂：45～60m³ 排量：6.0～8.0m³/min 入地液量：500～750m³

5.4.3　配套低密度暂堵剂材料研发

通过特殊材料在老裂缝端部形成暂堵，控制裂缝带长，增加裂缝带宽，提高压裂缝网与井网的适配性。配套缝端暂堵、缝内暂堵等工艺措施，通过现场试验，配套形成了两种堵剂体系(表 5.17)，满足了暂堵提升净压力，达到了裂缝转向、压开新缝的工艺目的。

表 5.17　配套形成的两种堵剂体系性能统计

堵剂类型	粒径范围/mm	溶解情况	配套工艺	适用的储层类型
KDD-1	0.15-2.5	不溶	缝端暂堵	见水方向明显、具备开启侧向新缝的油井
KDD-2	2.0	油溶	缝内暂堵	剩余油富集、驱替系统未建立油井

1. KDD-1 缝端暂堵剂

KDD-1 进入地层后，随液体运移至裂缝端部，发生桥堵，形成暂堵屏障，抑制裂缝进一步延伸，提高缝内净压力，促使裂缝由低应力区向高应力区延伸。

(1)暂堵剂性能要求：封堵性能好，确保暂堵剂能够在缝内架桥封堵；承压能力强，确保暂堵剂能够承受压裂施工时的井底压力；配伍性能好，应避免产生固体不溶物等使储层受到伤害；返排性能好，压裂结束能够完全溶解并顺利携带返排地面。

(2)主要性能指标：以石英为主要原料，添加辅助材料，密度(1.51g/cm³)小于石英，为不规则固体颗粒，粒径 0.15～2.5mm；耐压强度高，不溶于水。

(3)封堵性能：按照 1/3-2/3 架桥理论、动态缝宽 3～4mm 进行计算，优化了以 40～70 目为主，70～100 目、10～20 目、6～10 目为辅的堵剂粒径组合(图 5.44，图 5.45)，提升缝端暂堵能力，室内试验暂堵剂对岩心封堵率高达 99.8%，突破压力梯度高达 1.35MPa/cm，可以满足堵老裂缝、开新缝的压裂控制要求。

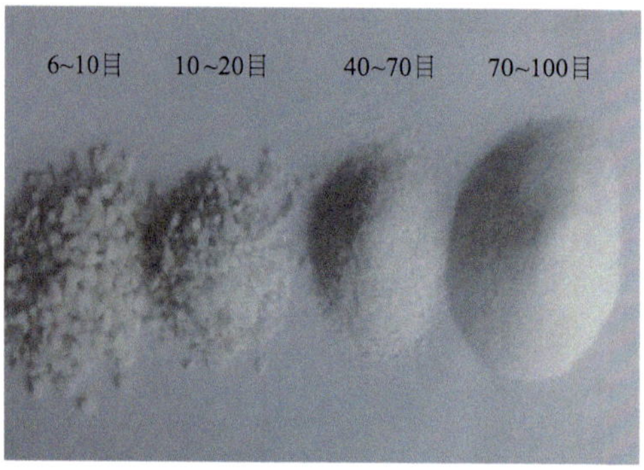

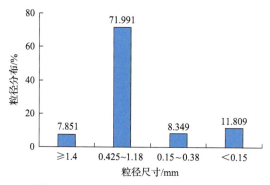

图 5.44　KDD-1 缝端暂堵剂实物图

图 5.45　KDD-1 缝端暂堵剂粒径分布图

　　(4)配伍性能：验证堵剂不溶物对地层的伤害。实验结果表明，堵剂对岩心渗透率的损害小于 1.0%，不影响压裂效果，可作为支撑剂，对储层伤害小。

　　2. KDD-2 缝内暂堵剂

　　对于油层单一、压力保持水平相对较高、侧向剩余油富集的储层，在原裂缝中通过层内多级暂堵，实现缝内净压力增高，使人工裂缝转向或天然裂缝开启，改善开发效果。

　　KDD-2 暂堵剂随压裂液进入裂缝，在缝内形成暂堵段塞或桥堵，使缝内净压力升高，从而开启天然微裂缝或压开层内新缝。

　　1)主要性能指标

　　性状：固体颗粒(图 5.46)；粒径：2.0～2.5mm；溶解性：可溶于油。以羟基丙酸为主要原料，单颗粒承压≥40MPa；添加淀粉等辅料，降低暂堵剂密度，真密度 1.0～1.2g/cm^3，受酸或碱催化，在超过 60℃的清水中，经一周降解后无残渣(图 5.47)。

　　2)技术特点

　　从混砂车加入暂堵剂，其本身没有加入级数限制，KDD-2 暂堵剂为油溶性物质，可随油流排出地面。该暂堵剂以段塞形式进入裂缝内部，在缝宽狭窄处形成桥堵。KDD-2 暂堵剂与国内外暂堵剂性能对标表明，其在性能满足要求的前提下，费用进一步降低(表 5.18)。

图 5.46　KDD-2 缝内暂堵剂实物图

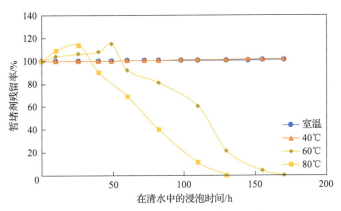

图 5.47　KDD-2 缝内暂堵剂降解实验图

表 5.18　KDD-2 暂堵剂与国内外暂堵剂性能对标

项目	油(水)溶性暂堵剂	KDD-2 暂堵剂	BBS 暂堵剂	吴羽(日本)降解材料
用量/kg	600~800	100~200	100~200	成分：羟基乙酸
注入排量/(m³/min)	2	2~4	1.2	
残渣含量	5%	降解为 H_2O 和 CO_2	降解为 H_2O 和 CO_2	降解为 H_2O 和 CO_2
升压幅度/MPa	2~54	>5	1~10	>70
单段费用/元	4 万~5 万	4 万~5 万	15 万(含施工费)	35 万

3）适应条件

天然裂缝发育；侧向剩余油富集。

3. DF-1 纤维

为了在老裂缝存在的条件下，将老裂缝暂堵，在与原有裂缝呈一定角度方向上造新缝，施工结束后暂堵剂可完全自行解除，即可实现缝端暂堵，扩大裂缝带宽，抑制缝长延伸，提升缝内净压力，同时又能提高裂缝内堵剂长距离运输能力的工艺要求，优选 DF-1

纤维作为原材料，采用表面氧化处理、表面接枝处理和硅烷偶联剂处理方法，解决 DF-1 纤维在压裂液中分散性差与纤维—基体间黏结性能不好的问题，同时也会结合 KDD-1 和 KDD-2 暂堵剂使其能够达到施工要求。

1）主要性能指标

DF-1 纤维由纺丝级聚乳酸树脂贴片、纺丝助剂、抗氧剂等组成，属于聚乳酸树脂类，细丝状，长度 10mm，适应地层温度 60～120℃。

2）技术特点

纤维与压裂液混合，可实现支撑剂或堵剂沉降速度减缓 25%，在 70℃标准盐水中 12 天可降解 92%（图 5.48）；与储层具有良好的配伍；室内实验表明，采用 0.6%浓度液体携带支撑剂或堵剂，静置 12h 后，其沉降距离为 10cm，纤维携带性能良好。

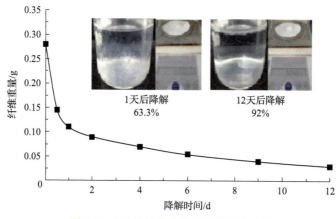

图 5.48　DF-1 纤维可降解性能评价曲线

4. DF-1 纤维+暂堵剂暂堵性能实验评价

开展 3mm 缝端封堵优选实验，见表 5.19。在暂堵材料总浓度一定时，适当增大纤维的浓度有利于加快封堵速率；3mm 缝宽裂缝的优化暂堵材料组合为 0.8%纤维+0.8% 2mm 颗粒；纤维和颗粒的总浓度越高，其能够封堵的缝宽就越大，封堵速率也越快；当暂堵材料浓度相同时，适当提高泵注排量有助于快速形成封堵段。

表 5.19　3mm 缝端封堵优选实验

实验编号	纤维浓度/%	2mm 颗粒/%	出液量/mL
1	0.8	0.6	2096
2	0.6	0.8	2904
3	0.8	0.8	1802
4	0.6	1.0	2382
5	0.6	0.6	3459

5.4.4　低成本可回收压裂液体系研发

目前低渗-超低渗油气藏普遍采用体积压裂工艺的大排量、大规模施工方式,大液量和大砂量有助于提高储层改造体积;高排量有助于提高缝内净压力,从而增加裂缝复杂程度。体积压裂工艺单井压裂施工的配液量达到数千立方米甚至上万立方米已成为常态,施工液量增加也带来了新的问题:一方面配液水资源不足;另一方面返排液处理需要高额的处理成本和运输成本。

基于以上问题研究人员开展了可回收压裂液体系研发工作,针对常规冻胶压裂液体系,研发了高分子聚硼类交联剂,初步形成低成本可回收压裂液体系,该体系优点如下。

(1)节约水资源:不需要大量的淡水资源。

(2)保护环境:重复利用返排液作为压裂液,对环境影响小。

(3)配方简化:可用高矿化度返排液配液,消除和减少化学添加剂用量。

(4)防膨性能好:高矿化度可以稳定黏土膨胀。

(5)成本低:对于多平台井应用返排水比淡水便宜。

1. 高分子聚硼类交联剂

压裂液裂返排液具有稳定性高、难以降解、黏度高、含有原油、乳化程度高的特点,残余的交联剂使局部交联瓜尔胶,影响再次配制压裂液的性能,因此需要采用氧化破胶剂抑制瓜尔胶的溶胀,降低压裂液黏度,使压裂液破胶。

在硼交联剂的基础上引入可聚合含有羧基的碳氢化合物基团形成高分子聚合物交联剂,同时保留大量醇羟基,形成了高分子聚硼类交联剂。

高分子聚硼类交联剂的特点如下。

(1)分段交联,逐步水解释放交联节点。低温时两端的含硼离子水解与瓜尔胶交联,而中间分子结构的硼因为受到排斥作用几乎不参与交联反应;温度缓慢升高,分子链中间的酯键会产生断裂,释放出含硼离子参与交联反应;温度越高,酯链的断裂就越剧烈,会源源不断地释放出含硼离子参与交联反应。

(2)络合能力强,阻止钙镁的沉淀反应,防止钙镁对地层产生二次伤害。分解所产生的多羟基羧酸盐中的羧基与钙、镁及其他高价离子形成强有力的络合物,有效阻止钙、镁在弱碱性环境下发生沉淀反应对储层产生二次伤害。利用钙、镁离子对黏土膨胀水化的抑制作用,阻止因黏土水化膨胀而堵塞储层孔喉,降低储层渗透率。

(3)分解产生的硼酸与多羟基羧酸盐形成弱碱性的缓冲体系,维持体系较为稳定的pH 条件,提高体系的耐温能力和抗剪切性能。

(4)交联剂重新激活功能。抑制不希望初始交联的含硼离子。交联剂中含有的低分子量的多元醇可阻止交联的发生,即使压裂液返排液中存在自由含硼离子,也能抑制交联,可能消除较高压裂液基液黏度的形成,降低施工摩阻。

2. 配方评价

低成本可回收压裂液体系配方如下,其性能评价实验结果如表 5.20 所示。

表 5.20　返排液参数性能表

	序号	
	1#返排液	2#返排液
总矿化度/(g/L)	15.84	86.42
总硬度/(g/L)	2.12	18.98
钙离子浓度/(mg/L)	2084	17715
镁离子浓度/(mg/L)	32	1265
重复配液后黏度/(mPa·s)	63	72

0.3%～0.5%稠化剂+0.3%～0.5%高分子聚硼类交联剂+0.1%～0.3%调节剂+0.2%～0.5%杀菌剂+0.3%～0.5%助排剂(pH=5.5)。

选取了两个现场返排液,性能见表 5.20,1#返排液总矿化度、总硬度和钙、镁含量均远远低于 2#返排液。针对 1#返排液分别使用三种现有的常规交联剂,加入后均产生白色絮状沉淀(1#返排液使用的是常规有机硼交联剂)(图 5.49)。2#返排液加入高分子聚硼类交联剂交联无絮状沉淀(图 5.50),黏弹性良好。此外,压裂液体系 100℃下连续剪切 90min 黏度不低于 50mPa·s(图 5.51),耐温能力可达 130℃(图 5.52);压裂液耐温实验表明重复配制的压裂液也易于破胶(表 5.21)。

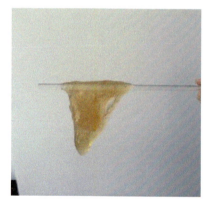

图 5.49　1#返排液使用常规有机硼交联剂

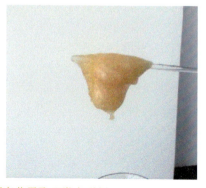

图 5.50　2#返排液使用高分子聚硼类交联剂

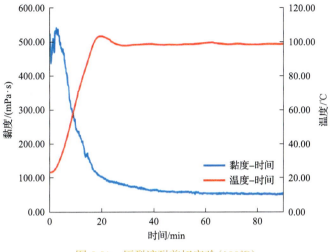

图 5.51　压裂液耐剪切实验（100℃）

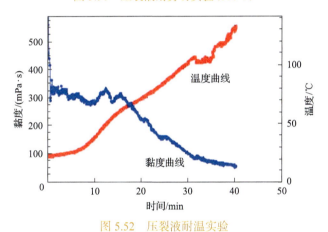

图 5.52　压裂液耐温实验

表 5.21　破胶实验结果

温度/℃	过硫酸铵 /%	破胶液黏度/(mPa·s)				
		1h	2h	3h	4h	8h
60	0.06	冻胶	稀胶	稀胶	12.5	4.1
	0.07	18.3	10.1	3.8		
	0.08	12.4	2.7			
90	0.03	冻胶	冻胶	稠	稠	稀胶
	0.04	冻胶	稀胶	稀胶	23.3	1.8
	0.05	21.9	3.7			

3. 小结

　　研发的高分子聚硼类交联剂具有分段交联、低碱度交联、交联剂重新激活、耐盐性特点，有效防止钙镁离子络合，抑制井筒中的交联和提高最终交联强度；配合使用杀菌剂，结合比例混合基液技术，实现返排水配制压裂液。

低成本可回收压裂液具有以下优势：钙、镁离子合理利用，不使用防膨剂；冻胶弹性好、耐温耐剪切、易于破胶、施工摩阻低、储层配伍性好、携砂性能优良；成本低(减少返排液的处理费用和压裂液综合成本)。

5.4.5 现场实践及效果评估

为了验证缝端暂堵体积压裂工艺的适应性，2017~2018 年在华庆长 6 超低渗油藏的 8 号井中开展试验，有效率 100%。初期平均日增油 1.31t，目前有效期内平均日增油 0.9t，累积增油 312t；长期跟踪表明，措施后半年内产量稳定，平均日产油由 0.86t 上升至 2.0t，含水保持稳定(图 5.53)。

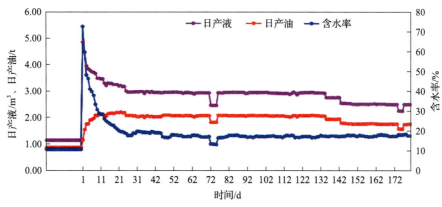

图 5.53   B153 区块试验井生产数据拉齐采油曲线图

典型井以 G123-162 井和 G122-1631 井为例，其施工参数见表 5.22。G123-162 井泵入暂堵剂前后压力升高 3.1MPa 和 5.6MPa；G122-1631 井泵入暂堵剂前后压力上升 4.2MPa 和 4.5MPa；有利于裂缝转向。

表 5.22   G122-1631 井和 G123-162 井缝端暂堵体积压裂施工参数表

井号	施工参数			暂堵材料		压力/MPa	
	排量/(m³/min)	液量/m³	砂量/m³	KDD-1 暂堵剂/m³	缝内暂堵剂/kg	施工压力	停泵压力
G122-1631	3.0~6.0	1415.6	95	10	600	21.1	17.7
G123-162	3.0~6.0	662.6	61	10	600	22.6	16.5

压后分析及微地震监测结果表明：缝端暂堵体积压裂技术形成了主缝+分支缝的裂缝形态，增加了裂缝带宽，有效扩大了储层改造体积。

(1)净压力拟合表明，主压裂过程中净压力上升 5MPa，满足产生分支缝临界净压力 5MPa 的技术要求。

(2)井下微地震监测显示，泵入暂堵剂前后缝内压力升高 3.0~6.0MPa，有新的分支缝形成，裂缝带宽由 67m 升至 82m(图 5.54)。

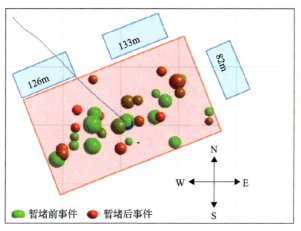

图 5.54　G123-162 井微地震监测结果

为了提高连片低产区开发效果，以 B153 区块为重点，在精细注水、堵水调剖的基础上，集中实施油井措施 160 余口 (其中缝端暂堵体积压裂等措施 53 口)，油藏开发指标明显提升：单井产量由 1.1t/d 提升到 1.4t/d，采油速度由 0.32%提升到 0.58%，综合递减由 1.8%降低到 0.4%，试验井预测最终采收率大于 25%，优于区块平均预测采收率(图 5.55)。

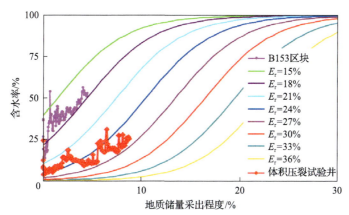

图 5.55　B153 区块含水率与地质储量采出程度关系曲线

E_r 为采收率

第 6 章

套损井恢复储量动用新技术

6.1 套损井剩余储量潜力评价

6.1.1 套损井区测井剩余潜力评价

水淹层是指由于开发过程中注水驱油或是边底水推进，油层发生不同程度的水淹，引起储层物性、电性一系列的变化而形成的储层。随着油田注水开发，主力油层被水淹的情况越来越严重，在此情况下，国内外在测井技术和解释方法方面都做了一定程度的研究，在目前水淹层定量解释方法中，大多使用了阿奇(Archie)公式和扩展的阿奇公式(对其公式中各个参数的影响因素进行校正)，但是各自所研究的解释方法都具有一定的局限性且不宜推广，各油田现有的水淹层测井解释方法都有不同程度的缺陷。国外在水淹层测井解释方面做的工作较多，但也没有形成一种很有效的水淹层解释方法，解释符合率一直不能令人满意。特别对于"三低"油藏，由于储层在纵向、横向上的各向异性和非均质性更为严重，注水驱油和冲刷过程更为复杂。油层水淹后，其物性参数及岩性、含油性等参数发生一系列变化，测井响应呈现多样化，从而增加了水淹层测井解释的难度，水淹层测井解释仍是当今石油工业中的一个世界性难题。

在注水开发过程中，注入水的驱油方式并非活塞式推进，而是先沿着孔隙度大、渗透性高、连通性好的砂体推进，导致一部分油滞留在物性致密、孔喉细小、连通性差的砂体中成为剩余油区。经过长期开发，储层含油饱和度整体降低，水驱通道基本固定，中高含水区的基质岩石冲刷严重且驱替压差下降快；致密的低含水区形成绕流区，水洗程度低，剩余含油饱和度高且易于形成超前注水开发模式。

进入中高含水期后，注采井网的不完善及开发模式导致层内及层间致密或连通性差的砂体水驱波及程度低或未被波及，原始含油饱和度较高形成剩余油的主要富集区域，是水淹层解释后开发的潜力区。

安塞油田杏河区长 6 储层自西向东逐渐抬高，但地层产状平缓，地层倾角仅 0.5°左右，平均坡降(8～10)m/km，横向连通性较差，因此横向整体上的构造对水淹程度的控制作用很微弱，但局部达西定律起主导作用，且注水井附近水洗最严重，采油井附近次之，死油区水洗最弱。由于长 6 储层天然裂缝比较发育，同一地层内同一砂体平面上沿砂体展布方向裂缝方向见水较快。

纵向上水淹特征显示、纵向连续性较好的储层，达西定律和重力分离起主导作用，沉积韵律起决定性作用。常见的沉积韵律有正韵律、反韵律、复合韵律等。

正韵律油层水驱过程中，底部水洗严重，厚度小，水洗厚度随时间的延长增长缓慢，注入水首先淹没底部高渗段，重力作用使其加剧，水驱波及体积小，层内易富集剩余油；

反韵律油层注入水进入上部高渗段，由于重力作用，注入水逐步扩大到下部低渗油层，纵向上水洗均匀，层内利用较充分；复合韵律油层内水洗均匀，注入水首先进入高渗段，水洗厚度增长快；较厚油层水洗呈多段，厚度大且底部水洗强。

1. 同井组油井水淹层研究

研究区油水井经加密后井网覆盖程度较高，油水井间最小距离约 140m，为清楚加密井与原始井网间的注水、见水情况，特挑选典型对应注采井，分析注水井注水曲线变化趋势，同时结合采油井采油曲线判断见水情况，对 X13、X14、X15 和 X16 四口井进行测井水淹层判断解释，发现基础井网与加密井之间电测曲线变化不明显。

2. 水淹层电性特征

1) 自然电位曲线的变化特征

自然电位测井是电法测井的一部分，主要用于砂泥岩剖面。自然电位测井测量的是自然电位随井深变化的曲线。自然电位测井在渗透层处有明显的异常显示，因此，它是划分和评价储层的重要方法之一。

在注水开发过程中，受储层非均质性的影响，油层遭注入水水淹之后，自然电位曲线幅度会发生偏移。研究区产水率与自然电位幅度交会图表明，油层水淹之后，其偏移幅度整体变小。当地层中部水淹或全部水淹时，自然电位基线无偏移；对于采出水水淹，自然电位基线偏移不明显。

2) 自然伽马曲线的变化特征

沉积岩中含有天然放射性同位素，不同岩石所含放射性同位素的数量不同，衰变时放射出的伽马射线的强弱也不同，因此自然伽马测井曲线能够反映不同地层的岩性剖面。自然伽马测井是测量井剖面自然伽马射线的强度和能谱的测井方法。以此可判断井周放射性强度，横向对比划分可完成岩性、泥质含量的解释研究。同时，结合其他测井资料或地质录井资料综合解释确定岩层岩性。泥岩曲线幅度值高，砂岩显示低幅度值，对于含泥质岩层，根据泥质含量多少其幅度值介于上述两者之间。

从曲线上比较容易选择区域性对比标准层，当通过其他测井曲线难以进行地层对比时，可以用自然伽马曲线进行对比。另外，自然伽马曲线可在下套管的井中进行，因此广泛应用于工程技术测井，如跟踪定位射孔、找套管外窜槽等。

多数井水淹后自然伽马变化不明显。一般来说，储层在水洗初期出现黏土的堆积与充填，会引起自然伽马值升高，强水洗后随着黏土矿物被"冲洗干净"，自然伽马值会降低。但研究区结果表明，研究区油层遭水淹之后，自然伽马变化幅度并不明显。

3) 声波时差曲线的变化特征

不同地层中，声波的传播速度是不同的。声波速度测井仪在井下通过探头发射声波，声波由泥浆向地层传播，其记录的是声波通过 1m 地层所需的时间 Δt（取决于岩性和孔隙度）随深度变化的曲线。岩石越致密，声波时差越小；岩石越疏松，孔隙度越大，声波时差就越大。声波在水中传播的速度大于在石油中传播的速度，而在石油中传播的速度又大于在天然气中传播的速度，因此岩石孔隙中含有不同流体时，可以从声波时差曲线上反映出来，尤其在界面上更为明显。

对于致密岩层的破碎带或裂缝带，当声波通过时，声波能量被大量吸收而衰减，使声波时差急速增大，有时产生周波跳跃的特征，根据这些特征可以划分裂缝型渗透层。

受地层中黏土矿物膨胀和碳酸盐岩、硫酸盐等矿物结垢及细小颗粒迁移等因素的影响，杏河区储层声波时差呈现出一定的下降趋势，但下降趋势并不明显。

4）电阻率曲线的变化特征

电阻率测井是测量岩石电阻率，反映岩石的岩性及所含油水性质。测井时放入井中的电极（包括供电电极和测量电极）叫作电极系，分为电位电极系和梯度电极系两类。当地层较薄时，为了估计地层是否具有渗透性，采用了分辨能力更高，几乎不受围岩、高阻邻层和泥浆影响的微电极测井。根据各类型电极系测得的曲线在岩层界面的特点，可以准确确定岩层分界面的位置。在搞清岩性与电性关系的基础上，利用视电阻率曲线可以判断岩层的岩性，划分油气水层。储层水淹后最明显的电性变化是电阻率的变化，杏河区长6储层随着水淹程度的升高，电阻率下降。同时，储层水淹后自然电位的基线和自然电位的幅度变化也相对比较明显；声波时差和自然伽马的变化均不太明显。

安塞油田杏河区长6储层是典型的岩性油藏，储层纵向上非均质性强，渗透率差异比较大。储层水淹过程中水洗程度不同，储层电阻率值的高低也不同，总的来说随着产水率的升高，电阻率的变化呈现下降趋势。

综合自然电位、自然伽马、声波时差和电阻率曲线分析储层水淹程度，以及综合统计储层水淹特征测井响应，如表6.1所示。

表6.1 常规测井资料识别水淹层综合统计表

测井方法 水淹级别	未水淹	弱水淹	中水淹	高水淹
自然伽马	自然伽马分层不明显	由光滑变毛刺状（部分井、部分储层）	自然伽马幅度略有增大（统计规律）	自然伽马幅度略有增大（统计规律）
声波时差	无明显变化	低自然伽马井段（部分井、部分储层），增大幅度为1~3μs/m	低自然伽马井段（部分井、部分储层），增大幅度为1~3μs/m	低自然伽马井段（部分井、部分储层），增大幅度为1~4μs/m
自然电位	自然电位基线未明显偏移	自然电位基线向正或负方向偏移（部分井、部分储层），偏移量<8mV	自然电位基线向正或负方向偏移（部分井、部分储层），偏移量≥8mV	自然电位基线向正或负方向偏移（部分井、部分储层），偏移量≥8mV
	自然电位幅度基本不变，幅度减小5mV	自然电位幅度减小8mV	自然电位幅度减小，减小10mV	自然电位幅度减小15mV
电阻率	电阻率变化平缓	电阻率变化平缓	电阻率有高低起伏变化	电阻率高低起伏变化明显
	电阻率为15~20Ω·m	电阻率为15~20Ω·m	电阻率为18~22Ω·m，部分井电阻率和邻井相比略有降低，部分井电阻率在自然伽马最低处呈尖峰状凸起	部分井电阻率多在15Ω·m左右，部分井在自然伽马或自然电位最低处电阻率有抬高，部分井在自然伽马或自然电位最低处呈尖峰状凸起
		电阻率相对变化≤0%	电阻率相对变化<5%	电阻率相对变化≥5%

3. 水淹层测井解释

以杏河区中部长 6 储层为例，通过杏河区中部测井水淹层解释（表 6.2），结合油水井注水、开采动态数据对研究区内的加密井、更新井共计 43 个射开层段进行水淹规律结果统计发现：油井低水淹层段共计 16 段，总占比 37.2%；未水淹层段共计 16 段，总占比 37.2%；中低水淹层段共计 6 段，总占比 14.0%；中水淹层段 1 段，占比 2.3%；高水淹层段 3 段，占比 7.0%；水洗层段 1 段，占比 2.3%。

表 6.2　杏河区中部测井水淹层解释成果表

井号	射孔顶(斜)/m	射孔底(斜)/m	水淹情况	井号	射孔顶(斜)/m	射孔底(斜)/m	水淹情况
X14-151	1435.9	1438	未水淹	X12-171	1558.8	1568	低水淹
X14-151	1433	1435.6	未水淹	X16-141	1503	1507	低水淹
X14-151	1433	1438	未水淹	X16-141	1552	1556	高水淹
X14-161	1445.9	1448	未水淹	X16-141	1551	1551.7	高水淹
X14-161	1442	1445.6	未水淹	X16-141	1475	1480	未水淹
X14-161	1457.3	1460	未水淹	X16-151	1423	1427	未水淹
X14-161	1463	1467	未水淹	X16-151	1458	1463	低水淹
X14-161	1442	1448	未水淹	X16-151	1481	1485	水洗
X14-171	1547.3	1552	低水淹	X16-171	1544	1549	低水淹
X15-141	1508	1514	低水淹	X16-171	1461	1464.7	未水淹
X15-141	1480	1484.7	高水淹	X16-171	1465	1470	未水淹
X15-151	1553.7	1558	中低水淹	X13-151	1500	1506	低水淹
X15-151	1534	1540	中水淹	X13-151	1523	1529	低水淹
X15-151	1467.3	1471.5	未水淹	XC17-11	1481	1485	未水淹
X15-151	1472.5	1475	未水淹	XC17-11	1500	1503	中低水淹
X15-161	1542	1546	低水淹	X13-161	1500	1504	低水淹
X15-161	1529.4	1533.1	低水淹	X13-161	1522	1527	低水淹
X15-161	1546.5	1550	低水淹	X18-1011	1484	1486	中高水淹
X15-161	1475	1480	未水淹	X18-1011	1488	1489	中高水淹
X15-171	1424	1428	低水淹	X18-1011	1489.3	1494	中高水淹
X13-171	1538	1545	低水淹	X18-1011	1495	1500	中高水淹
X12-171	1574	1579	低水淹				

不同水淹级别驱替类型不同，反映出不同油水分布情况及剩余油赋存状态。低水淹

级别的驱替类型多为指状-网状驱替，油水分布不均，模型中存在大量剩余油；中水淹级别的驱替类型多为网状驱替，少量为指状-网状驱替；高水淹级别的驱替类型多为均匀-网状驱替，油水分布较为均匀。针对研究区测井水淹层解释结果，对低水淹、中水淹和高水淹区的二次解释及剩余油挖潜分别提出合理的对策。

低水淹区主要是致密砂体，物性差、原始含油饱和度及含油体积并不高，只是相对含油饱和度高；水驱通道小、较单一且固定，致密的低含水区形成大面积的绕流区且易于形成超前注水开发模式，但致密区需要完善注采井网和较高的驱替压差，既要保证增大驱替体积又要保证合理的注采压差，才能获取较高的采收率。

中水淹区砂体物性较好、剩余油饱和度较高，层内及层间具有大面积的剩余油分布空间；注采渗流通道分布很不均匀且注采压差不平衡，导致注入水在层内及层间控制含油范围低。建议采取分段分区注采以完善注采系统，同时合理增加加密井密度及射孔段，使之达到既满足稳定合理的注采体系又要提高原油的采出程度。

高水淹区渗流通道砂体物性、水驱程度高，剩余油饱和度较低，对于剩余油区域具有相对较高的剩余油体积；同时高含水区水驱压差低，可以间歇式注采及适当增补少量的加密井，有利于地层压力恢复及油水分异。

6.1.2　套损井区油藏动态分析

1. 侧向水驱波及范围

水力压裂作为低渗油气田普遍采取的开发措施，在增加可采储量，实现油气井增产、水井增注，调整层间矛盾和最终提高采收率方面都发挥了较为重要的作用。其实现增产的核心原理在于通过在产层中形成人工裂缝，改善产油、吸水剖面，沟通油气储集区，增加单井控制储量（连通透镜体和裂缝带），提高水驱波及体积，最终实现油气井增产。

对于中国陆相沉积盆地而言，井间储层大多连通关系复杂，隔夹层发育广泛，给注水开发过程中水驱波及范围的判断带来一定的困难。目前水驱波及范围的判定大多依靠油田现场示踪剂技术、微地震水驱前缘测试技术等。示踪剂技术即在注水井的目的层段注入特殊类型的示踪剂，在一定时间范围内监测井组中油井目的层段该示踪剂的出现情况及先后顺序，以此判断水驱波及体积大小。这种方法操作过程较为简单，可得到相对定性的判断结果，但没有从地质条件出发，实际应用过程中不可控因素较多，准确度有待提高。微地震水驱前缘测试技术即对压裂实施过程中井间和井下的微地震事件进行监测，可定性判断压裂缝的展布情况并以此判定水驱波及范围大小。这种方法从岩石物理的角度出发，可得到相对定量的判断结果，但微地震事件的影响因素众多，该方法易将其他因素诱导的微地震事件误判为由压裂缝扩张引起，因而适用性有待增强。

分别对研究区附近井组的水驱前缘监测和示踪剂监测进行分析研究。

1) X75-5 井组水驱前缘监测

X75-5 井共监测了两次，分别为注水前缘监测和静态监测（图 6.1）。监测深度均为 1570.0～1587.0m，压力参数为 9.8MPa。

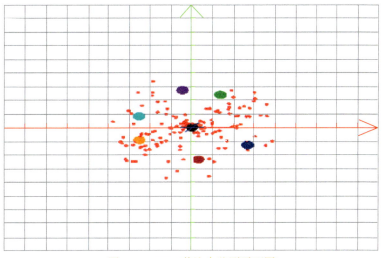

图 6.1　X75-5 井注水监测平面图

图 6.2 给出监测到的地层内的有效微震点，反映注水前缘的平面分布。中间原点设为注水井位置（代表实际中靶坐标），周围圆点为六个分站平面位置。每格为 100m。得到 X75-5 井注水前缘等值线图（图 6.2）及微震信号频度的等值分布图，等值线上发生微震的频度一致，反映了水驱压力的分布，从而给出了水驱前缘的分布图。可得出水流密集区方向为 NW70°，优势渗流区方向为 NE65°、NW65°，有效区方向为 NE65°、NW55°。同一井组内 X75-4 井、X74-4 井、X74-5 井邻近注水见效区，且沿优势渗流区方向，注水稍见效。注水监测成果汇总表见表 6.3。

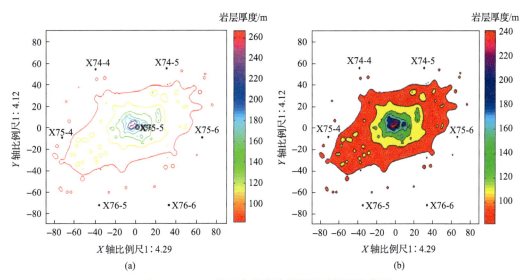

(a)　　　　　　　　　(b)

图 6.2　X75-5 井注水前缘等值线图及结果拟合图

表 6.3　X75-5 井注水监测成果汇总表

统计方位/(°)	有效区长度/m	有效区宽度/m	有效区高度/m	水流密集区方向	优势渗流区方向	有效区方向	近井裂隙方向	倾角
78.3	748.8	712.6	26.9	NW70°	NE65°、NW65°	NE65°、NW55°	NE55°、NE80°、NW50°	1°

通过二次动态监测得出监测成果汇总表(表 6.4)。

表 6.4　X75-5 井动态监测成果汇总表

统计方位	主裂缝方位	支裂缝方位	近井裂隙方向	倾角/(°)	裂缝发育程度
NE81.9°	NE40°、NW30°	NW30°	NE60°、NW60°、NW75°	0	较发育

2) X75-5 井组示踪剂监测

随着开发时间的推移,注入水对储层造成的影响及各井间生产的相互干扰逐步加大。在开发初期,需要确定裂缝的发育方向、储层非均质性及初期注水受效情况;在开发过程中,需要确定目前注入水的利用率、层间动用情况、采出水的来源等;油田开发后期,经注入水的长期冲刷,油藏孔隙结构和物性参数发生变化,大量油水井间形成了高渗薄层及大孔道,注入水在油水井间循环流动,大大降低了水驱效率。为改善油藏水驱状况,提高水驱效率,迫切需要对目前油藏的地下注水状况进行深入、细致的研究。井间示踪剂监测技术是一种用于油田开发动态监测的重要手段,该项技术不但能确定油水井对应关系、注入水的体积分配及推进速度,还能确定水淹层的厚度和渗透率,识别大孔道、判断断层封闭性,对制定开发方案及实施调整措施具有重要的价值。

对井组进行注水井示踪剂监测,随后对周边油井的示踪剂产出情况进行跟踪监测,结果显示:①X75-5 井与 X75-4 井之间存在明显的对应关系,连通性好;②X75-5 井与X72-3 井之间存在对应关系,但连通性较差;③X75-5 井与周边其他油井之间无明显的对应关系,连通性差或不连通;④该井组注入水主要沿 X75-4 井方向推进,计算前缘水线推进速度为 49.8m/d,沿 X75-4 井方向存在高渗层或微裂缝。

参考典型井组示踪剂和水驱前缘监测结果,并通过与重点解剖井组及其周边油水井动态数据相结合,完成了井组内油水井间波及范围、波及概率图,对井组内部水驱波及范围和波及概率有准确的判断。

2. 建立井组水驱方向及水线分布模型

建立井组水驱方向及水线分布模型是进一步研究剩余油的基础。从 20 世纪 80 年代开始研究剩余油分布及提高采收率已成为世界各国石油生产中的普遍问题。21 世纪,随着资源的日益贫乏,这一问题的严重性将会加剧。随着油田注水开发的深入,国内外各科研院所、大专院校、油田及石油公司在积极探索采用不同方式研究水驱油田特高含水期剩余油分布的方法,众多研究者采用综合方法从微观到宏观、从静态到动态、从定性到定量以及从机理、成因到影响因素等方面对剩余油分布做了大量的理论和实验研究，进行了测井解释、水淹层饱和度解释、产液剖面和同位素吸水面结合、地化录井、岩心水驱实验、室内平面乃至立体的物理模型实验、矿场检查井取心、分层找水等现场试验及油藏工程、油藏数值模拟等各种研究工作，为剩余油分布研究提供了宝贵的资料。

剩余油分布主要受地质因素和动态注采状况(开发的)双重因素影响。储层因素是根本的、内在的因素，注采状况是影响剩余油分布的外部因素。地质因素主要由储层的非均质性决定，如储层砂体的孔隙结构、渗流系数、存储系数、矿物成分、韵律类型、润湿性、沉积相等。注采状况指层系的组合与划分、井网布置、射孔方案、注采强度以及开发方式、开采时间等。

6.1.3　水淹规律研究

1. 水淹影响程度分析

讨论砂体构型对水淹规律的影响主要分为以下两个层次：①通过油水饱和度测井的解释对比并验证单井复合砂体构型，得到单一成因砂体垂向叠置关系对水淹程度的影响；②通过对试油数据、测井曲线进行多元线性回归得到油水解释剖面，对比并验证二维剖面的复合砂体构型模式，分析各类复合砂体构型模式对水淹规律的影响。

1) 水淹程度影响

结合 W35-018 井的井周隔夹层分布规律(图 6.3)，依据安塞三角洲前缘单一成因砂体垂向叠置关系识别图版，得到其复合砂体垂向构型认识，并对比脉冲中子全谱饱和度

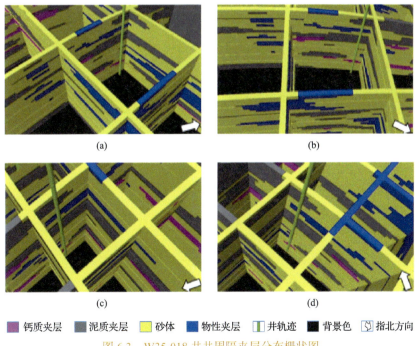

(a)　　　　　　　　　　　　　(b)

(c)　　　　　　　　　　　　　(d)

■ 钙质夹层　　■ 泥质夹层　　■ 砂体　　■ 物性夹层　　▌▌ 井轨迹　　■ 背景色　　◩ 指北方向

图 6.3　W35-018 井井周隔夹层分布栅状图

测井结果发现：①水下分流河道单一成因砂体受韵律性影响，呈现底部水淹的高含水状态；②垂向分离式砂体不连通——水下分流河道与席状砂纵向呈分离式，其间泥岩厚度约1m，虽然两期砂体同时射开，但渗透性好的水下分流河道呈高含水状态，席状砂呈中含水状态；③与河口坝相关的构型垂向水淹程度相当，由于单一成因砂体物性特点，"水下分流河道-河口坝"切割模式中垂向上薄层物性夹层与泥质夹层均匀分布，显示为中含水状态。

2）水淹程度表征

以研究区2012~2022年新钻的60口井的试油数据及其测井数据建立油水解释模型，得到23条覆盖全研究区的油水解释剖面。对比分区砂体构型与油水连通剖面结果，验证剖面构型的准确性并对比得到研究区水淹规律。

（1）油水解释剖面计算：将试油数据中的油水解释进行赋值处理，以测井曲线数值为因变量，油水解释结果为自变量，进行多元线性回归计算（式6.1），得到最大R^2=0.5896。

$$AIW = 0.079 \times RT + 1.027 \times POR - 0.119 \times PERM - 0.020 \times SW - 6.44 \qquad (6.1)$$

式中，AIW为油水解释曲线，无因次；RT为电阻率曲线，Ω·m；POR为孔隙度曲线，%；PERM为渗透率曲线，mD；SW为含水饱和度曲线，%。

根据前人的研究经验，1m左右的薄储层油水界面很难确定，故将1~3m油水交替层定义为油水同层，将渗透率为0.01~1mD且AIW小于0的储层定义为干层（图6.4）。

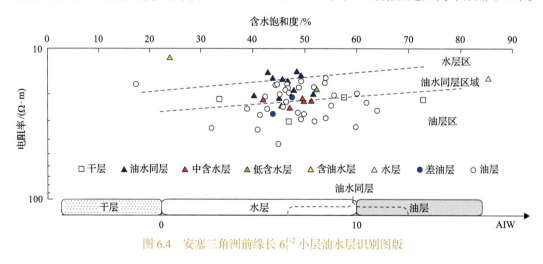

图6.4　安塞三角洲前缘长6_1^{1-2}小层油水层识别图版

（2）验证剖面构型模式并分析区域水淹规律：上游区"河-河"型多层式、"河-河"型叠加式与"河-坝"型多边式是油层连片发育区域；席状砂以干层发育为主。顺河道方向油层连续距离为300~1000m，纵向上被泥质夹层切分。在钙质隔夹层发育的层位，储层主要显示为水层和干层交互的特点。

中游区域孔渗条件较好，"河-河"型多层式、"河-河"型多边式与"河-坝"型叠加式内油层连续，但整体厚度较小，可见水淹、水窜现象。"河-河"型底部水淹现象突出，席状砂相关的构型中主要为干层，河口坝顶部的钙质夹层对油水的分隔性较好，呈现弱或无油水显示。

下游区域"河-河"型多层式、"河-河"型多边式与"河-坝"型叠加式内油层连片性最广，顺河道方向延伸可超过 1100m，主要呈底部水淹。水下分流河道砂体内部发育 1～2 层夹层，纵向切割油层；河口坝砂体由于延伸宽度有限，约为 350m，而注采井对其控制程度也有限，油层连续性较差。

2. 单砂体水淹平面分布图

将采油曲线与测井储层分类评价、细分小层及射孔等信息标注在同一张图上，开展井间水淹规律的综合判断。针对研究区内典型井组，重点解剖长 6_2^3 储层平面水淹特征，综合测井二次解释、油水井动态数据和水驱测试资料等，分析发现受原始地层天然裂缝的影响和注水井排注入流体压力等影响，典型井组沿注水井排产生水线，形成了水驱高速通道，油水井之间受到沉积微相、裂缝和地层非均质性等因素影响，导致水淹方向和速度差异明显，局部加密井与注水井之间并未形成较好的注采对应。

从油水井间注采对应关系研究和注采动态响应分析看，沿最大水平主应力方向（NE67°）油水井排压裂缝及后期注水产生的动态缝形成 NE 向主裂缝发育带，以及裂缝水窜通道和水线，而侧向波及范围较小，只有 X12-16 井和 X13-161 井有明显的响应，X14-14 井具有一定的响应，侧向高水淹区形成范围为 200～250m，中水淹波及范围为 100～140m，低水淹区波及范围推测在 150～250m，其余大部分地区为注入水未波及区域。水敏研究区长 2 主力油层整体水淹平面分布呈线状，波及范围小，水驱波及动用程度低。

6.1.4　套损井区剩余油分布评价

套损井区剩余油分布评价主要是通过不同井网、井型、井距对复合砂体构型的控制程度进行评价，重点开展从一维单井、二维剖面和三维注采井网三个角度讨论复合砂体构型种类、发育规模、发育位置等对水淹规律的影响。

1. 单砂体平面分布与剩余油分布关系

1）上部单砂体平面分布特征

通过研究区垂直河道方向和顺着河道方向剖面特征对比，总结长 6_2、6_3 小层分布特征如下。

（1）横向剖面与沉积方向虽然有一定的锐角夹角，但是砂体总体上延伸规模大，油水井间单砂体连通性好，注采对应关系较好，因此沿主向方向剖面整体动用程度高。

（2）NW 向（侧向）剖面与沉积注水流方向呈钝角，基本上属于垂直主水流方向的剖面，由于单砂体河道狭窄，侧向延伸规模小，井间变化很快，单砂体在井间连通性差，客观上造成注采对应差，反应在油井上受效差。

本次研究重点开展了 X13～X16 井组单砂体解剖与剩余油分布研究，细分单砂体沉积微相结果表明，上部长 6_2^3 细分长 6_2^{3-1} 和长 6_2^{3-2} 两个单砂体，水下分流主河道砂体狭窄，宽度在 80～120m，是较好的一类储层，根据地质、油藏、动态综合分析，目前水驱动用主要是这部分储层。

2) 下部单砂体平面分布特征

X13～X16 井组下部长 6_3^3 细分为两三个单砂体，水下分流主河道单一，砂体狭窄，宽度在 70～150m，其中上部长 6_3^{1-1} 单砂体主河道物性较好的砂体分布相对较宽，连续性好，是较好的一类储层，动用程度最高。根据地质、油藏、动态综合分析，水驱动用主要是这部分储层。其他水下分流浅河道和水下分流浅滩砂体水驱动用程度低，是目前剩余油集中分布区。

3) 单砂体平面展布与剩余油分布特点

(1) 综合以上分析，研究区单砂体平面上呈窄小条带 NW 向分布，具有不连续性且多分布在高采出程度区。

(2) 在水下分流浅河道和水下分流浅滩平面分布较连续的地方，物性相对较差，水驱波及程度低，剩余油饱和度高，多呈条带状，分布在裂缝侧向，水驱储量动用程度低。

(3) 剖面上表现出压裂层段延伸规模小，剖面动用不均，储层物性相对较差等特征，井间注采对应不好的大部分单砂体动用程度低，存在剩余油。

2. 单砂体纵向分布与纵向剩余油分布关系

1) 吸水剖面纵向动用程度分析

杏河区块在多层合采的情况下，根据吸水剖面测试结果看，高渗层吸水多、水推快、水洗充分；而低渗层则吸水少、水推慢、水洗差，剩余油较多。尤其当层间差异较大、渗透率相差较为悬殊时，渗透率很低的差油层甚至可能处于不吸水、不出液的基本未动用状况。显然，这样的低渗层剩余油较多。

地层主应力方向决定地层经压裂后所产生的裂缝的延伸方向，直接影响油田注水开发的效果，注水首先沿地层最大水平主应力方向推进，在这个方向上首先形成水淹。而在垂直于地层最大水平主应力方向上，注入水推进速度最慢，水淹程度低，存在相对较多的剩余油。

同时结合区内典型井剩余油饱和度测井分析长 6_2 和长 6_3 油层纵向上剩余油分布规律。X15-15 井过套管电阻率测井，针对上部长 6_2 油层射孔打开层段，原始含油饱和度较高，过套管电阻率值比完井电阻率值低，说明水淹程度较高，套后油饱平均达 36%左右，综合解释为中含水；针对下部长 6_3 油层射孔打开层段，射开段位于整个砂体的中部，物性较好，过套管电阻率值和完井电阻率差异明显，然而下部自然电位异常幅度较大，说明渗透性较好，套后分别解释为高含水、中含水，因此剩余油较上部长 6_2 剩余潜力小。针对未射开孔段，部分层物性较好，原始含油饱和度较高，过套管电阻率值和完井电阻率差异不明显，说明水淹程度不高，套后含油饱和度平均分别为 41%、55%左右，套后解释为低含水，是剩余油的潜力层。

2) 根据加密井剖面射孔及注采对应状况判断纵向动用程度

重点解剖加密后 100～150m 小井距条件下油水井间纵向单砂体发育程度、射孔状况和注采对应状况及测井水淹状况、采油曲线的关系，发现主要存在以下两种类型。

（1）单砂体注采对应层段动用程度高。

从 X13-17 注水井长 6 储层与加密后的 X13-161 井长 6 储层射孔及单砂体连通性情况分析，注水井转注后，采油井含水率快速上升，说明该层动用程度高，可以对采油井该层实施封堵。

（2）单砂体注采不对应的层段动用程度低。

X13-17 注水井长 6_3 储层在加密井 X13-161 井中不发育，而 X13-161 井下部长 6_3 储层射孔，周围两口水井均不发育该层，属于典型的有采无注段，因此该油井层段动用程度低。

6.1.5　套损井区储量动用程度评价

复合砂体构型、延伸规模、产状，特别是侧向延伸范围对水驱波及范围、水淹规律具有明显的控制作用，因此通过安塞油田加密井网注采对应分析，开展套损井区储量动用程度评价。

1. 井组验证与注采关系表征

以位于中游区的 W36-0261 井为中心的井组为例，进行构型结果检验与影响规律分析。该井组呈排状注水，在 W36-0261 井注入示踪剂，并对其周围油井进行放射性检验，结果显示仅在 W36-0271 井见到浓度不大的示踪剂显示。

对比岩性模拟结果（图 6.5）可知，该井区岩性纵向上变化大且发育夹层层数多，侧向交错分布且倾角整体较大，是水下分流河道频繁改道、与其他类型砂体侧向斜叠的标志，也是 W36-0261 井与其周围油井连通性较差的原因。

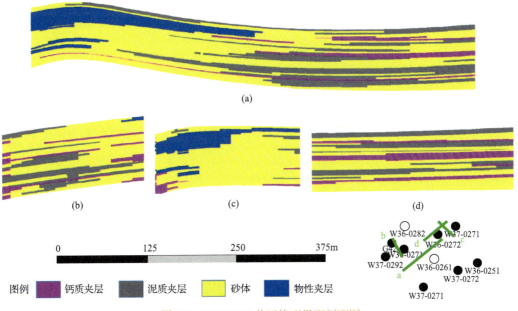

图 6.5　W36-0261 井区构型界面剖面图

对比构型结果，示踪剂见效井与注入井之间构型模式为"河–坝"多层式，河口坝与水下分流河道同步射孔，但"河-坝"侧向斜叠式的侧向连通性较差(图6.6)。

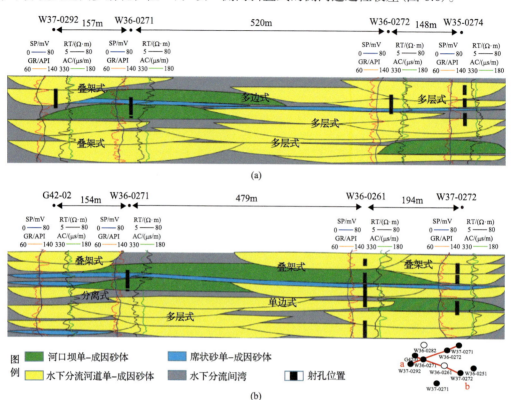

图6.6　W36-0261井区构型剖面展布图

2. 砂体构型对注采对应的影响

通过对比 W36-0261 井组的示踪剂检测结果发现砂体连通性与砂体构型密切相关，油田开发会因此考量射孔位置，故而需要统计同一层位射孔对应率加以阐释。

以 193 口水井作为中心的井组为单位，统计 715 口井中四层单砂体的注采对应率（图6.7）。研究区注采程度整体偏低，其中长 6_1^{1-2-1} 和长 6_1^{1-2-2} 单砂体的注采对应关系是四

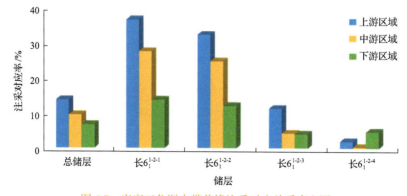

图6.7　安塞三角洲中带前缘注采对应关系直方图

个单砂体层位中最好的，注采对应率平均为 23.70% 和 21.09%。长 6_1^{1-2-3} 单砂体次之，注采对应率平均为 7.01%；长 6_1^{1-2-4} 单砂体注采对应率明显小于其他层位，仅达 2.02%。

上游区域注采对应关系普遍好于下游区域。上游区域砂体厚度大，砂体的侧向连通性较好且稳定分布，缩减了"有注无采"和"有采无注"的数量。其注采对应率最高为 36.44%，平均值为 13.74%。射孔复合砂体构型主要为"河-河"型多层式，其复杂的切割关系影响注入水的流动，与裂缝一同导致大面积水淹、水窜。

中游区域砂体以坝体和改道频繁的水下分流河道为主，呈透镜状分布。砂体连通性较其他区域好，注采对应率最高值为 27.52%，平均值为 9.53%。

下游区域砂体延伸规模较广，砂体稳定性强，长 6_1 单砂体最为发育，延伸范围可达 1100m。河口坝与水下分流河道发育广泛，但该区域钙质隔夹层发育普遍且复杂，分析认为其是注采不对应的主要原因。应对该区域钙质隔夹层进行详细解构，明确注采对应关系，进而达到最优开发效果。总砂体注采对应程度最差，注采对应率最高为 13.75%，平均为 6.7%。

分析以井组为单位的注采对应情况得到如下认识。

(1)"河-河"型和"河-坝"型采出程度高，在采油井产液剖面上出现强产液层段，表现出高产液、低含水或高产液、高含水特征。虽然该层注采对应性较好，但受水驱优势通道的影响易形成注入水无效循环。水下分流河道砂和河口坝砂纵向物性差异大，非均质性强，在水驱波及过程中，注入水优先沿着水下分流河道砂中下部和河口坝砂中上部的高孔高渗层段波及，形成中强水淹层段。而水下分流河道砂的上部和河口坝砂的下部水驱波及程度差，多为弱水淹或者未水淹层，造成砂体纵向波及不均匀。

(2)分离型多发生于与席状砂伴生出现的泥岩富集层段。注水井孤立砂体吸水是产生无效注水的主要原因，而席状砂砂体较薄且主要发育干层，因此注采对应性也较差。

(3)"河-坝"型和"坝-坝"型是注采对应性最好的砂体构型。该类构型中河口坝内部夹层倾角较小，纵向限制油水的流动，非均质程度弱，水淹均匀。

6.2　连续管侧钻工艺技术

随着油田开发的深入，套损井、水淹井、低产低效井等井数逐年增多，作为老油区挖潜增效重要手段的套管开窗侧钻技术是在定向井技术的基础上发展起来的低渗-超低渗储量动用的有效技术手段之一。目前侧钻井技术已经从常规侧钻定向井发展到侧钻水平井、分支井、超短半径水平井、连续油管侧钻井等多种井型。套管开窗侧钻技术适合于水淹井、套损井以及低产低效井剩余油的有效挖潜，不仅可完善油气田开发井网、节约新建井场土地资源，而且可以充分利用老井筒、地面原有的集输系统，减少开发建设投资，大幅降低综合开发成本，具有显著的经济与社会效益。

近年来，国外的侧钻井技术不断发展，已经成为油气田稳产、增产的主流技术。在油藏开采后期，利用原有井筒，通过对老油井的再次开发，使以前认为不能经济开采的油藏变成可以经济开采的油藏，因此，在国外，侧钻井技术被认为是一项具有很大发展前景的稳产与增产技术。

我国的侧钻开发始于 20 世纪 80 年代，近 10 年侧钻应用规模逐年提高，平均每年完钻侧钻井 200 口左右，累积完钻井数突破 1500 口，已成为中渗、低渗-超低渗及稠油等油藏剩余油气有效挖潜、提高采收率的重要技术手段。

6.2.1　侧钻方式与井型

目前，根据油气藏分布特征，侧钻井的钻井方式可分为常规钻杆侧钻、连续管侧钻及柔性钻杆侧钻等方式。按井型可分为侧钻定向井、侧钻水平井、侧钻分支井等。

1. 常规钻杆侧钻

在 Φ 139.7mm 套管内，采用 Φ 常规钻杆，通过开窗、侧钻实现对侧向远端剩余油的有效挖潜。该技术的应用已相对成熟，可根据井网部署，结合侧向剩余油分布特征，对剩余油实现"定点"开发，如垂深 1600m 的储层，侧钻水平位移最大可达 1000m，可以满足不同井网条件下剩余油的开发要求，延长老井生产周期，节约开发成本。

2. 连续管侧钻

1) 国内外连续管技术发展历程及现状

连续管技术是 20 世纪 90 年代国外大力研究和发展的热门钻井技术之一。连续管技术凭借效率高、应用范围广、装备操作集中、自动化程度高、安全可靠等优点，已被广泛应用于修井、侧钻、完井、试油和集输等领域，已成为世界油气工业技术研究和应用中的一个热点技术。特别是连续管侧钻技术，已成为老井侧钻、剩余油有效挖潜的一项新技术。

2) 国内外应用技术现状

早在 1976 年，加拿大的 Flex Tube 公司就使用 Φ 60mm 连续管作为钻柱在加拿大艾伯塔(Alberta)东南部地区钻浅气井。由于当时用的是以对焊方式由常规油管焊接成的连续管，其强度和可靠性差，限制了它的应用。1991 年，ELF 公司首次使用新研制的连续管在巴黎盆地钻井取得成功，并证实了它的可行性。此后，连续管钻井便逐渐增多，其技术上的发展也大大加快。

为了提高连续管钻井的能力和应用，过去 10 年间，不少公司还投入巨资研究和开发连续管钻井技术及其装备，并取得了巨大成就。目前国外已研制出高强度的大直径（Φ 89mm 或 Φ 127mm）连续管、小直径钻井液马达及高扭矩定向钻井工具等连续管钻井井下钻具组合工具。这些新技术的开发和应用，大大加快了连续管钻井的应用。

目前世界上研究和应用连续管钻井技术的公司大都集中在欧美地区的一些发达国家，如美国、法国、加拿大和委内瑞拉等。美国是目前应用连续管钻井最多且技术领先的国家。美国从 1994 年起就开始在其普拉霍德湾油田东部地区全面实施连续管钻井计划。目前在美国艾伯塔(Alberta)南部地区，用连续油管钻机钻井的数量已占该地区所有开钻井数量的 10% 以上。北海油田用连续钻机钻井更为普遍，国外连续管作业机数量统计如图 6.8 所示。

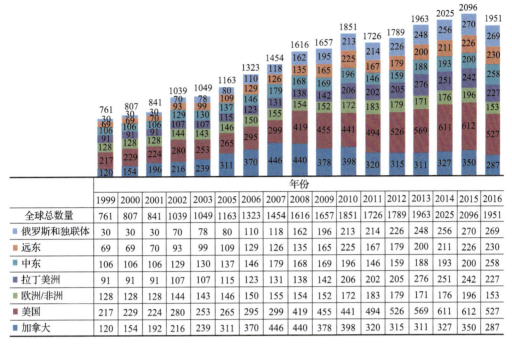

年份																
	1999	2000	2001	2002	2003	2005	2006	2007	2008	2009	2010	2011	2012	2013	2014	2015	2016
全球总数量	761	807	841	1039	1049	1163	1323	1454	1616	1657	1851	1726	1789	1963	2025	2096	1951
俄罗斯和独联体	30	30	30	70	78	80	110	118	162	196	213	214	226	248	256	270	269
远东	69	69	70	93	99	109	129	126	135	165	225	167	179	200	211	226	230
中东	106	106	106	129	130	137	146	179	168	169	196	146	159	188	193	200	258
拉丁美洲	91	91	91	107	107	115	123	131	138	142	206	202	205	276	251	242	227
欧洲/非洲	128	128	128	144	143	146	150	155	154	152	172	183	179	171	176	196	153
美国	217	229	224	280	253	265	295	299	419	455	441	494	526	569	611	612	527
加拿大	120	154	192	216	239	311	370	446	440	378	398	320	315	311	327	350	287

图 6.8　国外连续管作业机数量统计

以美国普拉德霍湾西部作业区为例,其每年使用连续管作业超过 1000 井次。世界上主要的连续管制造厂商均集中在美国,它们是精密油管技术公司、优质油管公司和西南管材公司。连续管的直径从 $\Phi 12.7 \sim \Phi 168.4$mm 共有 100 多种规格;屈服强度为 $482.3 \sim 964.6$MPa,可以满足不同作业需要;单根长度可达 9000m。连续管作业设备作业车的数量已达到 600 多台,并且每年以 20%的速度增长,它们是由美国 HULLIBUTON 公司、BOVEN 工具公司、CVDD 公司、加拿大和俄罗斯的一些公司生产,这些作业车集气、液、电一体化、自动化程度高、可靠性好,能完成多种作业。

1991 年 1 月,法国 Elf 公司在巴黎盆地用连续管对现有一口直井进行第二次钻井加深试验成功。同年,美国 Oryx 公司在得克萨斯州用连续管侧钻水平井试验成功。至 1993 年,全世界共用连续管打出 37 口试验井,其中 41%是侧钻水平井,27%为垂直加深井,32%是新钻井。1995 年,Ensco 公司在荷兰东部达伦(Dalen)气田采用连续管欠平衡钻井工艺钻水平井获得成功,极大地推动了连续管钻井技术的发展。1992 年后期,在普拉德霍湾油田西部作业区,用装有可缠绕式气举阀、外径为 60.3mm 的连续管对一口油井进行气举完井作业成功,开创了连续管可缠绕式气举完井作业的先例。1992 年,一根长为 1524m、外径为 88.9mm 的连续管被安装在路易斯安那州水深为 23m 的近海油田用作输送管线。此后,又在墨西哥湾及其他地区安装了几条类似的管线。到目前为止,用于生产油管的连续管已有 $\Phi 44.45$mm、$\Phi 50.8$mm、$\Phi 60.3$mm、$\Phi 73$mm 和 $\Phi 88.9$mm 五种,并且随着水平井和大斜度井技术的发展,连续管已成为油田作业中运送井下工具和水平井测井不可多得的理想工具。

为了加强连续管技术应用的基础理论和工艺研究,美国石油协会(API)每隔两年都要举行一次连续管技术应用成果发布会。

我国引进和利用连续管作业技术始于 20 世纪 70 年代。1977 年，我国引进了第一台 BOVEN 公司生产的连续管作业机，在四川油田开始利用连续管进行气井小型酸化、注氮排残酸、气举降液、冲砂、清蜡等一些简单作业，累积进行数百口井的应用试验，取得了显著效果，积累了初步的经验，随后在全国各油田推广应用。据不完全统计，国内共引进连续管作业机 20 余台，主要分布在四川、大庆、长庆、胜利、华北、中原、吉林、新疆、辽河、吐哈、大港、河南和克拉玛依等油田。四川、辽河、华北油田自引进连续管以来累积作业井次均已超过 1000 井次。

大庆油田自 1985 年引进连续管作业装置以来，共在百余口井中进行了修井等多种井下作业，主要用于气举、清蜡、洗井、冲砂、挤水泥封堵和钻水泥塞等。

吐哈油田自 1993 年引进连续管作业机以来，作业井次达 40～60 井次，用连续管进行测井的最大井深已达到 4300m。

长庆油田连续管设备于 1993 年 5 月从加拿大瑞邦公司引进，管径 31.75mm，油管长度 4200m，工作压力 34.5MPa。现在由中国石油川庆钻探工程有限公司长庆井下技术作业公司使用，主要应用在以下几个方面。

(1)气举排液。

长庆油田地处鄂尔多斯盆地，地理环境特殊、地质结构复杂、地层压力系数低，给油气井完井带来很大困难，突出表现为压裂和酸化后的排液工作非常困难，容易使液体倒灌而淹没和污染产层。采用人工助排方法排液，排液效率低、施工周期长、危险性大。采用连续管工艺技术进行油气井的气举排液的突出优点为效率高、施工速度快、安全、工艺简单、产层污染小。2000～2002 年长庆油田应用连续管工艺技术进行了 25 口井的气举排液施工。

(2)冲砂解卡。

利用连续管设备进行冲砂作业，不但经济、操作简单，而且可以解决用常规修井作业无法解决的问题。2000 年，P49-010 井压裂施工造成砂卡，油管内砂柱高度达 500 余米，用 700 型压裂车多次正反循环冲洗均无任何效果，后来利用连续管设备进行冲砂 3h，成功解决了该井的砂卡问题。

(3)打捞作业。

利用连续管设备进行井下打捞，只需在连续管下端连接一套相应的专用工具即可。1993 年 S58 井在施工中电缆拉断，造成加重杆及下井工具卡在油管内的事故。若采用常规方法处理，不但施工周期长、成本高、劳动强度大，还有可能使井下情况进一步复杂。后来采用连续管设备进行井下打捞作业，经过 5 个多小时的作业，落井钻具全部打捞上来。

总的来讲，国内连续管作业机主要应用于以下几个方面：冲砂洗井、钻桥塞、气举、注液氮、清蜡、排液、挤酸和配合测试。用得比较多的是冲砂堵、气举、排液和清蜡，占 95%以上。连续管作业在我国油田受到普遍欢迎。

3)连续管钻井

采用连续管钻井，主要的工作流程包括安放造斜器、开窗侧钻、无线随钻测量(MWD)、应用导向工具钻井、取心、下尾管和悬挂器、固井等环节。与常规钻井相比，连续管钻井主要有以下几方面的优点。

(1)可实现欠平衡带压安全钻井作业，有利于保护油气层，提高钻速。连续管为整根管子，没有接头，为实现欠平衡压力钻井创造了有利条件。安装在防喷器上方的环形橡胶的作用相当于始终处于关闭状态的环形防喷器，它能在钻进和起下钻作业过程中密封环空，使钻井作业得以在欠平衡压力下进行，从而可防止地层伤害并提高钻速。

(2)在钻进过程中不需停泵接单根，可实现钻井液的连续循环，减少了起下钻时间，缩短了钻井周期，提高了起下钻速度和作业的安全性，避免了因接单根可能引起井喷和卡钻事故的发生。

(3)连续管钻井特别适用于小眼井钻井、老井侧钻、老井加深。在老井侧钻或加深作业中，因连续管直径小可进行过油管作业，无须起出老井中现有的生产设备，从而实现边采边钻的目的，可显著节约钻井成本。

(4)地面设备少，占地面积小，特别适合于条件受限制的地面或海上平台作业，能减少对周围环境的影响，降低井场建设和维护费用，同时设备移运安装快捷、方便、灵活。

(5)连续管内可以内置电缆，有利于实现自动控制和随钻测量。

(6)有效减少侧钻现场的作业人员数量，降低成本。

与常规钻井技术相比，连续管钻井虽有许多优点，但其尚处于发展的初级阶段，远未成熟，因此也存在一些局限性。

(1)用连续管钻井之前，通常需要借助常规钻井或修井机做好钻前准备工作，如起出油管和封隔器等。

(2)尽管连续管可以用来下入较短的衬管，但如果要下入较长的套管柱或尾管柱，则需要借助常规钻机或修井机才能完成。因此，目前的连续管作业装置还不能完成从开钻到完井的所有作业。

(3)因连续管钻井过程只是井下动力带动的滑动钻进，无法像常规钻杆的转盘旋转加滑动钻进，因此钻井过程中井眼岩屑易形成堆积、井眼井壁不够光滑，钻井摩阻增大，增加了卡钻的风险。

(4)连续管内径较小，钻井液在管内摩擦压耗太高，限制了钻井过程中的排量，不利于清扫井底岩屑与安全钻进。

(5)连续管小井眼的钻压、转矩、水力参数和井底钻具组合受到限制。

(6)连续管为一根整体管径，任何一段受损都会影响到整体管子的使用；同时与钻杆相比，连续管壁厚较小，因此使用寿命较短。

4)长庆油田连续管钻井应用前景

连续管技术代表着目前钻修井技术的一个重要发展方向，具有广阔的前景。

(1)长庆油田多数油区都处在黄土塬梁峁区，受地面条件限制，井场占地面积小，能够充分发挥连续管钻机灵活轻便、动迁性好的技术优势，同时连续油管钻井速度快，能够综合降低钻井成本，较常规钻井成本降低30%左右。目前主要应用于新钻直井，以及井深小于1000m的浅层油气藏钻井。

（2）长庆油田平均每年新钻井 4000～5000 口井，今后对老井重入钻井存在潜在的技术需求，连续管重入钻井可用于老井加深和侧钻水平井作业，连续管直径小，可进行过油管侧钻，不需起下油管从而显著节约钻井成本。

（3）长庆油田属低渗油气藏，采用连续管钻井不需要接单根，且井口压力控制可达 70MPa，能够实现真正的欠平衡钻井，从而有利于发现和保护油气藏。

2019 年，长庆油田在安塞和陇东地区开展了 2 口井连续管 139.7mm 套管内开窗侧钻试验。

（1）PC30-027 井连续管侧钻。

该井于 2008 年 6 月投产，生产层位为长 6_1 层，2017 年 8 月水淹关井。2019 年 4 月在该井开展长庆首个连续管开窗侧钻试验。侧钻设计井深 1655m、最大井斜 67°、水平位移 622m、开窗位置 855m、裸眼段长 800m。

钻具组合：Φ118mm 聚晶（复合片）金刚石钻头（PDC）（图 6.9）+Φ95mm1°单弯螺杆+Φ105mm 无磁钻铤（带 MWD）+Φ95mm 液力换向器+Φ105mm 单向阀+Φ95mm 丢手接头+Φ95mm 连接器+Φ60.3mm 连续管。经计算，钻进过程中最大载荷为附加 1.8 安全系数时的 19.48t，连续管注入头最大载荷为 36t，连续管载荷均能够满足强度要求（表 6.5）。

图 6.9　连续管 PDC 钻头

表 6.5　LG360 连续油管作业机性能参数表

外径/mm	壁厚/mm	内径/mm	钢级	单位长度重量/(kg/m)	屈服强度/kg	抗内压强度/MPa	扭转屈服强度/MPa
60.3	4.8	50.8	CT90	6.54	49881	92.5	7333.3

实钻进尺 818.3m，平均钻井速度 2.83m/h，钻井周期 22.1d，完井周期 30.1d。采用 88.9mm 套管固井完井（图 6.10）。

在第一口连续管试验的基础上，为实现提速提效，制定了第二口试验井连续管侧钻技术预案。

①针对连续管侧钻小井眼及钻井方式的特点，优化方案设计，制定具体的从钻井参数到地面设备及人员控制的优化设计方案。

图 6.10　连续管现场作业

②强化钻井参数，结合地面设备，将钻井排量由 9L/s 提高至 10～12L/s，提高上返速度与井底清扫岩屑能力。

③优化钻井液体系，失水控制在 5mL 左右、黏度提高至 45～50s，提高井壁稳定性与携岩能力。

④采用连续管水力振荡器等新型降摩减阻工具，实现连续管轴向上的震动，破坏井下岩屑床、防止钻具黏卡。

⑤制定具体的连续管现场操作措施。如要求每 10m 测斜一次，确保轨迹平滑、可控；每 50m 短起下一次，划眼井壁光滑、破坏岩屑床；调整工具面时最少应提离井底 5m，防止钻具长时间静止后黏卡等，确保现场实施过程的安全作业。

（2）DC30-027 井连续管侧钻。

DC30-027 井于 1990 年投产，2003 年水淹关井。2019 年 7 月在该井开展长庆油田第二个连续管侧钻试验。该井设计井深 2141m，开窗点井深 1791m，侧钻方位 148°，侧钻裸眼长度 350m。

在该井试验了国内首台连续管配套井架及现场施工控制系统（图 6.11，图 6.12），首次应用了有利于降低实钻摩阻扭矩的连续管水力振荡器等新型工具（图 6.13），对连续管提速提效发挥了重要作用。

该井于 7 月 25 日开窗，实钻进尺 367m，钻井周期 8.6d。全井段平均钻井速度 3.3m/h。在该井开展了连续管水力振荡器提速试验，平均钻井速度由 3.3m/h 提高至 4.6m/h，提速接近 40%。与第一口连续管试验井相比，平均钻井速度提高 17.6%、平均钻井周期缩短 61.1%，提速效果显著。

随着技术的进步，复合型连续管钻机研究与应用是连续管钻机的发展方向之一，比现在广泛使用的单功能连续管钻机有更多的技术优势和适用范围。复合型连续管钻机将常规钻机和连续管作业设备集成在一起既能用常规钻杆作业，又可以用连续管作业，具备表层钻井、下套管、处理井下事故的能力。届时也将会在长庆油田有更为广泛的应用，带来良好的经济效益和社会效益。

图 6.11 国内首台连续管作业机

图 6.12 连续管施工操作平台

图 6.13 连续管水力振荡器

3. 柔性钻杆侧钻

安塞油田近年来开展了以侧钻定向井为主的老井侧钻试验，取得了较好的剩余油开发效果。根据安塞油田不同剩余油分布特征等地质资料分析，有近 30% 的剩余油分布在距离井筒半径 50m 以内的近井筒地带，若采用常规 73mm 的刚性钻杆侧钻，无法实现对近井筒地带剩余油的有效开发，同时存在侧钻进尺长、成本高、环保压力较大等问题。通过试验柔性钻杆侧钻技术，总进尺 2~3m 即可实现从老井筒开窗、造斜至 50° 以上的侧钻，以及直接在油层段开窗侧钻穿行，提高泄油面积与采收率（表 6.6）。2017 年在 W4-7

表 6.6 柔性钻杆侧钻与常规刚性钻杆侧钻井剖面设计对比表

钻杆类型	侧钻井型	靶前距/m	开窗位距离油层/m	油层与非油层进尺比	适用油藏	适用老井
常规刚性	定向井	>80	1000	1:10	裂缝彻底水淹	含水较低、低产低效井、暴性水淹井等
	水平井	60~80	800	1:2		
柔性钻杆	超短半径井	<3	0~2	10:1		

井中开展了柔性钻杆侧钻试验,共完成了 4 个分支侧钻,最大井斜 52°,总进尺 55m,储层钻遇率 100%。初步形成了柔性钻杆侧钻技术。

1) 油藏类型

根据注水开发区剩余油分布规律,安塞油田老井水淹类型主要为裂缝型水淹。对于裂缝型、单一方向的水淹井,无论是天然裂缝还是人工裂缝造成的水淹,其主要特点就是见水方向明确,剩余油分布规律清晰,可选择开窗点低、短靶前距的侧钻井,向老井剩余油富集方位侧钻(图 6.14),在避开水淹带的同时缩短侧钻进尺,节约成本,实现储层接触面积最大化。应用柔性钻杆,可实现不同方位近井筒地带剩余油的有效挖潜。

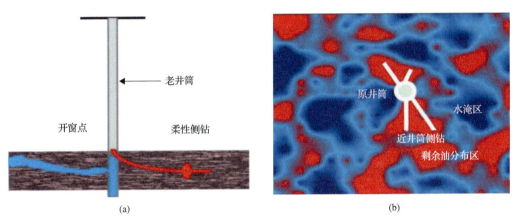

图 6.14　近井筒侧钻开发图

2) 柔性侧钻工具

与常规刚性钻杆不同,柔性钻杆要实现近井筒地带剩余油的有效钻探,必须具备以下条件。

(1)是需要采用小短节加铰链的钻杆,以实现高造斜率条件下钻具的通过性要求。

(2)是要开展柔性钻具组合优化,提高侧钻增斜率与实钻轨迹控制能力。

(3)是要采用切屑效率高、性能稳定的侧钻钻头。

因此,开展了柔性钻杆、钻头及钻具组合等特殊工具的研发。形成了可满足不同老井井斜条件、柔性钻杆开窗、侧钻钻井关键工具系列(图 6.15)。

图 6.15　柔性钻杆及钻头实物图

3)柔性钻杆侧钻井剖面优化设计及实钻轨迹控制技术

(1)斜井条件下柔性钻杆侧钻三维轨迹优化设计技术难点:斜井条件下开窗点的选择对侧钻剖面设计、实钻轨迹控制等都具有较大的影响。若选择开窗点较低的斜井段,其优点是侧钻进尺短,有利于降低侧钻成本,但斜井条件下定位、开窗难度大,侧钻剖面设计既要增井斜又要扭方位,三维剖面设计影响因素复杂,实钻轨迹控制难度大。

(2)技术对策:根据剩余油分布及定向井井斜、方位等特点,优化钻完井方案研究。结合柔性钻具的造斜能力,对定向井条件下不同方位、垂深的靶点进行钻井摩阻扭矩计算分析,形成了定向井侧钻的"增-稳""增-扭方位-稳"或"降-稳""降-扭方位-稳"三维侧钻剖面优化设计(图6.16),满足了不同老井井型条件下侧钻剖面优化设计要求。通过轨迹优化设计,形成了柔性钻杆侧钻井三维剖面优化设计(表6.7)。

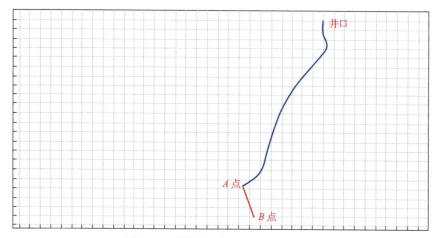

图 6.16   柔性钻杆侧钻井平面投影图

表 6.7   柔性钻杆侧钻井三维剖面优化设计表

序号	测深/m	井斜/(°)	方位/(°)	垂深/m	北坐标/m	东坐标/m	视位移/m	段长/m	狗腿度/(°/30m)	备注
1	1808.7	30.6	235.0	1745.1	−310.1	−134.6	336.2	—	0.0	开窗点
2	1808.8	30.7	161.8	1745.2	−310.2	−134.7	336.2	0.0	90580.9	增斜点
3	1810.7	50.0	161.8	1746.1	−311.7	−134.2	337.5	1.9	946.2	入窗点
4	1836.7	55.0	161.8	1746.1	−338.6	−110.4	363.5	26	−0.12	侧钻段

4)定位开窗与侧钻轨迹控制技术

采用"MWD+重力高边"组合定位的方法,即先采用 MWD 测原井的井斜,再以原井井斜高边为初始角度,结合中靶方位,控制钻具工具面,实现精准斜向器定位;采用3卡瓦、4排齿、机械压力坐封式双面斜向器,实现斜向器坐稳坐死,防止轴向或圆周滑移,可以实现多分支开窗侧钻(图6.17)。优选 Φ118mm 四水眼五刀翼单排齿保径 PDC钻头,该钻头具有排量大、切削能力强、耐磨程度高、不易泥包等特点。钻具组合为

Φ118mm 钻头+Φ102mm 柔性钻杆+Φ73mm 钻杆+Φ88.9mm 钻铤+方钻杆。优化钻井参数：钻井液密度 1.20g/cm³，泵压 9～13MPa，排量 6～8L/s，配合测斜工具，提高了小井眼条件下实钻轨迹控制能力。

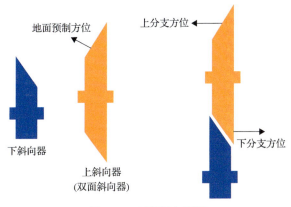

图 6.17　双面斜向器图

5）现场应用效果

2017 年，在安塞油田的 W4-7 井开展了首个井柔性钻杆侧钻现场试验，先后完成了4 个侧钻分支，累积进尺 61.7m，最长分支 26m（图 6.18）；侧钻方位从 140°～191°，实现了对 50°方位范围内近井筒侧向剩余油的开发。侧钻井斜最小 20°，最大 53°；平均钻井速度 5.3m/h，平均钻井周期 5.2d，与同区块常规侧钻相比，钻井周期缩短了 30%。

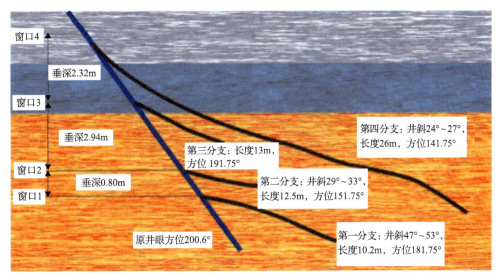

图 6.18　W4-7 井柔性钻杆侧钻实钻轨迹图

该井采用裸眼笼统压裂求产，初期产量达 3.65t/d，是侧钻前老井产量的 4.6 倍，与同区块新钻井相比，产量增加 1.38 倍，现场应用效果显著（表 6.8）。

表 6.8　W4-7 井侧钻试油投产统计表

| 侧钻 | 试油压裂情况 | | | | | 投产情况 | | | |
| | 改造参数 | | | 试排 | | 前三个月产量 | | | |
	砂量/m³	砂比/%	排量/(m/min)	日产油/m³	日产水/m³	日产液/m³	日产油/t	含水率/%	动液面/m
W4-7	8	17	2.2	压后溢流见油		5.34	3.65	46.4	—
新钻井(10 口)	10	18	2.4	20.4	0	3.29	2.64	24.6	893
平均值	9	17.5	2.3	20.4	0	4.32	3.65	35.5	—

4. 侧钻井类型

对于裂缝型水淹，可选择开窗点较低、短靶前距的侧钻水平井，向老井剩余油富集方位侧钻(图 6.19)，在避开水淹带的同时缩短侧钻进尺、节约成本、实现储层接触面积的最大化；对于水锥型水淹，选择较高的开窗点，侧钻定向井"跳离"下部井段的水锥区，实现对老井周边剩余油定点开发(图 6.20)。形成了不同水淹类型与剩余油分布的侧钻井型优选方法，实现对剩余油的有效开发(表 6.9)。

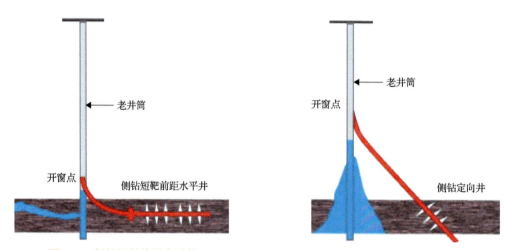

图 6.19　侧钻短靶前距水平井　　图 6.20　侧钻定向井

表 6.9　侧钻二维、三维剖面优化设计表

侧钻井型	剖面类型	靶前距/m	水平段长/m	适用油藏	适用老井
水平井	中半径	>80	100~300	裂缝型水淹	含水率较低、低产低效井、暴性水淹井等
	短半径	60~80	100~200		
	超短半径	<3	<100		
定向井	二维设计	水平位移：50~650		水锥、漫性水淹等	含水率上升平稳、高含水井等
	三维设计				

1）定向井

在常规直井侧钻中，起始井斜角为 0°，开窗定位、侧钻难度相对较低，当开窗点井斜超过 25°后，开窗斜向器的定位及坐封精度降低、现场施工难度增加，影响开窗、修窗及后期侧钻完井的安全性与可靠性。因此开展了针对斜井条件下的开窗定位、侧钻剖面优化设计、轨迹控制及窄间隙固井等技术研究与试验。

斜井条件下侧钻三维轨迹优化设计如下所述。

技术难点：斜井条件下开窗点的选择对侧钻剖面设计、实钻轨迹控制等都具有较大的影响。在侧钻靶点一定的前提下，如果侧钻点选择在老井较高的直井段，其优点是从侧钻到中靶的井身剖面属于二维设计，设计影响因素较少，优化设计难度相对较小，同时直井段开窗，侧钻工具稳定性、可靠性高，但主要存在较高的开窗点、原井筒利用率较低、侧钻进尺长、钻完井成本高等缺点。若选择开窗点较低的斜井段，其优点是侧钻进尺短，有利于降低侧钻成本，但斜井条件下定位、开窗难度大，侧钻剖面设计既要增井斜又要扭方位，三维剖面设计影响因素复杂，实钻轨迹控制难度大（图 6.21）。

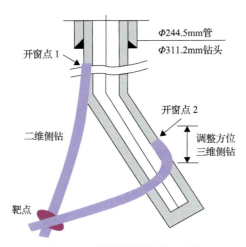

图 6.21　侧钻短靶前距水平井

技术对策：根据剩余油分布及定向井井斜、方位等特点，优化钻完井方案研究。结合 73mm 螺杆钻具造斜能力，对定向井条件下不同方位、垂深的靶点进行钻井摩阻扭矩计算分析，形成了定向井侧钻的"增-稳""增-扭方位-稳"或"降-稳""降-扭方位-稳"三维侧钻剖面优化设计，满足了不同老井井型条件下侧钻剖面优化设计要求。通过轨迹优化设计，与直井段开窗相比，选择斜井段开窗的三维剖面侧钻进尺减少了 73%（表 6.10），钻井成本大幅降低。

2）水平井

根据油藏工程、地质及开发的需要，在油气水井油层套管内一个预定的方向和深度，采用一定的工具和工艺开窗钻进后，使部分井眼与原井口垂线偏离一定的距离的井身剖面称为侧钻井，最终入靶的井斜角接近 90°，则为侧钻水平井。其作用主要表现在：油气水井侧钻在开发区利用原井眼，完善并保证了部分井网，可减少打部分调整井；在开

表 6.10 侧钻二维、三维剖面优化数据表

剖面类型	测深/m	侧钻段长/m	井斜/(°)	方位/(°)	垂深/m	北向坐标/m	东向坐标/m	位移/m	造斜率/(°/30m)
二维设计	0	0	0	0	0	0	0	0	0
	567.00	567.00	0.00	0.00	567.00	0.00	0.00	0.00	0.00
	638.15	71.15	7.12	350.09	637.97	4.35	−0.76	4.41	3.00
	1763.50	1125.35	7.12	350.09	1754.65	141.66	−24.76	143.81	0.00
平均/合计		440.88		175.05				143.81	3.00
三维设计	1302.00	1302.00	25.00	351.55	1281.57	103.88	−20.40	105.84	
	1380.00	78.00	15.30	3.32	135.74	130.53	−22.23	132.41	3.73
	1748.83	368.83	10.00	188.02	1720.18	147.68	−23.91	149.59	0.43
	1783.83	35.00	10.00	188.02	1754.65	141.66	−24.76	143.81	0.00
平均/合计		445.96		182.73				132.91	4.16

发区利用原井眼，可利用油气井侧钻加深层位，获取新的油气流；油气水井侧钻可使部分停产井恢复生产，提高油气水井利用率和开发效果；侧钻作为井下作业大修的主要工艺手段，有利于老区改造挖潜，以及提高井下作业工艺技术。

侧钻水平井技术要点如下所述。

(1)井身轨迹难以控制、对钻具组合要求高。

侧钻水平井井身结构中主要有 4 种制式的结合，即直、增、稳、平，我们一般可按下部地层情况和储层靶点设计要求，设计其结构类型，如直—增—稳—增—平、直—增—平等。因造斜段处造斜率大，井眼轨迹不易控制，可能导致脱靶。另外，侧钻水平井的井眼曲率比普通定向井要高得多，造斜的难度要大得多，需要水平井特殊的造斜工具。这一方面要求精心设计其水平轨道，另一方面要求具有较高的轨迹控制能力。

(2)钻头选型较难掌握。

钻头选型的正确与否将对钻井队提高机械钻速、缩短钻井周期并节约成本和增创效益起着至关重要的作用。针对不同地层选择适合的钻头选型和水眼，并配以合理的钻井参数将能最大限度地提高钻头水力参数效能，充分发挥钻头的使用功用，以此提高机械钻速。

(3)钻井液体系需要实时维护。

携岩、洗井：钻井工程上应保证足够的排量、一定的旋转钻具洗井和短程起下钻次数；钻井液应保证具有优良的流变性，以便于自如地进行调整，满足不同井斜角区域的携岩要求，确保不形成岩屑床，保证井眼清洁。

减阻防卡：一般侧钻施工中侧钻点较深，侧钻后增斜、水平段钻进等作业项目多，起下钻次数多，停钻时间长，易发生卡钻事故，故提高钻井液的润滑能力是保证侧钻井井下安全的关键。因此，要保证钻井液尽可能降低泥饼摩擦系数，防止压差卡钻的发生，同时降低钻具的摩阻与扭矩。

油层保护：钻开主要油气层前调整好钻井液性能，严格控制失水量，减少滤液和固相颗粒对油气层的损害；控制好钻井液密度，掌握控制的尺度，做到压而不死、活而不喷；控制起下钻速度，避免激动压力，减少油气层内部黏土颗粒运移导致通道堵塞。

固相控制：固相控制是确保钻井液各项性能优化的前提。钻井队配备了振动筛等固控设备，并按设计要求充分利用机械固控设备，以最大限度地除去钻井液中的有害固相。

流变性控制：侧钻施工井段动塑比控制在 0.3～0.5，动切力控制在 5～15Pa，配合钻具旋转、短程起下钻、提高排量洗井等措施，提高岩屑输送能力和防止形成岩屑床，从而保证井眼清洁。

(4)固井难度较大需采取合理措施提高固井质量。

侧钻水平井井底边易大量沉积岩屑，如果不把这些清除掉难以封固好目的层井段。在大斜度段和水平段，套管居中度难以保证，因此在施工中主要做好以下工艺措施：应控制好井眼轨迹，其全角变化率要小于套管柱允许的最大值；尽量使用井下动力钻具钻进，防止多次起下钻造成键槽；下套管前宜用与套管尺寸近似的钻铤通井，减少摩阻力；泥浆润滑性要好，触变性要小，应易于到达紊流，有利于携砂；下套管前提高钻井液的黏切，分段循环，清除岩屑、岩床。

(5)完井作业工序多且复杂，需做好各工序衔接确保施工质量。

扫塞作业：当完钻、固井、测完声幅后就进入关键的完井阶段。扫塞是第一步，其目的是处理掉套管和裸眼段内的水泥，为后期完井作业做好准备。

刮管作业：刮管施工作业的目的是清除掉黏附在套管壁的水泥块，为最终射孔完井做好充分准备。如果刮管器因质量问题或前期扫塞作业没有达到施工目的，将严重影响刮管的质量或妨碍刮管施工。因此，这两方面的因素对刮管作业非常重要，一定要确保正确无误。

通洗井作业：通洗井作业主要是清除刮管后套管内的水泥碎屑，同时剔除井筒内原钻井液，确保井筒内干净无污染浆，为后期油层射孔后保护油层做好充分准备。

拆换井口、试压、全井筒试压作业：此项作业主要是拆钻井防喷器、钻井大四通等井口装置，安装升高短节、采油大四通、试油防喷器组合，节流压井管汇并试压达到规定要求，检查套管及卡瓦密封，对相应法兰密封、注脂，试压合格，全井筒试压 15～20MPa。

校深、射孔作业：此项作业是进行套管配校深，然后下射孔管柱进行最终打压射孔，完成整个完井施工任务，难点是要确保套管校深数据必须正确无误，射孔管柱组配必须合理到位，按设计要求在达到规定压力值时，应一次射孔完成。

6.2.2　侧钻钻井技术

1. 开窗修窗

国内外主要开窗方式有裸眼开窗、斜向器开窗和锻铣开窗三种方式。目前采用的开窗方式主要有斜向器开窗和锻铣开窗两种。在开窗方式上，斜向器开窗作业时间短、磨铣套管少、泥浆性能依赖程度低，但存在斜向器座挂不牢、发生旋转下落以及窗口隐患等问题；锻铣开窗的优点是所需工具少、作业步骤简单、后续钻井作业较安全，但施工扭矩大，作业时间长。通过对锻铣方式的分析，深井条件下采用锻铣方式存在施工工序多、作业时间长、施工扭矩大、刀翼易折断、泥浆性能高等缺陷。

1）套管开窗位置优选

套管开窗的最终目的是如何在原有套管的基础上建立新的侧钻窗口，为后续的施工提供稳定、安全的通道，因此套管开窗侧钻点的选择尤为重要，必须系统综合考虑多方面因素。

（1）开窗点位置原有套管的固井质量要好。

套管开窗点尽量选择在水泥环分布均匀、固井质量好的井段，力争避开水泥窜槽、套管外无水泥井段。因此在确定套管开窗点前要参阅老井的固井声幅资料。

（2）开窗点处地层的岩性稳定。

开窗点应选在岩性稳定的井段，避开易缩径、易垮塌的地层，岩性的可钻性也要考虑，最好选择在岩性可钻性好的井段，这样开窗的难度会大大降低。

（3）窗口以上井段要密封良好。

窗口以上井段的老井套管在以后的钻井施工中要作为技术套管使用，必须保证开窗点以上套管能够承受较高的套管内压。

（4）为后续钻井施工创造有利条件。

尽可能多选几个开窗位置，分别对每个开窗点模拟做出开窗后小井眼的井眼轨迹剖面图。比较剖面曲线，从中优选出所钻裸眼井段较短、钻井施工简单、安全的开窗点，作为最佳开窗位置。

2）套管开窗方式与工具优选

目前国内侧钻水平井套管开窗方式主要有锻铣开窗和磨铣开窗两种。

锻铣侧钻：即在设计侧钻位置将一段套管用锻铣工具铣掉，然后在该井段注水泥，再用侧钻钻具定向钻出新井眼。优点是工艺易掌握，可靠性好；避免了套管的磁干扰，可用磁性测斜仪器定向钻井。缺点是套管锻铣段长，有时需多次锻铣才能完成，费时费力。

磨铣侧钻：即利用斜向器和铣锥开窗，在设计位置将套管磨穿而形成窗口，然后再用侧钻钻具钻出新井眼。优点是一趟钻完成斜向器定向坐放，复式锥的应用可使开窗和修窗一趟完成，节省起下钻时间，易侧钻出新井眼，侧钻所需井段短。缺点是套管对测量仪器有磁干扰，需要使用陀螺仪定向。虽然磨铣开窗方式磁干扰井段长，由于斜向可产生3°左右的初始井斜，有利于有磁环境下的定向施工。

3）套管开窗技术

（1）斜向器的坐封。

斜向器下至开窗点时，缓慢下放至井底并下压20～30kN，缓慢开泵（泵冲5冲次/min），时刻注意观察泵压变化（泵压≤2MPa），仔细观察井口是否有钻井液，钻井液返出后，缓慢开泵至MWD测量所需最小排量，测量斜向器斜面的初始方位，并计算出需要调整的角度后停泵，井口无返出后，上提钻具，逆时针转动钻具调整方位，缓慢将斜向器下放至井底并下压20～30kN，再次开泵测量方位以至斜面方位与设计相同；方位调整好后，锁紧转盘，上提斜向器至开窗点准备坐挂。缓慢开泵憋压至 21MPa，稳压 5min，压降≤1MPa，缓慢释放泵压归零。下放钻具加压 20～30kN 确认斜向器是否坐住，确认后开泵憋压 2～3MPa，正转 24 圈以上，起出丢手送入工具。

（2）开窗工艺技术。

套管开窗的关键是开窗工具的选择使用和开窗时钻、铣、磨三参数的合理配合。磨铣开窗钻具组合：118.00mm 铣锥+105.00mm 浮阀+105.00mm 箭形止回阀+88.90mm MWD+73.00mm 钻杆。

磨铣参数及磨铣要求如下。

第一阶段，从复式铣锥探到斜向器到球形体柱体段接触导斜器。此段要轻压慢转，使之磨铣出一个均匀的接触面，磨铣参数一般为钻压 0～10kN、转速 40～50r/min、排量 8～10L/s。

第二阶段，从球形体柱体段接触导斜器到复合铣锥底圆中心线出套管外壁。此段应采用大钻压、中转速磨铣，以达到快速切割的目的。磨铣参数一般为钻压 20～40kN（根据返出铁屑的大小、形状、转盘负荷、憋钻程度等适当调整钻压）、转速 50～60r/min、排量 8～10L/s。

第三阶段，从复合铣锥底圆中心线出套管外壁到铣锥头铣过套管进入地层，此锻铣锥头一部分出套管外壁，大钻压磨进易使铣锥提前滑到井壁，造成死台阶，影响后续钻井作业，因此此段是保证下窗口圆滑的关键井段，易采用轻压、中转速磨进。磨铣参数一般为钻压 5～10kN、转速 50～60r/min，排量 8～10L/s。

第四阶段，从铣锥头出套管到铣锥最大外径段出套管，此段采用小钻压、中转速磨进，进尺为一个铣锥长度。

第五阶段，修窗。自窗口至窗底采取加压 0～5kN，中转速修整窗口，并钻进地层 1.5～2m，反复多次修整窗口，直到窗口畅通。

2. 轨迹控制

控制井眼轨迹的最终目的是要按设计要求中靶。地质上给出的定向井靶区一般指半径为 10～30m 的圆形靶区；水平井靶区通常是一个在目的层内以设计的水平井眼轨道为轴线的柱状靶，其横截面多为矩形或圆。可以把这个柱状靶看成是由无数个相互平行的法平面组成，因此，控制水平井井眼轨迹中靶，其与普通定向井、多目标井截然不同，主要体现在：井眼轨迹中靶时进入的平面是一个法平面（也称目标窗口），但中靶的靶区不是一个平面，而是一个柱状体，因此，不仅要求实钻轨迹点在窗口平面的设计范围内，而且要求点的矢量方向符合设计，使实钻轨迹点在进入目标窗口平面后的每一个点都处于靶柱所限制的范围内。也就是说，控制水平井井眼轨迹中靶的要素是实钻轨迹在靶柱内的每一点的位置要到位（即入靶点的井斜角、方位角、垂深和位移在设计要求的范围内），也就是矢量中靶。

1）侧钻直井段井身轨迹控制技术

水平井直井段的井身轨迹控制原则是防斜打直。有人认为普通定向井（是指单口定向井)如果直井段钻不直影响不大,这种想法是不对的,因为当钻至造斜点(KOP)时,如果直井段不直,不仅造斜点处有一定井斜角而影响定向造斜的顺利完成,还会因为上部井段的井斜造成的位移影响下一步的井身轨迹控制。假如造斜点处的位移是负位移,为了达到设计要求,会造成在实际施工中使用比设计更大的造斜率和更大的最大井斜角度,如果是正位移则情况恰好相反。如果造斜点处的位移是向设计方向两侧偏离的,这就是将一口两维定向井变成了一口三维定向井,同时也造成下一步井身轨迹控制困难。由于水平井的井身轨迹控制精度要求高,水平井直井段的井斜及所形成的位移相对于普通定向井来讲更加严重。

2)水平井增斜井段井眼轨迹控制的特点及影响因素

对一口实钻水平井,从造斜点到目的层入靶点的设计垂深增量和水平位移增量是一定的,如果实钻轨迹点的位置和矢量方向偏离设计轨道,势必改变待钻井眼垂深增量和位移增量的关系,也直接影响到待钻井眼轨迹的中靶精度。

水平井钻井工程设计中所给定的钻具组合是在一定的理论计算和实践经验的基础上得出的,随着理性认识的深化和实践经验总结,设计的钻具组合钻出的实际井眼轨迹与设计轨道曲线的符合程度会不断提高。但是,由于井下条件的复杂性和多变性,这个符合程度总是相对的。实钻井眼轨迹点的位置相对于设计轨道曲线总是会提前,或适中或滞后,点的井斜角大小也可能是超前、适中或滞后。

实钻轨迹点的位置和点的井斜角大小对待钻井眼轨迹中靶的影响规律如下。

实钻轨迹点的位置超前,相当于缩短了靶前位移。此时若井斜角偏大,会使稳斜钻至目的层所产生的位移接近甚至超过目标窗口平面的位置,必将延迟入靶,而且往往在窗口处脱靶。

轨迹点位置适中,若此时井斜角大小也适中,是实钻轨迹与设计轨道符合的理想状态。但若井斜角大小超前过多,往往需要加长稳斜段,可能造成延迟入靶,或在窗口处脱靶。

轨迹点的位置滞后,相当于加长靶前位移。此时若井斜角偏低,就需要提高造斜率以改变待钻井眼垂深和位移增量之间的关系,往往要采用较高的造斜率而提前入靶。

实践表明,控制轨迹点的位置接近或少量滞后于设计轨道,并保持合适的井斜角,有利于井眼轨迹的控制。点的井斜角偏大可能导致脱靶或入靶前所需要的造斜率偏高。实际上,水平井造斜段井眼轨迹控制也是轨迹点的位置和矢量方向的综合控制,这对于没有设计稳斜调整段的井身剖面更是如此。

在实际井眼轨迹控制过程中,根据造斜段井眼轨迹控制的新概念和实钻轨迹点的位置、实钻轨迹点的井斜角大小对待钻井眼轨迹中靶的影响规律进行分析,将造斜井段井眼轨迹的控制程度限定在有利于入靶点矢量中靶的范围内。也就是说,在轨迹预测计算结果表明有余地并有后备工具条件下,应当充分发挥动力钻具的一次造斜能力,以提高工作效率,减少起下钻次数。

3)水平段导向钻具组合设计原则

井眼轨迹控制包括井斜角控制和方位角控制两个方面。套管开窗侧钻井水平井轨迹控制的重点和难点在于钻具柔性大、水平段轨迹控制难度高。国内陆上水平井钻井大多采用"弯螺杆钻具+MWD"组成的导向钻具组合，通过滑动钻进与旋转钻进相互转换，实现对整个水平井轨迹的连续控制。

导向钻具组合设计及钻进参数优选必须遵循以下两个基本原则。

在水平段旋转钻进时具有较强的平稳能力。旋转钻进方式能够及时向井底传递钻压，有助于提高水平段钻井速度和水平段延伸能力。为了发挥旋转钻井的技术优势，需要精心设计导向钻具组合并优选钻进参数，提高导向钻具组合在旋转钻进方式下的稳平效果，确保在水平段能够多采用旋转钻进方式，少采用滑动钻进方式。

在水平段滑动钻进时具有合适的造斜能力。水平段摩阻问题十分突出，采用滑动钻进方式来调整轨迹比较难，要求导向钻具组合在滑动钻进时必须具有合适的造斜率。若造斜率过高，则滑动钻进井段的井眼曲率较大，摩阻扭矩大幅度增加；若造斜率过低，则轨迹调整速度较慢，滑动钻进井段过长会影响钻井速度，甚至导致脱靶。

3. 导向钻具钻进特性分析

应用纵横弯曲连续方法，建立单弯双稳导向钻具组合旋转钻进(复合钻进)方式下的井眼轨迹控制特性分析模型。典型的单弯双稳导向钻具组合(图 6.22)的钻具结构：钻头+弯螺杆钻具(带欠尺寸稳定器)+短钻铤(有时不用)+欠尺寸稳定器+钻铤+加重钻杆。

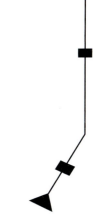

图 6.22　单弯双稳导向钻具组合

1)模型的简化处理办法

弯螺杆钻具的本体稳定器与上稳定器之间存在结构弯角，旋转钻进方式下该跨梁柱除了自转还绕井眼轴线公转，应用纵横弯曲连续方法建立力学分析模型时，关键要解决以下三个问题：

弯螺杆钻具结构弯角的等效处理问题。用当量横向集中载荷代替弯螺杆钻具的结构弯角对梁柱挠度的影响。求出的当量横向集中载荷 Q 附加作用在直梁柱上，即可代替原来的曲梁进行变形分析。

弯螺杆钻具复合钻进时离心力及其等效处理问题。仅考虑弯螺杆钻具稳定器与上稳定器之间钻具正向公转产生的离心力影响。

旋转钻进时工具面时刻在变化，需要利用三维问题简化处理方法。理论研究及实践表明，弯螺杆钻具复合钻进时稳方位效果总是比较好。在水平段钻进时重在分析复合钻进时的稳斜机理及影响规律，当装置角 $\Omega = 0°$ 时变井斜力为最大增斜力(大于 0)；当装置角 $\Omega = 180°$ 时变井斜力为最大降斜力(小于 0)。分别求解 $\Omega = 0°$ 和 $\Omega = 180°$ 两个特殊位置时的钻头侧向力，以二者的平均值来判断井斜角变化趋势。

2)定位开窗与侧钻轨迹控制技术

技术难点：①斜井段开窗方位受套管内磁干扰，而采用陀螺仪测斜成本增加且斜井条件下开窗方位误差大；②斜井大于 25° 条件下，斜向器受重力影响，开窗斜面易发生转动,斜向器的斜面无法对准窗口,导致后续重入摩阻增加甚至无法重入;③侧钻小井眼钻井速度慢、轨迹控制难度大。

技术对策:①采用"MWD+重力高边"组合定位的方法,即先采用 MWD 测原井的井斜,再以原井井斜高边为初始角度,结合中靶方位,控制钻具工具面,实现精准斜向器定位;②采用机械压力坐封式斜向器,通过打压坐封,实现斜向器坐稳坐死,防止轴向或圆周滑移;③优选 Φ118mm PDC 钻头侧钻。

四水眼五刀翼单排齿保径 PDC 钻头(图6.23)具有排量大、切削能力强、耐磨程度高、不易泥包等特点。单只钻头平均进尺 500m 以上,起出后新度为 90%左右。使用如下钻具组合:Φ118mm 钻头+Φ95mm 单弯螺杆(1.25°)+Φ88.9 定向接头+Φ88.9mm 无磁+Φ89mm 加重钻杆+Φ73mm 钻杆。优化钻井参数:钻井液密度 1.20g/cm³,泵压 9~13MPa,排量 6~8L/s,配合 MWD 测斜工具,提高了小井眼条件下实钻轨迹控制能力。

(a) 入井前

切削齿完好
(b) 入井后

图 6.23 四水眼五刀翼单排齿保径 PDC 钻头

2019 年长庆油田完成侧钻水平井 9 口,总进尺 8618m,平均机械钻速 6.29m/h,平均钻井周期 14.125d,平均建井周期 32.67d。最快机械钻速为 9.22m/h、钻井周期为 15.47d(表6.11)。

表 6.11 2019 年长庆油田完成侧钻水平井统计表

序号	区块	井数/口	累积进尺/m	机械钻速/(m/h)	钻井周期/d	建井周期/d
1	安塞地区	7	6884	7.03	12.78	29.24
2	陇东地区	2	1734	5.55	15.47	44.68
合计/平均		9	8618	6.29	14.125	36.96

6.2.3 侧钻完井技术

侧钻小井眼一般采用尾管悬挂完井方式:完井主要包括套管固井完井、筛管完井和裸眼滑套完井。

低渗油田侧钻井若需要后期开展分段改造,主要采用小套管窄间隙固井完井,为后期分段储层改造提供条件。

1) 开窗侧钻井小井眼窄间隙固井技术的难点

目前，在我国油田钻井工程中，小井眼、窄间隙是侧钻完井工作的难点，而开窗侧钻井小井眼窄间隙固井技术则是克服此难点的一项新兴技术，在这项技术中，套管、钻头、尾管是完成开窗侧钻井工作必不可少的三个部件。套管的主要功能是完成开窗作业；钻头的主要功能是完成钻眼工作；尾管则是整个侧钻技术的收尾部分。

开窗侧钻井小井眼窄间隙固井技术在实际操作中存在一些难点，其中有以下影响因素。

第一，套管和井壁的窄间隙很难操控，因为没有窄间隙很容易造成套管和井壁相切的现象，影响固井质量。只有套管能保持一定的窄间隙同时处于居中状态才有利于固井技术的操作。

第二，游离水的合理控制也是固井技术的一大难点。游离水的注入量在小眼井窄间隙井注入水泥的过程中十分重要，游离水只要稍稍多出一点就很容易造成水窜槽或形成水环和水带现象，产生这一结果的原因主要是多余的游离水会使窄环空中出现大段环空的现象。除此之外，一旦出现沉降，将很可能使井泵憋坏，甚至还会出现将地层压漏的现象。

第三，水泥浆的稳定性对固井技术而言非常重要。在固井施工过程中，水泥柱不接受不均质的水泥浆。水泥浆是否均质主要取决于水泥颗粒的聚沉聚拢和自由水含量。在开窗侧钻水平井、窄间隙井固井过程中，在水泥颗粒下沉过程中，水泥浆稳定性差，在上侧井壁会形成自由水槽，使油、气、水等物质从此通道窜出；此外，水泥浆中自由水的含量过大，从下侧到上侧井眼，水泥浆的密度及稠度不断减小，将会延长凝固的时间，水泥环也将会变松弛，继而造成井漏现象，影响固井技术。

第四，在固井过程中顶替排量的顶替效率是固井技术的影响因素，一旦循环压力损耗过大，就会限制固井的顶替排量，此时会选择小排量固井技术来降低循环压力，这一方法将会降低固井的顶替效率。此外，某些小井眼窄间隙井的尾管长度相对较短，因此，注入水泥浆的量相对而言比较少，这样，井壁和水泥浆的接触时间就会非常短，很容易造成水泥窜槽，从而对固井质量造成严重影响。

2) 窄间隙固井工艺优化与水泥浆性能优选

优化固井顶替完毕后采用悬挂器冲洗工艺，防止过量水泥回灌至 88.9mm 套管内；老井筒内的套管悬挂重叠段，采用黏结式套管扶正器(刚性扶正)，裸眼井段应用整体式套管扶正器(弹性扶正)组合式扶正方式，既能保证小井眼窄间隙套串的扶正，又能确保整个管串顺利下入。在油层段每根油套管加放一支整体式弹性扶正器，产层上下部位共加放 10～15 支，油管下放过程中，摩阻增加仅为 1～2t，油套管下入顺利，通过室内评价，该扶正器的扶正力可达 2500N，满足了侧钻井套管扶正居中的生产需求。采用新型"韧性微膨胀+热固树脂"复合水泥浆体系(表 6.12)，设计延长领浆的稠化时间，防止封固悬挂工具；设计缩短尾浆的稠化时间，确保水泥浆顶替到位后尽快凝固，防止浮箍、浮鞋失效及油水窜现象，确保尾管的固井质量优良可靠。

表 6.12　水泥浆性能参数表

密度 /(g/cm³)	失水/mL (30min,7MPa)	抗压强度(30℃, 24h) /MPa	稠化时间(45℃, 15MPa)		流性指数 n	稠度系数 K'
			初稠/BC	时间/min		
1.89	5	28.9	9	159	0.9	0.35

3）现场应用效果

长庆油田以延长单井的全生命周期、提高低渗油藏的最终采收率为目的，开展了直井、定向井条件下开窗侧钻、窄间隙固井、悬挂密封一体化完井等技术攻关与试验，解决了斜井条件下开窗侧钻难度大、超短半径侧钻水平井轨迹控制困难、侧钻窄间隙固井质量难以保证等技术难题。2016～2018 年，长庆油田完成侧钻井 389 口井，实现了最大 35.2°井斜条件下的开窗侧钻及完井，固井质量优良率达 80%以上，平均钻井周期缩短至 10d 以内。形成了侧钻定向井、侧钻超短半径水平井等技术系列，满足了不同剩余油的开发要求，平均单井产量为新钻井的 1.2 倍，复产率达 95%以上。该技术的试验与应用，充分利用了上部老井筒，节约钻井成本；减少了新井的井场建设数量，节约土地资源，保护自然环境，为低渗油藏的经济有效开发与稳产提供了新的技术途径。

6.3　套损井长效开采工艺技术

长庆油田套损井以腐蚀套破为主，其中腐蚀套破占总井数 98%，腐蚀的主要原因是部分油井产出液富含腐蚀性离子，随着生产时间延长，井筒内液面以下套管逐渐出现腐蚀穿孔，造成上部水层倒灌地层，导致储层污染破坏、油井含水率迅速上升、日损失产能严重。长庆油田现有套损井 2404 口，年治理工作量近 1000 井次，年新增套损井近 200 口。

为及时恢复套破油水井正常生产，需采用有效的治理手段进行治理。为了保证治理工艺技术对症，治理前需对井筒进行检测判识，了解井筒套破的原因和基本情况，再配套对应的工艺技术治理，实现长效开采治理。

6.3.1　套损综合判识技术

套损井有效治理的前提是准确判断井筒故障原因，因此准确掌握套损井筒状况和套破出水点是套破井有效治理和快速复产的关键。长庆油田常用的套损井综合检测技术主要有机械检测技术、化学分析检测技术以及多臂井径成像测井（multi-finger imaging tool，MIT）+电磁测厚仪（magnetic thickness tool，MTT）检测技术。

1. 机械检测技术

机械检测技术是井筒状况检测最常用的方法之一，主要有印模技术和封隔器找漏检测技术。

印模技术（图 6.24）主要是对套管和鱼顶状态及几何形状进行印证，得到模型加以定性、定量分析，确定其具体形状和尺寸。印模技术检测适用核定井下落物鱼顶几何形状、尺寸、深度等，验证套管变形、错断、破裂等套损程度和深度位置，同时可以查明作业、修井施工过程中套管技术状况等临时井况[57]，这种方法可以判断套管有故障，但是无法说明套管损伤破漏导致上层出水影响正常生产。

图 6.24　印模照片

而封隔器找漏检测技术主要通过两个封隔器和专用水嘴进行验漏检测，专用水嘴位于两个封隔器之间，两个封隔器之间的卡距要根据漏失情况进行确定，通常第一次找漏时，先用 100m 左右的大卡距，自井口开始直至油层顶界开始检验，然后根据大卡距验漏初步确定的深度，逐步缩小卡距直至 10m 以内，开始详细检验。验漏的过程中应注意录取漏点深度、漏失井段、漏点注入量及泵压、管柱漏失量等重要数据。双封找漏技术(图 6.25)理论上检测结果比较精确，但受限于井筒腐蚀套破等复杂状况，封隔器锚定密封效果不能很好地保证，造成检测位置难以精确，容易造成误判。

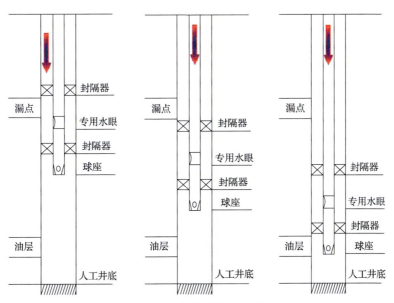

图 6.25　双封找漏技术示意图

2. 化学分析检测技术

由于地层中不同层位对应水质矿化度存在差异,套损井常常伴随采出液水性的改变,通过间接渠道检测套破前后水质矿化度变化信息,可以推测套管是否损坏、是否由套破导致上部水层倒灌地层,造成油井含水上升无法正常生产。该方法具有操作简单、成本较低的特点,一般生产单位基层的联合站、增压站即可进行化验判断。但是此种方法由于上部水层未封固、形成水层间流体串位或者产层见注入水导致可能误推断出水层位,另外无法确定是腐蚀穿孔还是裂缝等非腐蚀穿孔套破。因此,这种方法常与其他检测检验手段一起相互验证、共同分析使用。

3. MIT+MTT 检测技术

长庆油田套损井检测目前主要采用英国SONDEX公司的MIT+MTT测井仪进行检测。测井时将仪器下放至目的层,以匀速上提测井至井口,能够对套管进行腐蚀损伤检测,掌握油井套管腐蚀状况,综合评估油套管使用寿命。

MIT是多臂井径成像测井技术(图6.26),MIT仪器配备的测量臂为耐酸蚀的铍铜合金,在测量臂的端部进行碳化钨涂层处理,从而增加其耐磨性,以保证测量精度。MIT仪器通过马达供电开腿。在测量中,一旦管柱内径发生变化,测量臂通过铰链将内径变化量传递到激励臂上,激励臂移动,切割外面的线圈,从而产生随管柱内径变化的感生电动势。通过刻度,将测量到的感生电动势转化为测量半径,从而实现井径的测量(图6.27);同时,MIT仪器还记录井斜及仪器高端的方位等曲线。

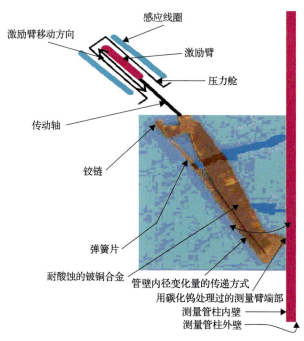

图 6.26　MIT 测井响应图

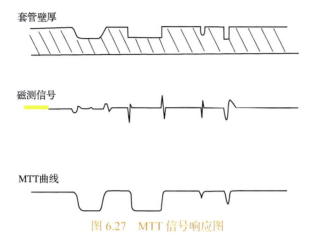

图 6.27　MTT 信号响应图

现阶段长庆油田使用的 MIT 测井仪主要有 24 臂、40 臂和 60 臂三种设计方式。其测量的基本原理是通过物理接触的方式，在套管内径变化处测量井壁会有一定的收缩和展开，通过一个转换装置将测量井壁的变化传递到位移传感器，位移传感器再将位移微信号以电磁感应的形式显示出来，然后通过换算得到井径变化。

MTT 是电磁测厚仪，属于磁测井系列，基本探头一般由 1 个激发线圈和 12 个接收线圈组成，交变电流经过激发线圈将会产生一个感应磁场，该磁场通过套管产生二次磁场，并与接收线圈耦合，在接收线圈中感应信号，反映出套管壁厚的变化，一般情况下接收线圈中的感应信号相位要滞后于激发器电流相位。当套管直径不变时，管壁越厚，其相位移也越大，MTT 的测井原理就是利用电磁场的感应电动势电流相位角与油套管管壁厚度的关系来进行油套管管壁厚度的测量(图 6.28)。由图可以看出，随着套管管壁厚度的增加，接收线圈感应信号相位和激发器电流相位的相位移也在不断增加，而且管壁厚度和相位移近似呈线性关系，因此在磁测井曲线上我们会发现，当管壁厚度增加时（如接箍和分级箍处），MTT 曲线会明显增大，当套管存在腐蚀、管壁厚度减小时，MTT 磁测信号会偏小，可能产生负方向的跳尖（如射孔段）。

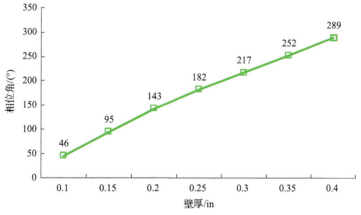

图 6.28　电磁场的感应电动势电流相位角与油套管管壁厚度的关系图版
单层管串材质为 J55；外径为 139.7mm；间距为 762cm

随着油水井生产时间的不断延长，对应井筒不断腐蚀恶化，采用单纯的 MIT+MTT 测试已很难满足今后对套损井来水精准判识的需求，所以几种测试技术进行集成结合也是今后套损井检测的一个发展趋势，更是后期套损井进行有效治理的一个迫切需求。

6.3.2　套损井治理工艺技术

油水井套管因各种原因破损后，地层水通过套破点倒灌油层，造成油层污染、含水上升，使油水井关井、井网破坏、注采失衡，造成剩余油无法采出等问题，因此套破是影响油水井正常生产的一个重要原因。美国以及中东等产油国的许多油田从 20 世纪 50 年代开始出现套管腐蚀破坏，主要采取的措施有膨胀管补贴、侧钻以及机械堵水等。我国从 20 世纪 70 年代起，各大油田陆续出现套管损坏现象，如大庆、胜利、吉林油田以套管变形、错断为主，江汉油田以盐岩蠕动导致损坏为主，而长庆油田则以严重的电化学腐蚀为主，主要原因是产出液矿化度高、富含腐蚀性离子等，造成液面以下套管腐蚀穿孔，部分井甚至出现长井段、大面积腐蚀套破。

套损井治理的目的是尽快解决井筒故障、恢复生产。目前套损井治理最经济有效的方法是机械隔采技术，同时该技术也是长庆油田套损井治理的主要技术手段之一，占总治理工作量额的 90% 以上。随着井下作业技术的不断进步，套损井的治理不断深入，治理手段也不断丰富。目前，除了机械隔采技术以外，套损井治理还有套管补贴、小套管固井、化学堵漏等技术。

1. 机械隔采技术

机械隔采技术主要应用于套破初期套管有坐封段的套损井，这是套损井快速复产复注且最简单经济的治理方法。

1）常规隔采

常规隔采以 Y211、Y221 和 Y341 封隔器坐封作为主体工具，应用比例达 92% 以上，但总体有效期较短，且多次隔水采油效果差，如表 6.13 所示。

表 6.13　常规隔水采油工具应用情况统计表

型号	侏罗系		三叠系	
	统计井数/井次	平均隔水采油有效期/d	统计井数/井次	平均隔水采油有效期/d
Y211	421	130	453	213
Y221	130	103	120	263
Y341	412	134	345	234
合计/平均	963	122	918	237

常规封隔器一般和油管直接连接，管、杆、泵任何一处出现故障均需要起出封隔器且胶筒长度一般较短（单个胶筒 60～80mm）（图 6.29）。坐封后与套管内壁接触面积小，对坐封段套管坑蚀严重井密封不严，易封堵失效。

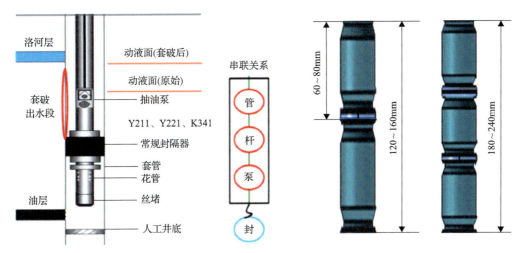

图 6.29　常规封隔器管柱及常用的胶筒长度组合

另外主体工具存在技术缺陷，如 Y211/Y221 轨道式封隔器隔采管柱承受压重，易造成管柱弯曲、偏磨、卡钻，导致隔采有效期变短；Y341 封隔器无锚定，在生产过程中管柱蠕动易造成封隔器失效。

2）K341 长胶筒隔采技术及配套工具

为了解决大段腐蚀破漏、无有效坐封段套损井的治理难题，针对常规隔水采油封隔器密封面较短、封隔困难、分瓣式卡瓦锚定力不均、易对腐蚀套管造成二次伤害等问题，设计了液压坐封式隔水采油工艺，可实现一趟钻完井生产，提高大段腐蚀套破井治理的适应性和成功率。该工艺管柱把机械坐封改为液压坐封，确保坐封充分、密封可靠；实现一趟钻打压坐封、完井生产，提高治理作业效率；此外还设置了滑套开关，坐封完成后在压力作用下打开滑套，实现进液生产。

工艺流程：下工艺管柱打压依次实现 K341 长胶筒封隔器坐封、滑套开启，然后在完井时下抽油杆碰泵使过流过压阀换向后直接完井生产；需要再次起钻时，直接上提工艺管柱实现 K341 长胶筒封隔器解封。该工艺可一趟钻实现坐封、解封，依靠长胶筒提高密封效果及锚定力。

工艺管柱：油管+抽油泵+过流过压固定阀+油管+K341 长胶筒封隔器+滑套+眼管+尾管+母堵，见图 6.30。

K341 长胶筒封隔器具有较长的有效密封封隔面，可以显著提高封隔成功率，采用扩张式封隔器使封隔器有较大的扩张比，足以保证密封单元充分坐封、填充，更适应于套损井的不规则井筒，同时无卡瓦锚定结构也是降低了卡钻风险，因此 K341 长胶筒封隔器能够适用于大段腐蚀破漏井筒的密封隔采治理。

K341 长胶筒封隔器实物图见图 6.31。

3）LEP 长效隔采技术及配套工具

LEP（long effective packer）为长效封隔器英文名称的首字母缩写。LEP 长效隔采技术可以解决常规隔水采油封隔器生产过程中存在封隔器蠕动以及卡瓦腐蚀破坏导致锚

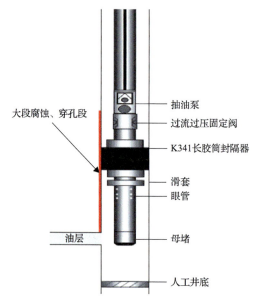

图 6.30　K341 长胶筒隔采技术工艺管柱示意图

图 6.31　K341 长胶筒封隔器实物图

定封隔失效，检泵作业时需要解封封隔器，作业过程中存在上层水倒灌地层致使排液周期变长，甚至污染储层的问题。LEP 长效封隔器具有插管丢手式结构，可实现一趟钻治理和完井生产，同时具有防倒灌功能，能够有效防止上层套破点出水倒灌地层，造成储层污染破坏、后期排液周期变长。

LEP 长效隔采工艺管柱结构：油管+抽油泵+过流过压固定阀+油管+LEP 长效封隔器+尾管+母堵，见图 6.32。

LEP 长效封隔器有效解决了常规隔采隔水采油有效期短的问题，同时，针对腐蚀破漏段较长、井筒环境相对复杂的潜力套损井治理难题，把插管结构与扩张式、压缩式胶筒结构集成在一起，结构上设计"Y+K"两组密封胶筒，增大了隔采密封的可靠性和适应性，解决了部分井筒腐蚀严重、坐封环境差的套损井治理难题。同时，LEP 相对于常规封隔器分瓣式粗牙卡瓦，筒形双向割缝卡瓦增大了与套管的锚定面积，使锚定力

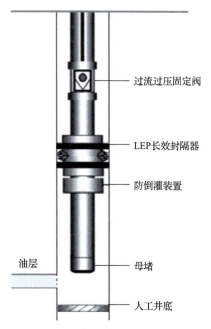

图 6.32　LEP 长效隔采技术工艺管柱示意图

更加均匀地分布在套管壁上，相同锚定压力下单齿受力降低 80%，减少了套管的物理损伤。而且筒形双向割缝卡瓦置于两组胶筒中间，使封隔器坐封时在具有更强适应性的同时形成密封空间使卡瓦与井筒内液体隔离，卡瓦与采出液不再接触，避免了因腐蚀而使卡瓦锚定失效，从而延长了封隔器的使用寿命。

LEP 长效封隔器实物图见图 6.33。

图 6.33　LEP 长效封隔器实物图

2. 套管补贴技术

套管补贴技术是近年来迅速发展起来的一项新技术，可应用于油气田套损井局部腐蚀、穿孔、封堵水层、误射孔、套管螺纹漏失等问题。根据工艺技术原理和补贴管的区别，套管补贴技术可以分为波纹管套管补贴技术、双卡软金属加固补贴技术以及实体膨胀管补贴技术、膨胀管补贴悬插隔采技术。

1）波纹管套管补贴技术

波纹管补贴的原理是将外壁涂有环氧树脂黏合剂的薄壁低碳钢波纹管下至套管漏失位置处，通过水力机械工具产生的液压或机械径向力，使波纹管胀圆，紧紧地补贴于损坏套管的内壁之上，其中波纹管与套管之间由黏合剂密封，形成能够承压的密封层。补贴用波纹管见图 6.34。

图 6.34　补贴用波纹管

波纹管补贴方法有两种，即水力胶筒式胀贴和水力机械式胀贴。其中水力胶筒式胀贴工艺是把波纹管两端用卡环固定，送到井下预定套管漏失位置后，通过水力补贴工具产生轴向力，憋压使波纹管胀圆，完成补贴。而水力机械式胀贴是把波纹管下至预定套损位置，连接地面泵车打压，通过油管将压力传到液缸，推动活塞并带动拉杆和与拉杆连接的刚性胀头、弹性胀头一起上行，使波纹管经过两次挤胀而补贴在套管上。补贴后，波纹管借助黏合剂紧贴损坏套管内壁，形成密封承压层，封堵套管漏失部位。

波纹管补贴具有补贴后套管缩径小、一次施工可补贴任意长度井段、施工成功率高等诸多优点[58]。波纹管补贴是美国在 20 世纪 80 年代首先应用于油田套管修复的一项工艺技术，并于 80 年代末期引入我国。但是这种补贴是靠在波纹管外涂抹黏合剂和固化剂来实现与套管之间的密封。在井下，黏合剂受温度影响或氧化作用而失效，将会使波纹管在套管内壁粘贴失效而导致补贴失败，而且其所用固化剂固化后耐热性及韧性差、较脆，在下钻过程中易被挤掉导致补贴失败。波纹管是由拉制器拉制出波纹状，壁厚在 3mm 左右，因而其展开后强度下降，其抗外挤强度较低，最终使得补贴有效期缩短。

20 世纪 90 年代，长庆油田从美国 Homco 公司引进了 5.5in 套管补贴工具，并于 1993 年投入现场试验，主要针对封堵射孔段(封层)和套管螺纹泄漏进行了补贴试验，在采油一厂、二厂共计开展 9 口井试验，共计补贴 11 段，其中 5 口井的补贴效果较好。

2) 双卡软金属加固补贴技术

双卡软金属加固补贴技术采用内衬厚壁加固管、膨胀两端软金属密封的补贴方法。根据补贴动力可以将该技术分为燃气动力套管补贴技术和水力机械式加固补贴技术两种。

(1) 燃气动力套管补贴技术。

燃气动力补贴技术是一项适合套管井全井段套损修补加固的技术，是以含能材料作动力源，可替代地面大型动力设备的补贴加固器，该补贴加固器由悬挂系统、点火系统、动力系统和加固系统 4 部分组成，工作时修井设备将补贴装置整体下至需要修复的套损

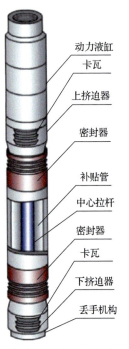

动力液缸
卡瓦
上挤迫器
密封器
补贴管
中心拉杆
密封器
卡瓦
下挤迫器
丢手机构

图 6.35 水力机械式加固补贴工艺管柱

位置，投入铁棒引爆动力药，由动力系统中动力源产生的高温高压气体，推动系统中的活塞与活塞缸做相对运动，使加固系统工作，两端金属受挤压膨胀，最后紧紧贴在套管上，起到固定和密封的作用，当膨胀力达到几百千牛时，释放套管丢手，然后起出投送管柱及传动工具，完成整个补贴工艺。整个工作过程为：点火—高压气体充气—金属锚扩径—释放环弹性变形—塑变拉断丢手。

该工艺不适合用于套管大段腐蚀或者多处大段即将腐蚀套损井，安全性和可操作性相对较差。因此施工过程中必须弄清楚套管损坏的真实情况，同时要控制好药量、燃爆速度以及引爆点等关键问题，才能实现较好的补贴效果。

(2) 水力机械式加固补贴技术。

水力机械式加固补贴工艺管柱由液压动力部件、补贴部件、密封部件和丢手部件等组成，见图 6.35。液压动力部件采用液压的方式，为

漏失套管补贴提供动力。补贴时补贴装置整体下至需要修复的套损位置,然后地面加压,将压力传递至活塞并带动中心拉杆与活塞外缸套做相对运动,迫使密封器两端锥形胀头压入,两端的软金属密封材料受挤压产生径向扩张变形,紧紧锚定在套管上,固定在套管内侧漏失位置,起到密封和挂接的作用,完成加固补贴,实现修补漏失段[59,60]。

该工艺两端的密封采用多个分体式塑性软金属环套在补贴管上的结构,下井过程中及补贴完成后,补贴金属不受轴向拉力,只是被挤压后起密封作用,为补贴成功提供了保证。该工艺相对简单、锚定力较大、密封承压能力较强,但只是两端补贴密封加固,采用金属密封对套管内壁面密封条件要求较高,不适用于大段腐蚀破漏、套管内壁严重腐蚀破损的套损井。

3) 实体膨胀管补贴技术

膨胀管技术是美国于 20 世纪 90 年代开始研发的一项新技术,1999 年首次应用,被称为“是 21 世纪石油工业发展的核心技术之一”,应用前景非常广泛。近年来实体膨胀管技术发展迅速,该技术可以加固现有井下的套管,也可以封堵采用常规方法无法封堵的井下孔眼和套管泄漏处,特别适用于大段腐蚀破漏套管修补,同时也可以作为老井侧钻以及加深井小套悬挂器。

(1) 技术原理。

膨胀管是一种由特殊材料制成、具有良好塑性的金属钢管,下入井内后进行膨胀,在冷作硬化效应下,管材强度和刚性得到提高,膨胀变形后的机械性能达到 API 标准套管钢级的水平。

膨胀管补贴修复技术是将膨胀管下入井下预定的补贴位置后,通过地面泵车打压,将压力传递至井下液压膨胀装置,推进膨胀管内的膨胀锥上行,使膨胀管膨胀后扩大管径产生塑性变形,利用硫化在膨胀管外壁上的密封胶圈紧紧地贴在套管内壁,直至补贴完成,见图 6.36。在膨胀过程中,为了使补贴顺利完成,在液压作用下膨胀锥上行一段距离后(最底部膨胀管已补贴于套管之上),可以辅助一定的上提力与液压力共同作用直至补贴完成。

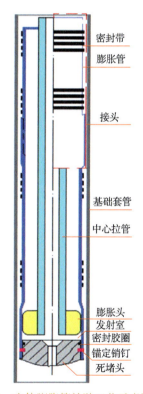

图 6.36　实体膨胀管补贴工艺示意图

实体膨胀管主要由发射室、膨胀头、膨胀管、中心拉管、密封带、接头等组成。膨胀过程中液压通过中心拉管传递至发射室,达到膨胀启动压力后,膨胀头不动,膨胀管相对下移同时扩径发生塑性变形,直至膨胀头附近的膨胀管与对应的密封带补贴锚定在基础套管上,随后膨胀头在高压作用下开始上行,强迫膨胀管继续膨胀,直至整根膨胀管全部膨胀完成补贴。

(2)施工工序。

井眼处理(包括整形、刮削、通井、洗井等)→测试待补贴段井径→下膨胀管→计算膨胀管下入深度→打压膨胀→打捞底堵。

(3)技术特点。

实体膨胀管补贴技术相对于波纹管套管补贴技术、双卡软金属加固补贴技术等常规技术具有以下优势。

①机械性能好,抗内压、外压性能好,抗拉应力大,尤其是抗内压性能与膨胀前基本一致。

②可以补贴的段长,可以补贴几米到几百米甚至上千米的损坏套管。

③补贴后密封性能好,具有更大的承压能力,密封可靠性高,可以根据需要布置密封圈组,确保井下的补贴密封效果。

(4)研究及应用情况。

自 21 世纪初,膨胀管技术进入中国并开始应用,随后得到了迅速发展,在国内各大油田基本均有不同程度的应用。国内目前从事膨胀管技术研究的单位主要有中国石油勘探开发研究院采油采气装备研究所、上海管力卜石油设备有限公司、中国石油工程技术研究院钻井机械研究所、大港油田集团钻采工艺研究院、大庆油田、中国石化集团胜利石油管理局钻井工艺研究院、中国石油大学(北京)、天津大学等。

长庆油田 2006~2007 年在安塞油田采用膨胀管技术治理套损井,试验了 2 口井,取得了不错的效果,但受限于成本和现场施工工艺,应用推广相对缓慢。随着国内各研究单位对膨胀管补贴工艺的不断改进和管材性能的优化提升,其应用越来越广泛,未来的推广应用前景非常广阔。

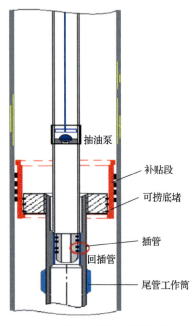

图 6.37 膨胀管补贴悬插隔采技术

4) 膨胀管补贴悬插隔采技术

针对套损井治理现有膨胀管大段补贴施工风险大、难度大、成本高,以及常规隔采技术坐封适应性差,隔采有效期短的问题,长庆油田充分结合膨胀管补贴密封锚定性能良好、密封段长,补贴后通径大及常规隔采简单易于操作的优点,攻关研究形成了膨胀管补贴悬插隔采技术。

膨胀管补贴悬插隔采就是利用膨胀管补贴先在套管上再造一个约 10m 的坐封段,然后把原膨胀管底堵改造成一个密封插筒和底堵的组合结构,补贴完成后,捞出底堵,下入专门与密封插筒配合的密封插管,实现隔水采油,见图 6.37。

该技术的主要优点在于结合了膨胀管补贴和机械隔采技术的优点,降低了膨胀管补贴应用的成本,以及大段补贴带来的施工风险和工艺难度。同时也解决了机械隔采在大段腐蚀套损井治理时存在坐封成功率低、有效期短的问题，具有以下技术特点：①小段补贴。一根 10m 长膨胀管即可满足要求。②较大通径。105mm 通径满足工具油管作业。③多种封隔。除采油管柱带插管隔采外，后期还可捞出插筒，采用小直径封隔器隔采。截至 2018 年，该技术已在长庆油田套损井治理应用 18 口井，其中 13 口井有效，井均日恢复油量达到了 1.05t，有效解决了大段内腐蚀套损井无有效治理手段的问题。

3. 化学堵漏技术

对于套管腐蚀或者其他原因造成的套破穿孔或套管破裂，常规机械隔采无完整座封段，难以治理，但起下生产管柱不受影响的套损井可以采用化学堵漏的方式进行治理。化学堵漏是将堵剂注入套管漏失段，在封堵层形成高强度、微膨胀的封堵层，固化后形成高强固化体，最终达到封堵目的，解决油田套损、出水、窜槽等问题。

1) 化学堵漏技术研究进展

国外近年来研究最多的就是无机凝胶，这是在超细水泥的基础上发展起来的一种凝胶体系（即胶态分散凝胶体系，简称 CDG）。它是以段塞的形式将堵剂溶液注入漏失地层，无机胶凝材料与其他组分在地层相互协调反应，形成凝胶。

国内研究较多的是以重质不饱和烃树脂、油溶性聚合物、表面活性剂等为主要原料的系列堵剂，主要在胜利油田研究应用。该堵剂可在地层孔喉处吸附架桥、充填形成一条渗透率相对较低且具有一定强度的暂堵带，阻止入井流体进入油气层，开井生产时可被原油逐渐溶解、分散，从而达到暂堵、防漏和保护油气层的目的，但是该技术最大抗压 8MPa，并且耐温、抗盐问题没有得到解决。国内外化学堵漏技术现状见表 6.14。

表 6.14　国内外化学堵漏技术现状

单位	堵剂类型	堵漏机理	套损井类型
大庆油田	微膨水泥+水溶性树脂封口	微膨水泥在地层和套管间形成格挡，水溶性树脂封口	浅层套漏井
胜利油田 中原油田 新疆油田	改性水泥	堵剂快速形成网架结构，封堵段承压能力高	漏失不严重套损井
国外化学堵漏技术	液体堵剂 碧辟公司压敏密封胶	压力降低引起压敏密封胶固化，堵塞套管穿孔	有水泥环，堵剂难挤入套破点的套损井
	超细水泥	可以进入低孔、低渗地层	

近年来，长庆油田针对安塞、陇东地区不同类型套损井套损特征及生产现状，研发了隔断凝胶+微膨水泥堵漏、液态树脂堵漏、硫铝酸盐水泥化学堵漏技术，可用于封堵套破点、水泥环裂缝、管外窜流通道等，恢复油井产能，见表 6.15。

2) 隔断凝胶+微膨水泥化学堵漏技术

安塞油田腐蚀套破井上部水泥环缺失，并且直罗组、延安组水层低承压、易漏失。国内外常规应用的老井二次水泥封固工艺在此类井应用时，存在堵剂用量大、一次成功率低（＜70%）、成本高等难题。通过多年研究与试验，长庆油田以隔断凝胶、新型早强微膨水泥、缓凝微膨水泥研发为突破点，研究形成适用于安塞油田的套损井治理技术：针对轻微漏失套损井，形成"正挤反灌，间歇顶替"的二次固井技术；针对复杂严重漏失井，形成"隔断凝胶+微膨水泥"三段塞化学堵漏技术，见图 6.38，即前段凝胶清洗套管外壁（隔断凝胶见图 6.39），隔断地层水，提高地层承压；中段早强微膨水泥或缓凝水泥，提高胶结强度；末段清水间歇顶替，提升整体封口质量。隔断凝胶+微膨水泥化学堵漏技术解决了地层漏失严重、套破点多及套管外环空封固难度大等治理难题。

表 6.15　长庆油田化学堵漏技术适用性分类表

套损特征		堵漏体系	堵漏工艺
套管外无固井水泥环	套损段小于 100m，浅部地层漏失严重，5MPa 吸水量大于 300L/min	隔断凝胶+微膨水泥	单套破点或多套破点、长度＜100m，采用套管平推
			多套破点，长度＞100m，油管挤注+套管平推
套管外有固井水泥环	套损段小于 100m，10MPa 吸水量小于 300L/min	硫铝酸盐水泥	一趟油管挤注
	套损段小于 100m，10MPa 吸水量大于 300L/min	轻珠水泥（隔断凝胶）+微膨水泥	一趟油管挤注
	套损段大于 100m，10MPa 吸水量大于 300L/min	轻珠水泥（隔断凝胶）+微膨水泥	油管替入堵剂，上提油管挤注
	套损段小于 30m，10MPa 吸水量低于 100L/min	液态树脂	投料筒投料套管挤注或油管挤注
	套损段超过 300m 且间隔较大	轻珠水泥（隔断凝胶）+微膨水泥	水泥承留器一次堵两段或分段堵漏

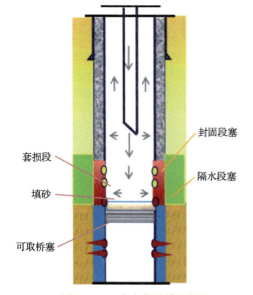

图 6.38　三段塞化学堵漏技术

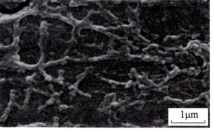

图 6.39　隔断凝胶堵剂

工艺特点：①隔断凝胶可有效减少地层漏失，驻留能力为 G 级水泥的 3～5 倍，综合排水率≥90%；②微膨水泥固化不收缩，稠化时间可调，胶结强度高。

截至 2021 年，安塞油田已治理套损井及套损隐患井 45 口，措施成功率由 70% 提高至 85.6%，措施有效期达 922d，平均单井日恢复产油量 1.14t。隔断凝胶+微膨水泥化学堵漏技术为保障油水井井筒完整性、降低环保风险提供技术支撑，促进了油田可持续发展。

3）液态树脂、硫铝酸盐水泥化学堵漏技术

针对陇东、姬源油田侏罗系油藏套破段较集中、吸水能力差的内腐蚀套损井，研究形成了液态树脂、硫铝酸盐水泥化学堵漏技术，可用于封堵套破点、水泥环裂缝等出水通道，恢复油井产能。

（1）硫铝酸盐水泥化学堵漏体系。

堵漏材料由结构形成剂、增强剂、增韧剂、活性充填剂、硫铝酸盐、石膏组成。通过颗粒级配组合，实现对不同尺度孔隙的封堵，见图 6.40。该体系主要解决了以下问题：①减小堵剂粒径，堵剂能够进入水泥环中的微裂缝；②在井下温度和压力条件下，保持良好的抗压强度、韧性及微膨胀和长效固化体形态；③堵剂与地层、套管界面形成良好的胶结强度，能胶结成牢固的整体。

图 6.40　硫铝酸盐水泥堵剂

封堵剂固化体的本体强度优于油井水泥。多孔、微细的结构形成剂材料（活性 SiO_2 和活性 Al_2O_3）吸附水分，在水化反应过程中能不断形成水化产物充填空隙，并放出吸附水，保证界面水化反应顺利进行。与水化产物共同形成的本体结构不断增强，其本体强度高。

（2）液态树脂堵漏体系。

特种树脂作为一种新型堵漏材料近年来在国外得到广泛应用。与水泥相比，树脂堵剂具有以下优点：较好的抗压强度、抗拉强度和剪切胶结强度，更灵活的加注方式，更强的气密性，可进入地层深部，固化时间可调整，可长期作用。

液态树脂堵剂是一种新型非收缩发热反应树脂材料，具有超高剪切胶结强度（1650psi[①]），不溶于油或水，具有低黏注入和良好流变，耐污染，耐压等特性，见图 6.41～图 6.44。可穿透并封堵微小通道、气串及水泥串槽。修复封隔器，水泥塞的串槽及其他漏失。交联前黏度很低（25mPa·s），直角胶联时，树脂堵剂微膨胀，避免了常规树脂材料的收缩起缝。现场施工时采用泵入或者电缆投入封堵漏失段。

____

① 1psi=6.89476×10³Pa。

图 6.41　树脂堵剂性能评价

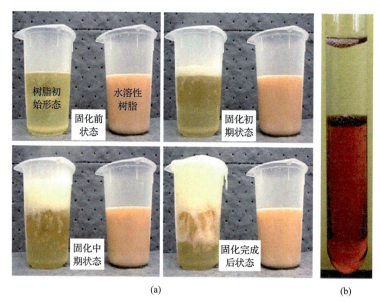

(a)　　　　　　　　　　　　　　　(b)

图 6.42　固化后样品

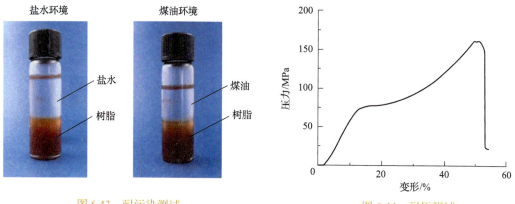

图 6.43　耐污染测试　　　　　　　图 6.44　耐压测试

工艺特点：①堵剂初始黏度低（25mPa·s），易进入套破点及微裂缝；②专用工具投堵实现堵剂精确定点投送；③井筒环境下固化时间为 2～10h，抗压强度＞100MPa，胶结强度＞35MPa，抗拉强度＞15MPa。

应用效果：在镇 277、环 91 等区块试验 25 口井，有效井 19 口，平均单井日恢复产油量 1.1t，为套损井局部出水点封堵治理探索了新的技术手段。

4. 小套管固井技术

该工艺主要针对套管大段损坏、无法用其他技术进行有效治理的套损井，也可用于安全环保要求高、需保证井筒完整性、避免后期安全环保隐患的套损井。该工艺主要是在原生产套管内下入小套管，实现油水井复产复注。

1）技术原理及分类

小套管固井是基于成熟的防腐技术，将小套管下至原 139.7mm 井眼人工井底，环空采用水泥或其他高性能黏合剂进行封堵，能够对套损井采取全井筒封堵，与原井筒套管一起形成双层套管，对井筒进行了二次加固，实现再造新井筒，该技术针对不同类型、不同油藏的套损井都有作用，在套损井的治理中应用非常广泛。

该工艺主要有以下两种。

（1）注水井，采用 ϕ88.9mm 小套管下入外径为 139.7mm（套管，内径为 124.26mm）套管内，井口悬挂，并采用延时水泥浆固井封固环空，重新射孔后完井，完井时下入 38.1mm（外径 48.3mm）管柱，恢复水井正常注水，如图 6.45 所示。这种工艺是治理此类套损井最为彻底的一种方法，尤其是针对自然保护区内及其他安全环保要求高的套损井，可以恢复其井筒完整性，最大程度减小环保风险。

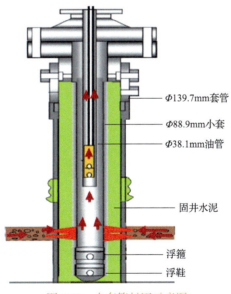

Φ139.7mm套管
Φ88.9mm小套
Φ38.1mm油管
固井水泥
浮箍
浮鞋

图 6.45　小套管封固示意图

（2）采油井，采用 ϕ101.6mm 或 ϕ114.3mm 无节箍小套管下入 ϕ139.7mm（套管，内

径为 124.26mm）套管内，井口悬挂，并采用延时水泥浆固井封固环空，重新射孔后完井，完井时下入 Φ44.45mm（外径 62mm）管柱，恢复油井的正常生产。

2）技术特点

该技术应用效果较好，但施工方面需要严格把控才能确保施工质量和效果。需要注意的有：①原井筒要进行全面彻底处理，确保井筒内畅通，无较大的变形和落物等；②要充分论证和优化施工管柱，使小套管、浮箍、浮鞋等内外径一直在原井套管内居中扶正，确保窄间隙固井质量；③井口要与原井口附件配套，这样可以保证后期的长期密封承压；④小套管下井前必须进行内外防腐，而且下井过程中尽可能避免防腐涂层破坏，防止生产过程中出现二次腐蚀套破，给后期生产治理带来更大的困难；⑤双层套管射孔工艺要有保证，确保射孔效果；⑥选择合适的固井水泥体系，提高水泥石抗压强度，高温、高压条件下保持性能不变。

小套管修复技术主要存在以下几个方面难点：①相对于其他套损井治理工艺，小套管固井工艺费用较高（一般 1 口井费用在 80 万元以上）；②小套管固井后，尤其是水井需采用小管柱进行注水，对日常的生产维修配套提出了挑战；③由于与小套管配套的修井工具和工艺较少，常规工具和工艺配套难度大，给后期治理带来了一定困难；④小套管固井技术虽然解决套损问题比较彻底，但后期若出现二次套损，目前还没有有效的解决办法。因此，该技术目前仅在一些潜力大、套损严重的井上使用，应用井数相对较少。

3）应用情况

（1）中原油田小套管固井技术。

为解决中原油田套损井段分布距离长、跨度大、从井深 400m 至生产井段均有套损现象发生，常规的套管补贴和取换套管技术不能解决套管长距离破漏穿孔的难题，从 1997 年下半年起，中原油田采用在原 Φ139.7mm 井筒内全井下 Φ101.6mm 套管或悬挂 Φ101.6mm 套管延迟固井技术修复套损井近 100 口，对修复套损井、延长油井使用寿命、提高油田开发水平起到了较好的作用[5]。

（2）长庆油田小套管固井技术。

从 1987 年长庆油田在大水坑油田完成第一口小套管修复井开始小套管修复技术研究，并在 1994 年试验推广两种小套管治理套损井工艺，但受限于治理成本及后期的采油、修井配套，推广应用比较有限。2016 年开始，长庆油田加大套损井治理力度，小套管固井正在逐步成为严重套损井的一种有效治理手段而逐步推广应用，截至 2021 年，小套管固井技术总体推广应用已达 150 余口井。

参 考 文 献

[1] 李道品, 等. 低渗透砂岩油田开发[M]. 北京: 石油工业出版社, 1997.

[2] 孙庆和, 何玺, 李长禄. 特低渗透储层微观特征及对注水开发效果的影响[J]. 石油学报, 2000, 21(4): 52-57.

[3] 曾联波, 李忠兴, 史成恩, 等. 鄂尔多斯盆地上三叠统延长组特低渗透砂岩储层裂缝特征及成因[J]. 地质学报, 2007, 81(2): 174-178.

[4] 袁士义, 宋新民, 冉启全. 裂缝性油藏开发技术[M]. 北京: 石油工业出版社, 2004.

[5] 靳保军. 天然裂缝研究及其在低渗油田开发中的应用[J]. 油气采收率技术, 1995, 2(3): 59-65.

[6] 曲良超, 崔刚, 卞昌蓉. 西峰油田白马中区长8段储层裂缝发育特点及水淹预测[J]. 石油地质与工程, 2006, 20(5): 32-34.

[7] 张荣军. 西峰长8油藏开发早期高含水井治理技术研究[D]. 西安: 西北大学, 2008.

[8] 贺明静, 庞子俊. 特低渗透砂岩油藏注水开发中的裂缝问题[J]. 石油勘探与开发, 1986, 3: 51-55.

[9] 马殿辉, 闫鸿林, 宋育贤. 天然裂缝性油藏注水开发综合研究[J]. 国外油田工程, 2000, 16(4): 1-11.

[10] 李星民, 马新仿, 郎兆新. 裂缝性油田合理开发井网的数值模拟研究[J]. 新疆石油地质, 2002, 23(2): 1, 148-149.

[11] 李中锋, 何顺利. 低渗透储层非达西渗流机理探讨[J]. 特种油气藏, 2005, 12(2): 35-38.

[12] 姚约东, 葛家理. 低渗透油藏不稳定渗流规律的研究[J]. 石油大学学报(自然科学版), 2003, 27(2): 55-58.

[13] 傅春华, 葛家理. 低渗透油藏的非线性渗流理论探讨[J]. 新疆石油地质, 2002, 23(4): 317-320.

[14] 林玉保, 刘春林, 卫秀芬, 等. 特低渗透储层油水渗流特征研究[J]. 大庆石油地质与开发, 2005, 24(6): 42-44.

[15] 周志军, 刘永建, 马健鹰, 等. 低渗透储层流固耦合渗流理论模型[J]. 大庆石油学院学报, 2002, 26(3): 29-32.

[16] 刘建军, 刘先贵, 胡雅衲, 等. 低渗透储层流固耦合渗流规律的研究[J]. 岩石力学与工程学报, 2002, 21(1): 88-92.

[17] 赵阳, 曲志浩, 刘震. 裂缝水驱油机理的真实砂岩微观模型实验研究[J]. 石油勘探与开发, 2002, 29(1): 116-119.

[18] 黄延章. 低渗透油层非线性渗流特征. 特种油气藏, 1997, 410: 9-14.

[19] 齐银, 张宁生, 任晓娟, 等. 超低渗储层单相油渗流特征试验研究[J]. 石油天然气学报(江汉石油学院学报), 2005, (S2): 8, 104-106.

[20] 朱维耀, 鞠岩, 赵明, 等. 低渗透裂缝性砂岩多孔介质渗吸机理研究[J]. 石油学报, 2002, 23(6): 56-59.

[21] 胡雅初, 郭和坤. 低渗透油田吸渗驱油微观机理[J]. 特种油气藏, 1998, 5(4): 16-20.

[22] 赵福麟, 张贵才, 周洪涛, 等. 调剖堵水的潜力、限度和发展趋势[J]. 石油大学学报, 1999, 23(1): 49-54.

[23] 宋燕高, 牛静, 贺海, 等. 油田化学堵水调剖剂研究进展[J]. 精细石油化工进展, 2008, 9(5): 5-11.

[24] 楼湘, 李军刚, 刘鸿波. 提高原油采收率研究综述及展望[J]. 青海石油, 2009, 27(20): 24-29.

[25] 李宇乡, 刘玉章, 白宝君, 等. 体膨型颗粒类堵水调剖技术的研究[J]. 石油钻采工艺, 1999, 21(3): 65-68.

[26] 张艳芳, 罗越, 范国中, 等. 弱凝胶驱油体系的研究进展[J]. 精细石油化工进展, 2003, 4(6): 45-49.

[27] 马波, 高雪, 唐秀军. 白豹油田长6油藏裂缝见水类型研究[J]. 地下水, 2016(1): 184-186.

[28] 李之燕, 陈美华, 冈丽荣, 等. 液流深部转向调驱技术在高含水油田的应用[J]. 石油钻采工艺, 2009, 31(S1): 119-123.

[29] 岳湘安, 王尤富, 王克亮. 提高石油采收率基础[M]. 北京: 石油工业出版社, 2007.

[30] 卢祥国, 王伟, 苏延昌, 等. 预交联体膨聚合物性质特征研究[J]. 油田化学, 2005, 22(4): 324-327.

[31] 张霞林, 周晓君. 聚合物弹性微球乳液调驱实验研究[J]. 石油钻采工艺, 2008, 30(5): 89-92.

[32] 李明远, 王爱华, 于小荣, 等. 交联聚合物溶液液流转向作用机理研究[J]. 石油学报(石油加工), 2007, 23(6): 31-35.

[33] Yang H B, Kang W L, Yin X, et al. A low elastic-microsphere/surfactant/polymer combined displacing method after polymer flooding[C]//The SPE Kingdom of Saudi Arabia Annual Technical Symposium and Exhibition, Dammam, 2017.

[34] Chen X H, Feng Q H, Sepehrnoori K, et al. Mechanistic modeling of gel microsphere surfactant displacement for enhanced oil recovery after polymer flooding[C]//The SPE/IATMI Asia Pacific Oil & Gas Conference and Exhibition, Nusa Dua, Bali, 2015.

[35] 曹毅, 邹希光, 杨舒然, 等. JYC-1聚合物微球乳液膨胀性能及调驱适应性[J]. 钻油田化学, 2011, 28(4): 385-389.

[36] 王杰祥. 油水井增产增注技术[M]. 青岛: 中国石油大学出版社, 2009.

[37] 任志鹏, 王小琳, 李欢, 等. 长庆油田姬塬长 8 油藏增注工艺技术研究[J]. 石油地质与工程, 2013, 27(2): 108-111.

[38] 张顶学, 廖锐全. 低渗透油田酸化降压增注技术研究与应用[J]. 西安石油大学学报, 2011, 3(25): 52-55.

[39] 兰夕堂. 注水井单步法在线酸化技术研究及应用[D]. 成都: 西南石油大学, 2014.

[40] 汪本武, 刘平礼, 张璐, 等. 一种单步法在线酸化酸液体系研究及应用[J]. 石油与天然气化工, 2015, 44(3): 79-83.

[41] 刘昊伟, 郑兴远, 陈全红, 等. 华庆地区长 6 深水沉积低渗透砂岩储层特征[J]. 西南石油大学学报(自然科学版), 2010, 32(1): 21-26.

[42] 王鸿勋, 张士诚. 水力压裂设计数值计算方法[M]. 北京: 石油工业出版社, 1998.

[43] 韩大匡, 陈钦雷. 油藏数值模拟基础[M]. 北京: 石油工业出版社, 1993.

[44] 王德利, 何樵登. 裂隙型单斜介质中弹性系数的计算及波的传播特性研究[J]. 吉林大学学报(地球科学版), 2002, (2): 181-186.

[45] 裴正林, 牟永光. 非均匀介质地震波传播交错网格高阶有限差分法模拟[J]. 石油大学学报(自然科学版), 2003, (6): 17-21.

[46] 李磊. 横向各向同性介质 Thomsen 近似公式的适用范围[J]. 石油物探, 2008, (2): 116-122.

[47] 李振春, 雍鹏, 黄建平, 等. 基于矢量波场分离弹性波逆时偏移成像[J]. 中国石油大学学报(自然科学版), 2016, 40(1): 42-48.

[48] 马德堂, 朱光明. 弹性波波场 P 波和 S 波分解的数值模拟[J]. 石油地球物理勘探, 2003, (5): 482-486.

[49] 辛维, 闫子超, 梁文全, 等. 用于弹性波方程数值模拟的有限差分系数确定方法[J]. 地球物理学报, 2015, 58(7): 2486-2495.

[50] 牟永光. 三维复杂介质地震数值模拟[M]. 北京: 石油工业出版社, 2005.

[51] 李宪文, 张矿生, 樊凤玲, 等. 鄂尔多斯盆地低压致密油层体积压裂探索研究及试验[J]. 石油天然气学报, 2013, 35(3): 142-147.

[52] 石道涵, 张兵等. 鄂尔多斯长 7 致密砂岩储层体积压裂可行性评价[J]. 西安石油大学学报(自然科学版), 2014, 29(1): 52-55.

[53] 刘立峰, 张士诚. 通过改变近井地应力场实现页岩储层缝网压裂[J]. 石油钻采工艺, 2011, 33(4): 70-73.

[54] 李小刚, 苏洲, 杨兆中, 等. 页岩气储层体积缝网压裂技术新进展[J]. 石油天然气学报, 2014, 36(7): 154-159.

[55] 高武彬, 陈宝春, 王成旺, 等. 缝网压裂技术在超低渗透油藏裂缝储层中的应用[J]. 油气井测试, 2013, 23(1): 52-54.

[56] 翁定为, 雷群, 胥云, 等. 缝网压裂技术及其现场应用[J]. 石油学报, 2011, 3(2): 280-284.

[57] Furui K, Fuh G F, Morita N. Casing and screen failure analysis in highly compacting sandstone fields[J]. SPE Drilling & Completion, 2012, 27(2): 241-252.

[58] Wood E T, Dobson A W. Down Hole pipe expansion apparatus and methed[J]. Petroleum Abstract, 2000, 12(2): 34-36.

[59] 李敢. 热采井漏失套管液压补贴加固技术研究与应用[J]. 石油机械, 2014, 42(12): 116-118.

[60] 向绪金, 陈书庆, 韩金献, 等. 中原油田二次完井与配套技术[J]. 石油钻采工艺, 2004, 26(4): 20-23.